공학이란
무엇인가

What is Engineering?

공학이란
무엇인가

• 성풍현 외 카이스트 교수 18명 지음 •

살림Friends

공학이란 무엇인가?

지금으로부터 31년 전에 저는 미국에 있는 대학원으로 유학길에 올랐습니다. 대학을 졸업한 지 5년이 훨씬 지나서야 다시 공부를 시작했기 때문에 영어 강의는 물론 시험을 보는 일조차 익숙하지 않았습니다. 사실 거의 모든 것이 서툴러서 걱정이 많았습니다. 그래서인지 불안한 마음에 아침에도 일찍 잠이 깨곤 했습니다.

영어 듣기 실력이 부족하니 책을 많이 읽을 수밖에 없어서 자연스레 책이 엄청나게 많이 진열된 중앙 도서관을 자주 다녔습니다. 그때 내 눈을 사로잡는 것이 하나 있었습니다. '공학이란 무엇인가?What is Engineering?'라는 비디오테이프였습니다. 여러 개로 구성되어 있었는데 그중 하나를 뽑아서 도서관 안에 있는 비디오 플레이어로 봤습니다. 대학교에 갓 입학한 학생들을 대상으로 하는 특별 강의였습니다.

비디오테이프 속에서 MIT의 토목공학과 교수는 '토목공학은 이런 것이다.'라고 설명하고 있었습니다(저는 석사 및 박사 과정을 MIT에서 보냈습니다). 그러면서 수에즈 운하를 건설할 당시의 일을 재미있게 설명하여 흥미롭게 보았던 기억이 남습니다. 그다음엔 같은 대학의 기계공학과 교수가 기계공학에 관한 내용을 설명하였습니다. 동유럽 출신이었던 그는 자신이 미국으로 유학 왔을 때 영어를 할 줄 몰라 '너에게 일거리를 주겠다'는 말도 이해하지 못한 사례를 이야기했습니다. 또 한때는 하버드 대학이 MIT를 사려고 했는데, 이제는 MIT가 하버드 대학을 살 수 있게 됐다는 농담도 곁들었습니다.

비디오테이프를 보면서 저는 우리나라에도 이런 비디오나 책이 있으면 좋겠다고 생각했습니다. 이런 바람이 31년이 지난 지금에 와서야 실현되었습니다. 저는 고등학교에서 대학교로 진학할 때 공대를 가면서도 공대에서 무엇을 공부하는지, 공학은 무엇인지를 제대로 알지 못했습니다. 주변 사람들이 '화학공학과가 좋다.', '아니다. 전자공학과가 더 좋다.'고 서로 이야기하는 것만 들었을 뿐입니다.

지금도 저는 첫 수업에 들어가면 학생들에게 과학과 공학의 차이에 관해 물어봅니다. 다행히 대답을 잘합니다. 그런데 언젠가는 '노벨상을 받으려고 기계공학과에 들어왔다'고 하는 학생을 보았습니다. 하지만 기계공학을 한 사람에게 노벨상을 준 경우는 없었죠. 노벨상을 과학 연구자에게는 주지만 공학 연구자에게는 준 사례는 없습니다.

그럼 과학은 무엇이고, 공학은 무엇일까요? 과학은 자연현상을 발견하고 이해하는 학문 분야입니다. 반면 공학은 과학을 통해 발견하고 이해하게 된 자연 원리를 인간을 위해 응용하는 학문 분야입니다. 분명하게 차이가 나지요. 예를 들어 어떤 원자핵들끼리 반응을 통해 질량이 사라지면, 그 질량은 에너지로 변합니다. 그때 발생하는 에너지는 없어진 질량 곱하기 빛 속도의 제곱입니다. 이것은 아인슈타인이 발견한 원리입니다. 하지만 원자로라는 것을 만들어서 이 에너지를 이용해 잠수함이나 항공모함을 움직이고 전기를 생산하려는 아이디어를 내는 일은 원자력 공학자의 몫입니다.

따라서 여러분이 원자력공학을 전공하겠다고 마음먹는다면, 원자로를 잘 만들어 핵에너지로 전기를 만들거나 추진력을 만들거나 아니면 원자핵들이 붕괴할 때 나오는 방사선을 이용해 암 치료나 물질 탐사, 종자 개량 등에 쓰는 것을 배우겠다는 것입니다.

과학과 공학이 이렇게 구분되지만, 두 학문 분야는 매우 중요합니다. 어떤 나라든 경제적으로 잘살고 국방을 튼튼하게 하려면 과학과 공학이 필수입니다. 우리나라가 역사적으로 불행한 일을 많이 겪었던 것도 과학기술(과학 및 공학)이 부족했던 것이 여러 이유 중 하나였습니다. 임진왜란 때 왜군이 조총을 만들어 우리나라를 쳐들어왔을 때 우리나라는 창과 활로 맞서야 했습니다. 다행히 천자포, 지자포 등의 포가 있어 해전에서는 우리가 이길 수 있었습니다. 물론 이순신 장군 같은 명장이 계셨으니 가능했지만요.

최근 우리나라는 세계적으로 기술(공학) 강국이라는 이야기를 많이 듣습니다. 세계적인 스마트 폰, 가전제품, 자동차 등이 기술 강국이라는 말을 듣게 하는 이유입니다. 그리고 우리나라를 부유하게 하고 우리 삶을 풍요롭게 하는 이유도 이러한 과학 특히 공학의 발전 때문입니다.

요즈음 '이공계 기피 현상'이라는 말이 자주 등장합니다. 참으로 걱정스럽고 마음 아픈 일입니다. 우리나라의 지속적인 발전을 위해서 과학과 공학의 발전은 꼭 필요하기 때문입니다. 최근 미래창조과학부가 만들어져 과학과 공학의 발전을 바탕으로 미래 산업의 발전과 일자리 창출을 꾀하는 것은 아주 고무적입니다.

독자들은 이 책을 통해 부디 과학과 공학의 차이가 무엇인지, 공학에는 어떠한 것들이 있는지, 공학을 전공한 공학자들의 삶은 어떠했는지 그리고 이 공학을 전공하면 인류에게 어떻게 이바지할 수 있는지를 알 수 있기를 바랍니다. 그리고 이 책을 통해서 자신이 온 힘을 기울여 공부해 볼 만한 것이 무엇인지 결정할 수 있게 되기를 기대합니다.

이 책을 써 주신 교수님들께 깊이 감사드리며, 이 책을 만드는 데 수고하신 살림출판사의 배주영 주간님, 박희정 팀장님과 카이스트 입학처의 윤달수 입학홍보팀장님과 윤정이 입학사정관님께 감사드립니다.

2013년 7월

원자력 및 양자공학과 교수 성풍현

차례

What is Engineering?

노벨상 수상자를 누른 젊은 학자의 집념 / 외로운 싸움 끝에 탄생한 원자력 에너지 /
2000년 전 신화가 과학이 되기까지 / 세 번의 대형 사고와 교훈 /
미래를 책임질 4세대 원전과 핵융합 기술 / 생명 존중을 배우는 원자력공학 /
미래의 프로메테우스를 키우는 원자력공학

1장

원자력공학

― 장순홍, 이정익

신화에서 현실을 빚다,
상상력의 결정체 원자력공학

인류의 많은 기술이 상상을 현실로 바꾸었지만, 원자력공학만 한 사례가 있을까? '과학소설의 아버지'라고 불리는 허버트 웰스H. G. Wells는 『타임머신』이나 『투명 인간』, 『우주 전쟁』 같은 명작을 쓴 작가다. 웰스의 과학소설 중 『자유로워진 세계The World Set Free』라는 작품은 가상의 핵에너지를 활용하는 폭탄에 의해 세계 정치가 어떻게 바뀌는가를 상상하며 그렸다. 웰스는 상상하지 못했지만, 이 소설은 현실이 됐다. 꼭 핵폭탄을 일컫는 것은 아니다. 레오 질라드Leo Szilard라는 천재 과학자가 이 작품에서 영감을 얻어 핵에서 인류에게 유용한 에너지를 대량으로 얻는 방법을 연구했기 때문이다.

노벨상 수상자를 누른
젊은 학자의 집념

1933년, 세기의 과학자 어니스트 러더퍼드E. Rutherford의 연설문이 《타임》에 실렸다. 러더퍼드는 방사선인 알파선, 베타선, 감마선을 모두 발견해 이름을 붙였으며, 노벨상을 받은 유명한 과학자였다. 핵반응 연구계의 대부였던 셈이다. 그는 연설문에서 그때까지 발견된 핵반응들만으로는 절대로 핵에너지를 유용한 에너지로 전환할 수 없으며, 인류에게 도움도 되지 못할 거라고 말했다.

레오 질라드

글을 읽은 젊은 과학자 레오 질라드는 러더퍼드의 단정적인 결론에 의구심을 품었다. 막대한 가능성을 품고 있는 핵에너지를 왜 이용할 수 없을까. 인류에게 제2의 불을 가져다줄 방법은 없을까. 질라드는 이런 의문에서 연구를 시작했다. 그 시대의 대학자이자 핵물리학계의 대부를 거스르는 외로운 도전이었다. 하지만 그의 집념은 결국 가느다란 실마리를 찾게 해 줬다. 바로 웰스의 소설에서 영감을 얻은 '핵 연쇄 반응'이다.

핵 연쇄 반응이란 무엇일까? 쉽게 비유하면 땔감을 태워서 불을 피울 때 저절로 땔감이 공급돼 영원히 불을 피울 수 있게 하는 연쇄적인 반응이다. 거짓말 같은 일이지만, 핵반응에서도 연쇄적인 것이 가능하다고 밝힌 것이 질라드의 업적이다.

좀 더 자세히 알아보자. 당시는 중성자의 존재가 막 알려지기 시작했다. 중성자는 말 그대로 전자기적 성질이 중성인 입자다. 양성자는 말 그대로 +극의 성질을 갖기 때문에 서로 밀어내는 힘이 있다. 하지만 중성자는 그런 성질이 없다. 따라서 만약 핵 속의 입자로 핵반응을 일으킨다면, 중성자는 원자핵이 가지는 전자기적 반발력을 무시하고 핵반응을 일으킬 수 있는 유일한 입자라고 할 수 있다.

질라드는 만약 중성자 하나를 핵반응으로 소모하더라도, 이어지는 핵반응에서 중성자가 계속 다시 만들어진다면 핵 연쇄 반응을 통해 핵에너지가 대량으로 방출될 거라는 사실을 깨달았다. 땔감 하나를 태울 때마다 땔감이 하나 더 공급되듯 중성자를 쓸 때마다 중성자가 다시 생긴다면 영원히 반응이 이어질 것이다. 잠깐 핵반응을 하고 끝나는 것보다 에너지로서의 가치가 훨씬 높은 것은 물론이다.

어떻게 가능할까. 비결은 '핵분열 반응'에 있었다. 물질을 이루는 원자핵은 양성자와 중성자가 함께 결합해 있다. 따라서 만약 핵에서 중성자를 떼어낼 수 있다면 중성자 공급이 저절로 이뤄지게 된다. 중성자를 떼어내기 위해서는 핵을 쪼개는 과정이 필요한데, 이것이 핵분열 반응이다. 처음에 중성자로 핵을 분열시키면 이때 핵에너지가 나온다. 그런데 핵이 분열하는 과정에서 다시 중성자가 만들어지고 이 중성자가 다시 핵분열을 일으킨다. 이러한 과정은 연료가 다 사라질 때까지 연쇄적으로 일어난다. 핵에너지는 끊임없이 발생하는 것이다.

당시는 아직 핵분열 반응이 채 발견되기도 전이었다. 하지만 질라드는 아이디어만을 가지고 이 반응에 대한 특허를 영국에 출원했다. 당대 가장 유명한 과학자였던 러더퍼드의 부정적인 의견에도 레오 질라드는 웰스의 SF소설에서 그려놓은 미래의 모습에 더 끌렸고, 그 가능성을 탐구했다. 마치 운명에 저항하는 신화 속 인물처럼 말이다. 그리고 마침내 러더퍼드의 생각을 뛰어넘어 원자력공학의 선구자로 이름을 새기게 됐다.

외로운 싸움 끝에
탄생한 원자력 에너지

레오 질라드는 원래 아인슈타인의 학생 중 하나였는데, 아인슈타인이 질라드의 박사학위 논문을 매우 높게 평가할 정도로 뛰어난 과학자였다. 하지만 당시 세계는 제2차 세계대전으로 암흑에 빠져들고 있었다. 독일의 나치 정권이 유대인들을 박해하자 그들은 유럽을 빠져나갔다. 유대인이었던 질라드 역시 나치를 피해 미국으로 건너갈 수밖에 없었다.

미국으로 가더라도 그는 두려움에서 해방되지 못했다. 독일이 핵 연쇄 반응을 이용한 새로운 무기를 개발할지도 모른다는 두려움 때문이었다. 이런 일이 벌어지지 않도록 질라드는 당시 미국 대통령이었던 루스벨트에게 편지를 썼다. 하지만 당시만 해도 레오 질라드를 아는 사람은 드물었기 때문에 그는 자신의 옛 스승이자 자신과 같은 이유로 미국으로 온 아인슈타인을 설득해 자신이 쓴 편지에 서명하게 했다.

이 편지는 루스벨트 대통령의 관심을 끌었고, 마침내 미국은 독일보다 먼저 핵무기를 개발하기 위해 비밀리에 '맨해튼 프로젝트Manhattan Project'를 시작하게 됐다. 질라드 역시 맨해튼 프로젝트에 참여했다. 그는 막 미국으로 도피한 핵물리학자 엔리코 페르미E. Fermi와 함께 시카고 대학교 지하에 최초의 원자로를 만드는 작업에 착수했다. 1942년, 최

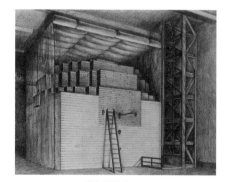

최초의 원자로 Chicago Pile-1 드로잉

초의 실험용 원자로 '시카고 파일-원Chicago Pile-1'이 태어났다.

최초의 원자로는 원자폭탄을 만들기 위한 기초 데이터 확보가 목적이었다. 이것이 확보되자, 전 세계에서 독일 나치즘에 반대하는 여러 과학자가 모여 원자폭탄 개발 작업에 들어갔다. 이때 맨해튼 프로젝트에 참여하였던 과학자들은 이름만 들어도 쟁쟁하다. '미국의 프로메테우스'라고 불리며 최근 다시 조명을 받고 있는 로버트 오펜하이머J. R. Oppenheimer, 최초로 사이클로트론을 개발해 노벨상을 받은 어니스트 로렌스E. O. Lawrence, 대중에게 잘 알려진 리처드 파인만R. P. Feynman 등 최고 수준의 핵물리학자들이었다.

그런데 독일보다 먼저 원자폭탄을 개발해야 한다는 강박관념을 가지고 시작한 맨해튼 프로젝트는 정작 독일과의 전쟁을 끝내는 데에는 사용되지 않았다. 정작 사용된 곳은 일본과 태평양 전쟁 지역이었다. 원자폭탄의 가공할 위력과, 그 이후 벌어진 국제 정치의 변화를 확인한 각국은 앞다퉈 원자폭탄 개발에 도전했다. 원자폭탄이 국제정치 및 외교에 미친 영향은 웰스가 소설 속에서 상상한 내용과 크게 다르지 않았다.

2000년 전 신화가 과학이 되기까지

이때 주의할 게 있다. 사람들이 흔히 생각하는 것과 달리, 원자력공학은 원자폭탄 개발에서 직접 출발하지는 않았다. 그 이전부터 도도하게 이어져 온 길고 긴 흐름이 있었다.

그리스·로마 신화와 관련이 있는 작품 중 호메로스의 '오디세이'라는 작품이 있다. 트로이 전쟁의 영웅 오디세우스가 전쟁이 끝나고 자신의 집으로 돌아가는 험난한 여정을 그리고 있다. 그의 여정은 트로이 전쟁에서 돌아가는 길에 잠시 멈추었던 섬에서 시작된다. 그곳에 사는 키클롭스라는 괴물과 대결하게 된다. 키클롭스는 바다의 신 포세이돈의 아들이었는데, 오디세우스를 총애하던 아테네 여신은 키클롭스에게 오디세우스 자신의 이름을 절대 가르쳐 주지 말아야 한다고 조언해 줬다. 오디세우스는 조언을 따라 키클롭스에게 자신의 이름을 알려주지 않고 '우티스^{Outis}'라고만 알려준다. 우티스는 그리스 어로 '아무도 아니다'는 뜻이다. 우티스를 라틴 어로 하면 우리에게 익숙한 이름이 된다. 바로 '네모'다.

이제 신화에 이어 다시 SF소설이 등장할 차례다. 네모는 19세기 과학소설인 쥘 베른의 『해저 2만 리』에 등장하는 선장의 이름(네모 선장 ^{Captain Nemo})이다. 『해저 2만 리』는 2000년 이상 된 고전 문학인 오디세이를 모티브로 해 19세기 현실에 맞게 각색한 소설이다. 네모 선장은 『해저 2만 리』에서 카리스마가 넘치는 선장으로 등장하며, 시대를 앞서 가는 과학기술로 '노틸러스'라는 잠수함을 운영하고 있다. 이 잠수함은 당시의 어느 해군의 배와 견주어도 월등한 성능을 내는 군함으로 그려져 있다.

『해저 2만 리』의 노틸러스호는 1950년대의 미국 해군 제독이었던 하이만 릭코버^{H. Rickover}를 통해서 상상이 아닌 현실이 된다. 바로 세계 최초의 원자력 잠수함인 '노틸러스호'다. 군사용으로 개발된 원자력 에너지지만, 이 에너지는 바로 육상에서 평화적 목적의 상업용 원자력 발전소로 이어졌다. 사람들은 '원자력공학'이라고 하면 아인슈타인이나 핵폭탄을 먼저 떠올릴 것이다. 하지만 이제는 아니다. 원자력

공학을 탄생시키고, 원자력 에너지를 파괴가 아니라 인간에게 도움이 되는 에너지원으로 활용하게 된 것은 릭코버 덕분이다.

하이만 릭코버는 1900년에 태어나 미국 해군사관학교를 거쳐서 해군 장교로 복무했다. 그는 제2차 세계대전 당시에 해군에서 기술 장교로 경력을 쌓아나갔는데, 기술 장교는 좋은 대접을 받기 어려웠다. 그럼에도 하이만 릭코버는 자신의 업무에 매우 충실했고, 맨해튼 프로젝트에도 참여해 당시의 새로운 기술인 원자력 에너지원에 대한 교육을 받을 수 있었다. 릭코버는 원자력 에너지가 잠수함과 결합했을 때 얼마나 큰 시너지 효과를 낼지 단번에 알아차렸다. 제2차 세계대전이 끝나자마자 원자력 잠수함 개발 프로젝트를 시작하고자 노력했다.

당시에 맨해튼 프로젝트를 운영하였던 과학자들로 구성된 핵에너지 운영 위원회Atomic Energy Commission는 원자력 잠수함에 대해서 매우 부정적인 견해를 보였다. 당시 잠수함에 필요한 출력을 발생할 수 있는 원자로의 크기가 도시의 한 블록 규모 정도가 될 것으로 예상했기 때문이다. 해군 역시 그의 발상을 전혀 이해하지 못했다. 마치 한 시대 전 러더퍼드에 대항하던 질라드가 그랬듯, 그 역시 외로웠다. 그럼에도 릭코버는 기술의 한계는 물리적인 한계가 아니라 공학적인 한계이기 때문에 기술 개발을 통해서 충분히 극복할 수 있다고 생각했다. 그의 신념에 감동한 사람이 하나둘씩 모이자 원자력 잠수함 건조 프로젝트를 시작

하이만 릭코버

할 수 있었다.

릭코버는 원자력 잠수함을 건조하면서 부산물인 방사선이 해군 장병들에게 주는 잠재적인 폐해에 대해서도 많이 걱정했다. 릭코버는 당시 민간인에게 적용되던 원자력 안전 규정을 그대로 군인에 적용

최초의 원자력 잠수함 노틸러스호

했다. 군인에 대한 안전성을 덜 배려하는 관행에서 벗어난 것이다. 조선소에서 일부 시스템이 설계 도면대로 건조되지 않은 것을 확인하자 그는 원자력 계통 제작을 다시 하도록 요구했다. 이렇게 어려움을 극복하고 완성된 잠수함이 최초의 원자력 잠수함인 노틸러스호다.

원자력 잠수함 개발의 업적을 인정받은 릭코버는 최초의 상업용 원자력 발전소 건설에도 참여했다. 노틸러스호에 탑재됐던 원자로를 육상으로 가지고 온 것이다. 잠수함에 탑재되었던 군사용 원자로지만, 릭코버가 처음부터 민간인에게 적용되는 안전 규정을 만족한 상태에서 개발했기 때문에 큰 어려움 없이 육상에 건설할 수 있었다. 이 발전소는 민간 발전 사업자마저 매료시켰다. 이미 원자력 에너지의 경제성을 충분히 보여줬기 때문이다. 발전 사업자들은 앞다퉈 원자력 발전소를 건설하기 시작했다. 이후 50년 동안 미국에는 100여 개의 원자력 발전소가 건설됐다. 원전 시대의 개막이었다.

원자력공학의 출발이 군사 기술에서 비롯됐지만, 군인조차도 원자

력 에너지의 활용을 단순히 군사적 목적에만 그치지 않고 인류의 보편적 복지 향상을 위해서 활용하는 방안을 고민했다는 점은 의미심장하다. 원자력 발전소가 세계에 널리 보급되어 빈부격차를 가리지 않고 저렴한 전기를 제공할 수 있게 된 배경은 원자력공학을 출발시킨 수많은 천재적인 과학자들과 공학자들 그리고 정치가들이 관심을 가진 인류의 보편적인 복지에서 비롯됐다. 또 원자력 기술만큼 기술 윤리에 대해 많은 고민을 했던 기술이 없었다고 해도 지나치지 않는다. 원자력공학 전공자들이 인간 생명과 보편적 복지를 최우선으로 하는 교육을 받는 것은 이런 전통 때문이다.

 ## 에너지, 정말 문제 맞아?

21세기에 인류가 직면한 문제 중 최근 가장 많이 이야기되고 있는 것이 에너지 부족 문제다. 하지만 과학적으로 '에너지 부족 문제'라는 말은 틀렸다. 열역학 제1법칙(에너지 보존 법칙)에 따르면 우리는 에너지를 새롭게 생산할 수도 없으며 또한 소멸시킬 수도 없다. 그런데 어째서 에너지가 부족하다고 할까? 사실 에너지 부족 문제는 열역학 제2법칙과 더 관련이 많다. 에너지는 보존되지만, 에너지가 인간에게 유용한 기계적 에너지로 전환될 때는 100% 전환될 수 없다. 일부는 에너지 전환 과정에서 낭비된다는 뜻이다. 에너지 변환을 많이 하면 할수록 이런 '낭비'가 늘어난다. 우리가 사용할 수 있는 유용한 에너지의 전체적인 양도 계속 줄어들게 된다. 결국, 인류가 당면한 에너지 부족 문제란 '인류에게 유용한 형태로 전환한 에너지'의 양이 제한돼 있기 때문에 발생하는 문제지, 에너지의 절대량이 부족해서 발생하는 문제는 아니라는 사실을 알 수 있다.

세 번의
대형 사고와 교훈

원자력 에너지는 전 세계에 퍼졌다. 현재 31개 나라가 430여 기의 원자력 발전소를 운영하고 있으며, 56개 나라에 240개의 연구용 원자로가 있다. 그리고 180여 개의 원자로가 150개의 배에 탑재돼 전 세계 해양을 다니고 있다. 건설되고 있는 원자로도 60여 기에 이른다.

그러나 이렇게 빠른 발전을 이룬 원자력 발전 기술도 세 번의 대형 사고로 큰 위기를 맞았다. 첫 번째 사고는 1979년 미국에서 일어난 스리마일 섬TMI-2 사고다. 처음에 단순한 기기 고장으로 시작했지만, 결국 원자로의 노심이 녹는 대형 사고로 발전했다. 방사성 물질이 외부로 유출되지 않아 인근 주민에게 크게 해를 끼치지는 않았지만, 원자력 발전소에서 안전이 얼마나 중요한지 새삼 일깨운 사고였다. 특히 이 사고로 미국은 30년간 새로운 원자력 발전소를 건설하지 않다가 2012년에야 새로운 원자력 발전소 건설 허가가 내려질 정도로 침체기를 맞았다.

두 번째 사고는 1986년 구소련의 체르노빌에서 발생했다. 체르노빌 원자력 발전소는 서방 세계의 원자력 발전소와 설계 개념이 완전히 다른 형태로 서방 세계에서 방사성 물질의 확산을 저지하기 위해서 가장 중시하는 격납 건물이 설치되지 않았다. 안전성이 부족한 원자력 발전소에서 실험하다가 결국 큰 사고가 일어났는데, 방사성 물질이 유출돼 멀리 유럽까지 확산했다. 유럽 국가에서 반핵 운동을 일으키게 되는 결정적인 계기가 되었다.

세 번째 사고는 2011년에 일어난 일본의 후쿠시마 원전 사고다. 예상치 못했던 대형 지진과 지진해일(쓰나미)로 원전의 냉각 기기에 전력

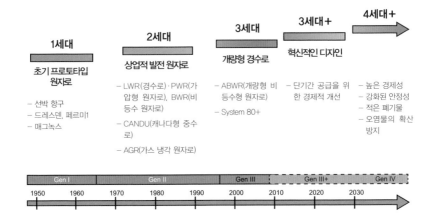

원자력 발전소의 개발 역사

을 공급하는 장치가 손상을 받고 원자로 내부가 크게 손상을 입었다. 여러 국가에서 원자력 에너지 정책을 다시 생각하게 만든 계기였다.

세 번의 대형 사고로부터 원자력계는 많은 것을 배웠으며, 두 번 다시 비슷한 사고가 발생하지 않도록 대책을 강구하고 있다. 스리마일섬 사고에서 우리는 원자력 발전소의 주 제어실 설계가 얼마나 중요한지 깨달았고 대대적인 혁신으로 이어졌다. 체르노빌 사고로 원자로의 안전성과 격납 건물의 중요성을 다시 확인했다. 후쿠시마 원전 사고 이후에는 어떠한 천재지변에도 대처할 수 있도록 안전성을 유지하게 돕는 피동 안전장치도 개발하고 있다.

미래를 책임질 4세대 원전과 핵융합 기술

원자력공학은 과거의 기술이므로 지금은 발전이 끝났다고 생각하는 사람들이 있다. 하지만 이것은 오해다. 원자력공학도 다른 공학 분야와 마찬가지로 끊임없이 발전하고 있으며 특히 안전과 관련된 기술은 나날이 발전하고 있다. 21세기에 들어서 원자력 공학자들은 안전성과 경제성을 함께 발전시킨 3세대 원전을 개발했다. 이제는 한발 더 나아가 인류의 에너지 문제를 장기적으로 해결할 수 있는 4세대 원전 개발에 착수한 상태다.

현재 지구에 건설된 400개가 넘는 원자력 발전소에서는 대부분 우라늄을 핵연료로 사용하고 있다. 그러나 99% 이상의 우라늄은 현존하는 원자력 발전소에서 연료로 사용할 수 없는 우라늄-238 동위원소다. 실제로 원자력 발전소에서 연료로 사용할 수 있는 것은 1%도 채 되지 않게 존재하는 우라늄-235다. 육지에 존재하는 우라늄-235는 앞으로 100년이면 고갈될 예정이지만 엄청난 우라늄-235가 바닷물에 존재하고 있어 이를 추출하는 기술이 연구되고 있다. 또한, 원자력 공학자들은 99%의 우라늄-238을 연료로 쓰는 새로운 원자력 발전소를 연구하고 있다. 이 연구가 성공하면 앞으로 5000년은 문제없이 사용할 수 있다. 이 새로운 연료를 쓰는 원자력 발전소 중 대표적인 것이 '소듐(나트륨) 냉각 고속로'다. 액체 나트륨을 이용하는 새로운 원자로는 우라늄-238은 물론, 현재의 원전에서 타고 남은 핵연료를 연료로 사용할 수 있기 때문에 사용 후 핵연료 문제도 해결할 수 있다.

핵융합 장치도 있다. 핵융합은 수소 동위원소인 중수소와 삼중수소를 융합할 때 소멸하는 질량이 에너지로 전환되는 반응이다. 지구 표면을 70% 이상을 차지하고 있는 바다 안에 거의 무한한 양으로 존재하는 원소(물을 전기분해로 얻는 수소)를 활용하기 때문에 많은 과학자가 인류의 에너지 문제를 궁극적으로 해결할 수 있을 것으로 예측한다. 핵융합 에너지를 인류에게 유용한 형태의 에너지로 전환하는 기술도 원자력공학의 한 분야다.

방사선 공학도 기대해 볼 분야다. 방사선은 핵반응의 부산물로 X선 촬영부터 CT, PET, NMR 등 의학 진단 또는 치료 용도로 활용되고 있으며 생명공학에서도 활용 범위를 넓히고 있다.

우주는 어떨까. 지난 2012년 화성 탐사를 시작한 미국 항공 우주국 NASA의 탐사 로봇 '큐리오시티'는 태양이 없는 밤에 방사성 동위원소를 사용한 전지의 힘으로 작동하고 있다. 사실상 우주라는 극한 환경에서 사용할 수 있는 유일한 에너지원은 원자력 에너지밖에 없다.

우리나라에서의 원자력공학

우리나라는 원자력공학의 세계적인 선진국이다. 이미 6·25 전쟁 직후인 1959년에 최초의 정부 출연 연구 기관으로 한국 원자력 연구원을 설립하고 단기간에 원전 기술을 발전시켰다. 1978년 한국 최초로 고리 1호기가 가동됐다. 비록 우리 기술로 지은 건 아니었으나 우리나라가 원자력 시대에 진입했다는 신호탄이었다.

미국의 스리마일 섬 사고와 구소련의 체르노빌 사고가 일어나면서 우리보다 먼저 원자력 기술을 연구해 온 나라들이 연구를 중단했다. 우리나라는 그 틈에 선진국의 기술력을 빠르게 따라잡았고, 미국의 컴버스천 엔지니어링CE사와 협력해 한국형 표준 원전 OPR-1000을 개발했다. 이후 10년동안 개량을 거쳐 APR-1400을 개발했고, 2010년에는 아랍에미리트에 4기, 20조 원어치를 수출하게 됐다.

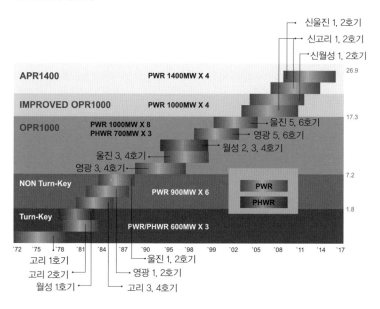

우리나라 원자력 발전소 개발 역사

생명 존중을 배우는 원자력공학

원자력공학은 반세기라는 비교적 짧은 역사를 가지고 있는 학문이다. 하지만 기계, 전자, 에너지, 핵물리학, 방사선 공학 등 다양한 분야의 학문과 기술로 이뤄져 있으며 학문의 깊이도 깊다. 핵 문제는 국제 정세와 연관이 많아 정치, 사회 등 사회과학적 소양도 중요하다. 따라서 대학에서는 다양한 분야의 학문을 두루 배워야 한다. 또 인류의 번영과 안전, 생명을 다루기 때문에 이런 가치를 실현하기 위한 다양한 소양도 공부한다.

먼저 원자력공학을 구성하는 다양한 세부 분야를 살펴보자.

(1) 원자로 물리 분야: 핵분열 반응이 일어나는 장소인 원자로 노심 설계에 필요한 공학적 지식을 연구한다. 다양한 방사선을 구성하는 입자의 거동을 해석하고 이를 다루는 기술을 집중적으로 다룬다.

(2) 핵융합 분야: 핵분열 반응을 이용하는 원자로 대신 핵융합 반응을 이용하며 통상적으로 플라스마 상태에서 핵융합되기 때문에 플라스마 거동을 연구한다.

(3) 원자력 열수력 및 안전 분야: 기계공학과와 유사한 분야로 원자력 에너지가 열로 전환될 때의 열전달, 원자력 시스템 안전을 연구한다. 열에너지를 전기에너지로 바꾸는 선진 기술도 포함된다.

(4) 원자력 전력 전자 분야: 측정 장치 및 제어 기술 분야로 운

전원들이 안전하고 편안하게 일하게 하고, 방사선이 존재하는 특수한 환경에서 작동하는 전자장비와 로봇을 개발한다.

(5) 원자력 재료 분야: 재료공학과 유사한 분야로, 방사선 환경 및 높은 열이나 압력을 견뎌야 하는 원전 재료를 연구한다.

(6) 핵주기 분야: 우라늄의 채굴부터 마지막 사용 후 핵연료에 대한 처리까지 교육 및 연구하는 분야로, 최근 사용 후 핵연료 처리 및 순환과 관련해 중요하다. 핵무기 개발을 억제하기 위한 핵물질 관리와도 관련이 많다.

(7) 방사선 분야: 방사선을 활용하는 의료용 진단 및 치료 장비, 우주 탐사용 방사선 동위원소 전지 개발 등을 다룬다.

한국 핵융합 장치

마지막으로 기초 교양으로 배우는 가치에 대해 살펴보자. 원자력 공학도에게 최고의 가치는 인간 생명 존중과 인류의 보편적 삶의 질 향상이다. 이 목표는 모든 학문이 마찬가지라고 생각할지도 모른다. 하지만 원자력 에너지 기술은 자칫 잘못하면 군사 기술로 악용되어서 많은 사람의 생명을 앗아갈 수도 있고, 방사선으로 많은 사람의 생명에 위협을 줄 수 있다. 양날의 칼과 같은 기술이기 때문에 이 기술을 배우고 다루는 사람은 누구보다 책임감을 갖고 연구에 임해야 한다.

미래의 프로메테우스를 키우는 원자력공학

원자력공학을 전공한 사람은 축구 포지션으로 말하면 리베로와 같다. 다양한 공학 분야에 대한 심도 있고 체계적인 교육뿐 아니라 정치, 외교, 경제, 법 등에 대한 인문 사회적인 교육까지 받아야 하기 때문이다. 원자력공학 전공자는 사회에 진출했을 때 어떠한 역할도 수행할 수 있다. 금전적 보상에 대한 만족도도 높은 편이지만, 국가의 에너지 안보를 책임지고 있다는 자긍심과 인류의 발전적인 내일을 위해서 이바지하고 있다는 자부심도 크다.

다시 신화 이야기로 끝을 맺자. 원자력공학은 신화적 상상력에서 태어났고 신화를 현실로 만들며 발전해 왔다. 이제는 신화 속 인물이 현실이 될 차례다. 원자력공학은 학생들 하나하나가 마치 오디세우스나 네모 선장과 같이 아무리 험난한 길에도 굴하지 않는 정신으로 역경을 헤쳐나가서 후대에 또 다른 전설이 될 수 있도록 하는 데 많은 노력을 기울이고 있다. 자신의 운명을 개척해 나가고자 하는 학생이나 불굴의 의지로 자신의 삶을 살고자 하는 학생, 과학과 기술에만 국한되지 않고 정치, 사회, 외교, 안보에 이르기까지 모든 분야에 대해 폭넓게 관심을 가지는 학생에게 이만큼 매력적인 학문은 없을 것이다. 가슴 떨리지 않는가? 당신이 곧 21세기의 오디세우스이며 프로메테우스이고, 네모 선장이다.

 ## 빌 게이츠가 주목한 원자력, 테라파워

세계의 지성 중 하나로 일컫는 마이크로소프트사 창립자인 빌 게이츠는 필자와의 대화에서 이렇게 말했다.

"화석 에너지는 온실가스를 생산해서 문제이고, 신재생에너지는 너무 비싸고 기상과 기후 등의 불확정적 요인 때문에 인류의 에너지 해결책으로 보기에는 문제가 있다."

그렇다면 무엇이 해결점일까? 빌 게이츠는 원자력 에너지 기술이 미래에 가장 유망한 에너지 대안임은 분명하다고 봤다. 다만 현재의 원자력 에너지 기술로는 성공적이라고 하기에는 어려우므로 혁신이 필요하다. 그래서 빌 게이츠는 '테라파워'라는 벤처기업을 세웠다. 기존의 원자력 기술은 거의 다 정부 주도로 개발이 이뤄졌는데, 이런 관행을 뒤엎고 민간에서 원자력 기술의 대중화를 이루려는 것이다. 원자력공학과 산업은 새로운 중흥기를 맞이하고 있다.

What is Engineering?

대륙적 규모? No! '대양적 규모'을 꿈꿔라 / 세계 지도를 바꾼 해양시스템공학 프로젝트 /
대양적 규모를 실현하는 '네트워크 공학', 해양시스템공학 / 해양을 지배한 나라가 세계를 지배한다! /
바다에서의 첨단 무기, 잠수함과 항공모함 / 세계 최고가 된 우리나라의 조선 해양 산업 /
도전을 기다리는 해양시스템공학

2장

해양공학

– 한순홍

지구 최대의 **네트워크 공학**,
해양시스템공학

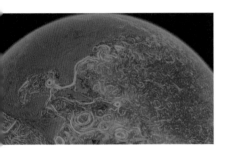

해류의 이동 모습(NASA)

한 장의 사진을 가만히 들여다본다. 미국 항공 우주국^{NASA}이 2년 6개월간 해류의 이동을 위성으로 촬영해 색을 입히고 한데 합성한 사진이다. 곳곳에 소용돌이가 생긴 모습이 익숙하다. 천재 화가인 빈센트 반 고흐의 작품 '별이 빛나는 밤'과 흡사하지 않은가.

이 사진은 아름답기만 한 것이 아니라 대단히 상징적이기도 하다. 드넓은 밤하늘, 끝없이 펼쳐진 우주를 나타낸 천재의 화폭이 바다에 그대로 반영돼 빛나고 있다. 20세기 중반 이후 인류는 미래를 '우주 시대'라고 생각하고 관련한 과학과 기술 연구에 매진해 왔다. 미래가 우주 시대라는 말은 분명 맞을 것이다. 하지만 먼 우주만이 전부는 아니다. 그와 함께 도래할 또 다른 미래 시대가 있다. 바로 해양 시대다. 바다는 우주보다 인류와 가깝고 친숙한 곳이지만, 아직 표면 일부라는 극히 일부밖에 파악하지 못하고 있다. 활용은 더더욱 못 하고 있다. 이러한 바다가 바로 미래 시대의 핵심 도전 과제가 되지 않을까? 우주보다 가깝지만, 우주 못지않게 풍성하고 신비로운, 반짝임을 품은 또 하나의 '별이 빛나는 밤'이 우리 앞에 펼쳐져 있다.

대륙적 규모?
No! '대양적 규모'을 꿈꿔라

흔히 '호쾌하고 대범한 규모나 기질'을 나타내는 말로 '대륙적 규모', '대륙적 기질'이라는 표현을 쓴다. 하지만 이 말은 21세기가 된 지금 바뀌어야 한다. 대륙 위의 그 어느 것도 대양의 규모와 기질을 이기지 못한다. 대륙의 물을 다 합해 봐야 지구가 품은 물의 1%도 채 안 된다. 그보다 약간 많은 빙하의 물을 제외하면 나머지 대부분은 바닷물이다. 가장 높은 산도 어지간한 대양 속에 넣으면 꼭대기까지 잠긴다.

자연만 거대한 규모를 자랑하는 게 아니다. 인류가 손을 쓴 공학 프로젝트도 대양의 규모는 대륙의 규모를 압도한다. 중국 경제의 중심지인 상하이에서 차로 1시간 남짓 가면 세계에서 두 번째로 긴 다리가 있다. 총 길이가 32km에 달하는 둥하이 대교다. 둥하이 대교는 그 크기도 세계 정상급이지만, 이용량도 최고다. 세계 최대의 물동량을 처리하는 중국의

둥하이 대교

양산 심수항(양산항)으로 이어지기 때문이다.

　먼바다에서 유래한 대양적 상상력은 이렇게 세계 최대의 인구와 정상급 개발 여력을 지닌 중국마저 자극했다. 그리고 이를 통해 지리적 한계를 극복했다. 상하이항은 양쯔 강 유역에 있다. 이곳은 중국을 관통해 온 많은 양의 흙과 모래가 항구로 쏟아져 들어오기 때문에 대형 선박이 들어올 수 없는 환경이다. 하지만 중국은 2002년부터 이 항구를 바다, 더 나아가 세계와 통하는 관문으로 정하고, 대형 선박이 들어올 수 있는 깊은 항구로 개발했다. 그게 바로 '수심이 깊은 항구'라는 뜻인 심수항이다. 중국의 투자와 예상은 적중해 이 항구는 지리적 약점에도 세계 최대의 물동량을 자랑한다. '지리적 약점'은 대륙의 문제였지 대양의 문제는 아니었던 셈이다. 현재 양산항은 아시아의 대표적인 물동항인 싱가포르나 홍콩, 우리나라의 부산을 모두 누르고 대양을 향한 중국의 관문 역할을 톡톡히 하고 있다.

　2002년은 세계 대양 개발 역사에서 다른 예로도 의미가 깊다. 같은 해 말 덴마크의 호른스 레우에 해상 풍력 단지가 완공됐기 때문이다. 20km² 넓이의 바다에 100m 높이의 풍력발전기가 모두 80대 서 있다. 8대씩 10열이니 마치 군인이 늘어선 것처럼 당당한 모습이 장관이다. 이 풍력발전기 한 대의 용량은 2MW(메가와트)다. 여기에서 생산되는 전력은 덴마크 가정 15만 가구가 한 해에 사용하는 전력량과 맞먹는다. 세계 최대 규모다.

　여기서 끝이 아니다. 7년 뒤인 2009년에는 바로 근처에 호른스

덴마크의 호른스 레우. 해상 풍력 단지

레우 단지의 1.5배에 이르는 해상 풍력 단지를 건설했다. 덴마크는 2050년까지 화석연료 사용량을 아예 없애기 위해 해상 풍력에 적극적으로 투자하고 있다. 덴마크는 일찍 바다의 중요성을 깨닫고 대양으로 진출한 나라 가운데 하나였다. 지금은 비록 대항해 시대의 유산을 거의 유지하지 못하고 있지만, 바다 위 전기 발전소인 해상 풍력을 통해 에너지 대국으로의 길고 큰 꿈을 실현하고 있다.

우리나라는 전라북도에 지은 세계 최장의 방조제 새만금 방조제가 있다. 길이가 33.9km의 길이로, 기존에 세계에서 가장 긴 방조제였던 네덜란드 자위더르 방조제보다 1.4km 더 길다. 몇 가지 환경과 관련한 논쟁이 있었고, 용지 활용을 어떻게 해야 할지를 둘러싼 문제를 해결해야 하긴 하지만, 좁은 육상의 문제를 바다로 향해 풀려고 한 발상만큼은 눈여겨볼 만하다.

이렇게 세계 최고, 최대, 최장의 기록은 더는 대륙의 몫이 아니라 바다의 몫이다. 여기에 소개하지 않은 다른 예도 많다(뒤에 자세히 소개할 것이다). 호방한 미래를 꿈꾸는 사람이라면 대륙보다는 대양에 관심을 가져야 할 이유는 충분하다.

새만금 방조제

세계 지도를 바꾼
해양시스템공학 프로젝트

유럽 대륙에서 영국으로 들어갈 때 꼭 비행기나 배를 이용해야 하는 것은 아니다. 바다 밑으로 연결된 터널을 타고 통과할 수 있다. '채널 터널Channel Tunnel'이다. '유로 터널'이라는 이름으로도 불리는데, 유로 터널은 터널을 건설하고 관리하는 민간 회사 이름이다. 1986년 5월 착공해 1994년 완공했다.

이 터널은 영국과 프랑스 사이의 영국 해협 중에서 가장 좁은 부분인 도버해협의 지하를 뚫었다. 영국의 포크스턴Folkestone과 프랑스의 칼레Calais를 연결하며 터널은 모두 3개다. 이 사이를 프랑스의 고속 열차인 테제베TGV를 활용한 '유로스타'가 뚫고 지나간다. 영국의 런던과 프랑스의 파리를 통과하는 데 드는 시간은 서울에서 부산까지 KTX를 타고 갈 때보다 짧은 2시간 15분이다.

이에 버금가는 구상도 국내에서 나온 바 있다. 한·일 해저 터널은 우리나라의 부산과 일본 사가 현의 가라쓰 시를 잇는 약 230km의 터널이다. 채널 터널과 마찬가지로, 대한해협을 지하로 관통하는 터널로, 아직은 구상 단계다.

마지막으로 세계 해상 무역의 판도를 바꾼 위대한 사건을 하나 살펴보자. 바로 운하 건설이다. 그중 중앙아메리카의 파나마 운하는 태평

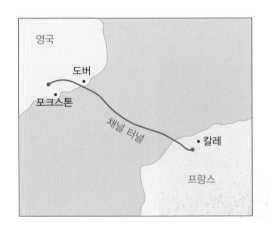

양과 대서양을 잇는 길이 82km의 운하다. 미국이 운영하다가 1999년 파나마 정부로 소유권이 반환됐는데, 건설 당시 세계적으로 거대한 난공사로 꼽혔다. 과거에는 태평양에서 대서양으로 넘어가려면 남아메리카의 남쪽 끝 드레이크 해협과 호온 곶으로 가는 긴 우회로를 거쳐야 했다. 하지만 이 운하의 등장으로 태평양과 대서양을 연결해 선박이 뉴욕에서 샌프란시스코까지의 항해 거리를 9,500km로 줄였다. 우회 항로를 이용할 때는 22,500km였으니 거의 반으로 줄어든 셈이다.

대양적 규모를 실현하는 '네트워크 공학', 해양시스템공학

우리나라는 흔히 말하듯, '수출과 수입으로 먹고사는' 나라다. 수출입액 합계가 매년 1000조 원에 이른다(2012년 기준으로 수출은 5482억 달러, 수입은 5195억 달러). 이 많은 수출입 물량은 어떻게 국내외를 드나들까? 북한으로 대륙에의 길이 막혀 있으니 열차나 도로는 아니고, 비행기도 한계가 있다. 그러니 물량 대부분은 배를 이용한다. 이것은 우리나라만의 문제가 아니다. 현재 세계 10대 통상 국가 중에서 바다를 끼고 있지 않은 나라는 없다. 바닷길을 활용하는 것이 무역으로 먹고살 수 있는 유일한 길인 셈이다.

바다로 둘러싸인 것은 예전에는 장애물이었다. 깊고 넓고 속을 알수 없는 거친 바다는 진출하기 두려운 곳이었을 뿐이다. 하지만 역설적으로 이제는 바다가 세계와 통하는 가장 훌륭한 통로가 됐다. 만일 우리나라가 유럽이나 아시아 대륙의 한가운데에 위치했다고 가정해보자. 과연 세계 10대 통상 국가로 약진할 수 있었을까? 다른 변변한 자원이 없는 실정에서 과연 지금처럼 단기간에 부를 누릴 수 있었을까? 아마 아닐 것이다.

지난 300년에 걸친 인류 문명의 기계화로 땅에서 얻을 수 있는 자원은 바닥나고 있다. 인구 증가로 땅에서 얻을 수 있는 식량만으로는 인류의 식량문제를 해결하기가 어렵게 됐다. 또한, 육상에서의 탄소 에너지 자원도 고갈되고 있어 지금은 바다에서 석유와 가스 에너지원을 채굴하고 있다. 한편 해마다 여름이 되면 전 세계 사람들은 바다로 간다. 그리고 바닷가에서 수영, 잠수, 보트놀이, 관광, 요트 항해에 이르기까지 다양한 휴식과 오락을 즐기며, 바닷속을 보여주는 해저 관광에 참여하기도 한다.

이런 사실은 무엇을 의미할까? 바다는 이제 새로운 기회가 됐다. 우주는 무한하다. 하지만 그만큼 멀다. 그에 반해 바다는 무궁하면서도 가깝다. 한반도 어디에서도 자동차를 타고 두 시간만 달리면 바다에 닿을 수 있다. 항구 또는 해수욕장에 찰랑거리는 파도는 우리를 세계 어디로든 데려다 준다. 지금 내 발을 적신 물은 북아메리카 대륙의 연안을 적신 뒤 왔을 수도 있고 남극을 한 바퀴 여행하고 왔을 수도 있다. 반대로 나를 만난 물이 유럽을 여행할 수도 있다. 바다를 통하면 우리는 세계 어느 곳과도 연결될 수 있다. 바다는 지구에서 가장 뛰어난 네트워크고, 이를 연구하는 공학은 지구 최대의 네트워크 공학이라고 불러도 될 것이다. 바다로 세계와 통하는 학문 그것은 바로 해양시스템공학이다.

바다의 네트워크적 특성은 공학 연구하는 연구자에게 네 가지 큰 기회를 제공해 준다. 첫 번째는 해양 교통과 운송, 그리고 그에 따른 기반 시설에 필요한 기술을 개발할 기회다. 바다와 관련한 공학이라고 하면 가장 많은 사람이 떠올리는 '배(선박)'와 항구가 상당수 여기에 해당한다. 두 번째는 공해(公海)의 자원 개발이다. 공해는 세계 모든 나라가 공유하는 바다인데, 이곳의 자원은 특정 국가의 소유가 아니기에 개발에 의욕적인 나라일수록 그 혜택도 많이 얻을 수 있다. 세 번째는 대륙붕에서 식량을 개발해 식량문제를 해결하고, 바다와 관련한 환경문제를 푸는 일이다. 대륙에서 해결하지 못하는 두 가지 문제를 바다를 통해 풀어갈 수 있다는 뜻이다. 네 번째는 해양 관광시설의 개발이다. 미래형 레저다.

해양시스템공학은 위에 소개한 네 가지 기회를 실현할 모든 분야를 연구한다. 특히 카이스트 해양시스템공학 전공에서 연구하는 6개 주요 연구 분야는 다음과 같다.

(1) 해양 플랜트 엔지니어링: 해양에서 에너지와 자원을 생산하는 해양 플랜트 엔지니어링으로 위험도 및 신뢰성 공학, 프로젝트 타당성 및 경제성을 평가한다.

(2) 수중체 및 수중 음향학: 수중 음향학과 진동, 수중 폭발, 함정 설계, 잠수함, 자동 수중체[AUV], 무인 수중체[UUV] 등 수중체의 운동 제어를 연구한다.

(3) 해양 환경 공학: 환경 유체 동역학, 해양 관측 및 조사 시스템 등을 다룬다.

(4) 항만 해안 공학: 전산 유체 해석을 이용한 항만 설계, 지진 해일과 유사 이동에 관한 연구, 해안 및 해양 구조물 설계, 부유 구조물 해석 및 설계, 항만 환경공학, 항만 시공 및 관

리, 항만 물류 계획 등을 다룬다.

(5) 해양시스템 모델링과 시뮬레이션: 수학, 고체 및 유체역학, 해양시스템 개론, 다물리 해석multiphysics 및 해양시스템 동역학, 시뮬레이션 수치 방법론, 시스템 분석·제어 및 통합, 통계학 및 신호 처리, 모델 타당성 검사 및 증명, 대규모 시뮬레이션 기술, 안전 및 작업 신뢰성 분석, 시스템 분석 및 공학 시뮬레이션 사례 등을 연구한다.

(6) 해운 경영과 건조 관리: 해양 시스템 설계에서의 혁신, 정도 관리, 선박 블록 조립의 공차 해석 및 최적화, 선박 설계와 건조 시스템의 의사 결정을 지원하는 시뮬레이션 기반 도구 등을 개발하고, 고급 설계에 필요한 도구나 해양 수송과 컨테이너 항만 위치 결정 등에 필요한 자료를 수집하고 개발한다.

판소리와 SF 속에 숨은 초기 해양 기술

문화는 인류 상상력의 산물이다. 인류 탐험은 대부분이 상상력에 의한 이야 기를 통해 시작됐다. 문화와 새로운 기술의 개발은 언제나 깊은 상관관계를 가진 셈이다. 다음 글을 보자.

"한곳을 당도하니, 이는 곧 인당수(印塘水)라. 대천(大川) 바다 한가운데 바람 불어 물결 쳐, 안개 뒤섞여 젖어진 날, 갈 길은 천리만리(千里萬里)나 남고, 사 면(四面)이 검어 어둑 정그러져 천지적막(天地寂莫)한데, 까치뉘 떠 들어와, 뱃 전 머리 탕탕. 물결은 위르르, 출렁출렁."

'심청가'의 한 부분이다. 우리는 예전부터 바다를 두려움과 호기심의 대상으 로 여겨왔다. 첨단 과학기술이 발달한 요즘에도 태풍이 불어 거칠어진 바다 에서 어선이 침몰하여 귀중한 생명을 잃기도 한다.

"물속으로 울렁울렁 울렁울렁 들어가니 토끼 기가 막혀 "아이구 이놈아! 좀 놓아라 숨막혀 못사겠다!" "야 이놈아 아가리 벌리지 마라 짠물 들어가면 벙 어리 되고 행여 뱃속에 간 녹을라, 내 등에 가만히 업혀 소상팔경 구경이나 허고 가자꾸나. 바다가 뒷끓으며 어룡이 출몰허고 한 곳을 당도허니 금계소 리가 쨍그랭쨍 들리거날 눈을 들어 살펴보니 흰옥현판(白玉懸板)에 황금대자 로 남해수궁 수정문이라 둥두렷이 새겼난디, 토끼가 보고서 좋아라고 헌다."

이 글은 '별주부전'이라고도 알려진 '수궁가'의 한 부분이다. 여전히 물속은 사람들의 호기심 대상이다. 사람들은 오색 영롱한 열대어와 산호들을 구경하 려고 물안경을 끼고 스쿠버 다이빙을 즐기며, 1,000m 깊이에 사는 심해어들 의 생활이나 남극 펭귄들의 살림이 궁금해 한다.

집단 지성으로 만든 위키백과의 지식에 따르면, 이집트 사람들은 약 5000년 전부터 노와 삿대로 돛단배를 만들어 나일 강과 지중해를 다녔다. 그리스 사 람들은 기원전 12세기에 수십 대의 군함을 만들어 트로이와 전쟁을 했다. 인 류는 육지에서 필요한 기술에 못지않게 바다를 이용하려는 해양 기술을 발전 시켜왔다. 고대 그리스와 이집트, 그리고 근세기 영국에서 천문학의 발달은 항해 기술의 발달에 크게 이바지했다.

잠수함은 소설보다 현실이 빨랐다. 프랑스의 쥘 베른이 1869년에 쓴 고전 SF

소설인 『해저 2만 리』에는 노틸러스라는 잠수함이 등장한다. 그런데 현실 속의 첫 잠수함 모델은 이미 1776년 미국 뉴욕에서 첫선을 보였다. 미국의 공학자 데이비드 부시넬D. Bushnell이 만든 이 잠수함은 손으로 스크루를 돌리는 형태였으며, 한 사람만 탈 수 있었다.

사람의 힘이 아닌 기계 장치로 추진하는 최초의 잠수함은 1863년에 건조된 프랑스 해군 잠수함 플론져Plongeur다. 압축 공기를 이용한 기계 장치로 간단한 추진력을 얻었다. 그렇다면 소설 속 노틸러스는 현실에 아무런 기여도 하지 않았을까? 아니다. 세계 최초의 원자력 추진 잠수함은 미국에서 1954년 완성됐는데, 이 잠수함의 이름이 바로 SSN-571 노틸러스Nautilus호였다.

해양을 지배한 나라가
세계를 지배한다!

해양시스템공학은 21세기의 학문이지만, 그 근간은 수만 년 인류의 역사와 함께했다. 간략히 해양 개척의 역사를 살펴보자. 오늘날 왜 해양시스템공학이 중요한지 이해하는 데 도움이 될 것이다.

바다는 인류의 초기 이주 역사와 함께했다. 인류의 조상은 아프리카에서 태어났는데, 약 8만 년 전쯤 아프리카 대륙을 벗어나 전 세계로 퍼졌다. 이때 유라시아로 향한 이주 행렬은 대부분 아라비아 반도와 남아시아(인도), 동남아시아 등 해안가를 통했다. 북쪽의 내륙을 지난 행렬도 있었지만 일부였다.

먹을 것을 얻을 수 있는 바다는 인류에게는 떠날 수 없는 곳이었다. 하지만 바다는 늘 위험하고 거칠었다. 지금까지도 바다는 한 번도 사람을 들이지 않은 신천지가 대부분이다. 어쩌면 바다를 향한 인류의 역사는 아직 시작 단계인지 모른다.

육지에 포장된 도로가 만들어지기 전에는 강이나 바다를 이용한 수상 교통이 크게 발전했다. 육상 교통이 발달한 것은 겨우 200여 년 전인 산업혁명 때 증기기관을 이용한 철도가 모습을 드러낸 이후다. 이때에야 비로소 육상에 많은 도로가 생겨났다.

대륙 차원의 해양 진출이 이뤄진 것은 불과 수백 년 전부터다. 이탈리아 제노바 출신의 탐험가이자 항해가 크리스토퍼 콜럼버스로 대표되는 유럽인들이 그 선봉에 섰다(물론 중국의 정화 등 다른 문화권에도 드넓은 바다를 무대로 세계를 누빈 사람은 또 있다). 당시 스페인 교회의 성직자들은 포르투갈 교회에 대한 경쟁 의식으로 더 넓은 선교지를 원했다. 이사벨 여왕은 콜럼버스를 해군 제독에 임명해 이런 목표를 달성하고자 했다. 그래서 '당근'으로 콜럼버스가 발견하는 영토의 10%를 콜럼버스의 소유로 내주겠다는 조건을 걸고 선박 2척을 내줬다.

콜럼버스가 탐험을 시작한 것이 순수한 목적만은 아니었다. 흔히 당시 유럽인들이 중요한 사명으로 여기고 있던 종교(기독교)를 전하거나 미지의 대륙에 대한 고결한 호기심과 탐구심이 탐험 동기라고 생각하지만, 아니다. 인도(라고 믿은 신대륙)와의 교역으로 당시로써는 아주 비싼 수입품인 향신료를 들여와 수익을 남기는 게 진짜 목적이었다. 이유야 어쨌든 이런 경쟁적인 탐험 열기 덕분에 선박 제조 기술과 조종술, 해안 탐험술 등이 발달할 수 있었다.

서양사에서는 스페인의 무적함대(아르마다) 이야기가 종종 등장한다. 무적함대는 1588년 영국을 상대로 전쟁을 벌였던, 당시 최강 대국 스페인의 함대에 붙은 별명이다. 무적함대가 영국과 전쟁을 벌인 이유는 스페인령 네덜란드의 일부인 네덜란드 공화국에 대한 영국의 지원을 막고, 아메리카 대륙의 잉카나 아스텍 등 토착 제국을 물리치고 얻은 신세계 지휘권을 보호하기 위해서였다. 그만큼 떠오르는 태양 영국의 위력은 나날이 강해져 갔다.

출항 초에는 스페인 왕립 해군 소속 전함이 22척 있었고, 개조된 상선도 108척이 있었다. 무적함대는 별명처럼 막강했다. 하지만 영국 함대는 선박 운용술이 뛰어났고, 장거리 함포 사격 능력이 우세했다. 이 싸움에서 영국은 세계 최강의 스페인 무적함대를 격파했고, 세계의 해상권을 장악할 수 있었다. 이후 영국은 300년이나 네덜란드와 함께 세계 최강의 해상국이 됐다.

이 싸움은 선박 운용술 등 해양 기술의 발전이 한 나라의 운명을 뒤바꿀 정도로 중요하다는 사실을 보여준다. 영국은 식민지 활동을 활발히 했고 북아메리카에서 버지니아 식민지를 건설했다. 인도와 중국 무역을 장악하기 위해 1600년대에는 동인도 회사를 설립했다. 당시 영국이 복속시킨 나라나 식민지를 건설한 나라는 전 세계 육지 면적의 4분의 1에 이르렀다. 모든 것이 무적함대의 격파를 바탕으로 이루어졌다.

바다에서의 첨단 무기, 잠수함과 항공모함

세계는 자국의 해역을 지키기 위하여 바다에서 사용될 첨단 무기를 개발하고 있다. 대표적인 예가 원자력을 추진 동력으로 하는 원자력 잠수함이다. 화석연료를 연소해서 추진력을 얻는 디젤 기관보다 장시간 수중 항해가 가능하다. 앞서 소개했지만, 원자력 추진 장치를 처음 도입한 잠수함은 미국의 노틸러스호이며, 1954년 첫 항해에 나섰다. 현재 원자력 추진 기술은 영국, 러시아, 인도, 중국 등에만 있다. 현재까지 건조된 가장 큰 원자력 잠수함은 구소련이 건조했던 배수량 2만 6500t의 타이푼 잠수함이다. 이 잠수함은 700m까지 잠수할 수 있다.

탄도미사일 발사 잠수함은 사정거리 수천~1만km 정도의 전략 핵탄두 탑재 탄도미사일을 발사할 수 있는 원자력 추진 잠수함이다. 잠수함 가운데 가장 크다. 탄

타이푼 잠수함

도미사일 잠수함은 상대국의 핵전력을 정밀하게 격멸하는 데 초점을 맞춘다. 원자력 추진 잠수함은 해양에서 자유롭게 이동할 수 있고 감시도 어려우므로 다른 핵전력을 활용할 수 없는 상황에서도 여전히 활동할 수 있어 위협적이다.

해양 환경 가운데 연안은, 적대 국가는 가지고 있지만 우리에겐 없는 군사력, 그래서 막아 내기 힘든 전력인 '비대칭 전력'을 활용할 수 있는 환경이다. 탁 트인 대양과는 달리 복잡한 해안선과 해저 지형, 그리고 조수 간만의 차가 비대칭 전력이 숨을 공간을 제공하기 때문이다. 연안의 이러한 위험성 때문에 미국 해군은 신개념 군함인 연안 전투함을 개발해 대비하고 있다. 바로 '삼동선Tri-maran'이다. 고도의 기동성과 네트워크 작전 능력을 지녔고, 레이더에 탐지되지 않는 뛰어난 스텔스 설계를 도입했다. 삼동선 배 모양은 기존의 함정에 비해 파도의 저항을 적게 받아 빠른 속력을 낼 수 있다. 또 후미 갑판이 확대돼 공간이 넓어 헬기 갑판이 크다.

항공모함도 최근 주목받고 있다. 포드급 항공모함Gerald R. Ford Class Aircraft Carrier은 미국 해군의 차기 항공모함이다. 1번 함인 USS 제럴드 R. 포드(CVN-78)가 2007년부터 건조되기 시작했다. 현재의 주력 항공모함인 니미츠급 항공모함(현재 10대가 운용되고 있음)의 기본 선체 설계를 그대로 사용했지만, 새로

삼동선 연안 전투함

니미츠급 항공모함

운 원자로(A1B)를 사용해 소음을 줄였다. 비밀스러운 움직임이 중요한 해양 무기에서 소음을 줄인 것은 대단히 중요하다. 그밖에 전투기의 착륙 장치를 개선했고, 자동화와 최신 첨단 장비를 통해 승무원 수를 줄였다(니미츠급 항공모함의 승무원은 약 4000여 명이었다). 니미츠급의 마지막함인 조지부시함의 건조비는 우리 돈으로 6조 2000억 원이었지만, 포드함은 5조 1000억 원으로 오히려 줄어들었다.

세계 최고가 된
우리나라의 조선 해양 산업

우리나라의 현대적인 조선 산업은 1970년 현대조선소가 탄생하면서 시작됐다. 현대조선소는 650m 길이의 드라이독, 450t의 골리앗 크레인 2기 등 현대적인 시설을 갖춘 초대형 조선소로 1974년 6월 준공됐다. 최대 건조능력은 70만급이었다. 현대그룹의 정주영 회장이 울산에 건설 중인 조선소 대지 사진 한 장을 들고 그리스의 해운

현대 미포조선소

업자에게 배 두 척을 수주한 일은 유명하다. 당시 조선소를 건설하면서 동시에 유조선 두 척을 함께 지었다. 이렇게 힘겹게 시작한 조선 산업이 지금은 부동의 세계 1위를 유지하는 큰 산업이 됐다.

최근에는 조선 산업과 더불어 해양플랜트 건조 산업에서도 우리나라가 세계 제일이 되었다. 해양 시설로 최근 주목받는 성과 중의 하나는 해양 가스 생산 설비인 CPF^Central Processing Facility다. 삼성중공업이 2012년 1월 자원 개발 업체인 인펙스^INPEX사와 계약을 체결했다. CPF는 유전 위에 떠서 가스를 생산, 처리하는 플랜트 시설로, 이번에 수주한 해양플랜트는 가로와 세로가 각각 110m 크기에 상·하부 구조를 합쳐 무게가 10만t에 달하는 세계 최대 규모다. 수주 금액도 2조 6000억 원으로 역대 최대 금액이다. 앞으로도 새로운 글로벌 인력을 양성하고 첨단 기술을 개발해 나가 이 추세를 유지하기 위해 해양시스템공학에거는 기대가 크다.

도전을 기다리는 해양시스템공학

자원의 보고로서 중요성을 점점 더해가고 있어서 먼바다에 이어 '깊은 바다'에도 관심을 가져야 한다. 우리나라 동해의 깊은 바다 지층에는 가스 하이드레이트$^{Gas\ Hydrates}$라는 자원이 많이 매장돼 있다. '불타는 얼음'이라는 별명으로 불리는 가스 하이드레이트는 시베리아와 같은 영구 동토나 심해저에서 만날 수 있는 것으로 낮은 온도와 높은 압력에서 만들어지는 고체 에너지 자원이다. 주로 천연가스와 물이 결합해 생긴다.

심해저 에너지 자원은 측정 기술과 시추 기술이 발달해 갈수록 늘어나고 있다. 최근에는 북극해나 미국과 브라질 해안의 심해저 지형 등 과거에는 접근하기 어려웠던 곳에서 거의 매년 새로운 유정이 발굴될 정도다.

이처럼 석유나 가스 등 천연자원을 얻기 위해서는 심해 진출이 필수다. 하지만 심해에서는 인간의 활동이 사실상 불가능하다. 그렇다면 어떤 해결책이 있을까? 사람을 대신할 해양, 해저용 로봇이 있으면 된다. 심해의 백과사전식 정의는 '수심 200m 이상의 깊은 바다'이지만, 요즘 이 정도를 심해라 부르는 사람은 적다. 일반적으로 '심해저 개발'이라고 하면 500m 이상의 깊은 바다 개발을 말하며, 최근 업계에서는 수심 3000m 근처에 심해 플랫폼까지 설치했다.

극지방도 도전을 기다린다. 미국 지질 조사국^{USGS}의 발표로는 북극권에는 약 900억 배럴의 석유와 러시아의 총매장량과 맞먹는 47조m³의 천연가스가 있다. 이 때문에 러시아와 미국, 캐나다, 노르웨이, 덴마크가 북극의 영유권을 놓고 치열하게 다투고 있다. 그동안 북극권은 화석연료의 대다수가 해저에 묻혀 있고, 육지에 있는 것도 기상조건이 나쁘고 접근하기가 힘들어서 별로 주목 받지 못했다. 하지만 기후 변화로 북극의 빙하가 녹고 바닷길이 점차 열리고 있어 주목 받고 있다.

해저 도시도 해양시스템공학이 미래에 건설하려는 시설이다. 해저 도시가 자리 잡을 곳은 햇빛이 들어오는 수심 200m 이하의 대륙붕 지역이다. 서해는 부유 물질 입자가 많은 바다로, 물이 탁해 도시 건설이 어렵다. 이렇게 해저 도시의 입지를 정하는 것도 해양시스템공학의 탐사 기술과 해양 지식이 없으면 불가능하다. 입지를 정했으면 다음 순서는 이를 실현할 기술이다. 해저 도시는 바닷물의 압력을 버텨야 한다. 동시에 도시 내부는 육상과 같은 기압을 유지해야 생활에 유리하다. 이를 위해 돔 형태의 도시를 짓고 최적의 생활 환경을 유지하는 일이 필요하다.

우리가 먹는 연어는 거의 노르웨이산 양식 연어다. 연어는 양식이 불가능했지만, 노르웨이는 최근 대형 가두리양식 기술을 개발하고, 양식을 불가능하게 했던 연어 특유의 회유성을 생명공학 기술로 없앴다. 이렇게 식량을 만드는 양식과 바다 농장 기술 역시 미래의 손길을 기다리는 분야다. 지상에서 못다 한 식량문제 해결의 꿈을 대양적 규모와 기질로 푸는 날이 올까? 해양시스템공학이 그 미래를 당기길 기대해 본다.

인류에게 15~18세기가 미지의 세계 탐사의 세기였다면, 19~20세기는 분명 하늘(항공기)과 우주(우주선)의 세기였다. 이제 21세기에는 인류가 우주 탐사에서 다시 지구 탐사로 관심을 돌리고 있는 시기다. 그러나 그 대상이 대륙은 아니다. 대륙 탐사는 이미 상당히 진척돼 있다. 인류는 앞으로 바다 탐사에 더욱 많은 관심을 쏟을 것이다. 인류는 바다의 중요성에 다시금 눈 뜨고 있다.

2012년 개봉했던 영화 「라이프 오브 파이」는 바다를 표류하는 호랑이와 소년을 이야기다. 험난한 바다에 쪽배에 남겨진 둘은 서로 식량으로 잡아먹어야 하면서도, 같이 살아남기 위해 서로 필요로 하는 어려운 환경에 처한다. 바다의 무서움과 동시에 아름다움을 같이 보여준다.

　해양시스템공학은 인류에게 도움이 되도록 바다를 이용하고 보존하는 방법을 연구하고 개발하는 학문이다. 지구 표면의 71%를 덮고 있는 바다는 사람에게 물고기라는 귀중한 식량을 제공할 뿐만 아니라, 석유와 천연가스 등 에너지 자원을 준다.

　하지만 접근하기 위험하고 어려워 아직도 많은 부분이 미개척 상태로 남아 여러분을 기다리고 있다. 동참할 준비가 됐는가? 지금 당신이 속으로 품은 다짐과 포부를 바다는 묵묵히 들었다. 그리고 길고 깊고 넓은 바다의 네트워크를 통해 그 포부를 외로운 무인도, 심해의 열수구, 대양의 해류 그리고 지구 반대편 해안에 서서 바다를 바라보고 있는 누군가의 마음에 함께 새겼다.

What is Engineering?

3장

항공우주공학

– 심현철

하늘과 **우주**를 향한 열정의 100년사, 항공우주공학

2013년 초 우리 국민을 열광에 빠지게 했던 나로호, 뉴스에 자주 나오는 군사용 무인 항공기, 화성에 간 탐사선 큐리오시티. 이는 하늘과 우주를 향해 쏘아 올린 인류의 꿈이었다. 12초 동안만 공중에 떠 있었던 라이트 형제의 인류 최초 동력 비행이 겨우 110여 년 전의 일인데 지금 우리는 초음속으로 전투기를 날리고, 화성에 무인 탐사선을 보내고 태양계 밖을 관찰하고 있다. 이는 오로지 하늘과 우주의 비행을 꿈꾸는 열광과 열정 덕분이었다. 그리고 그 첨병 역할을 한 것은 항공우주공학이었다.

드넓은 우주를 바라보는 항공우주공학

항공우주공학은 드높은 하늘과 광대한 우주 공간을 자유롭게 비행하려는 인류의 꿈을 이루기 위한 체계적인 이론과 다양한 실현 방안을 연구하는 학문이다. 항공우주공학은 대기 중에서의 비행을 연구하는 '항공공학'과 우주 공간에서의 비행을 연구하는 '우주공학'으로 나눌 수 있다. 이 글도 이 두 분야에 대해 중점을 두어 설명하고자 한다.

항공우주공학은 공기 중이나 우주 공간을 비행하는 물체의 운동과 이와 관련된 여러 주제를 다루는 공학이어서 역학mechanics이 밑바탕을 이룬다.

항공공학은 대기 중에서 항공기가 어떻게 떠오르며 이때 항공기가 주변과 어떻게 상호작용을 하는지 연구하는 분야인 공기역학이 매우 중요한 역할을 차지한다. 이를 통해 항공기(특히 날개)가 어떤 형태로 생겨야 자신의 무게를 이기고 몸체를 들어 올릴 수 있는지(어려운 말로 '양력'을 발생시킨다고 한다)를 알 수 있다.

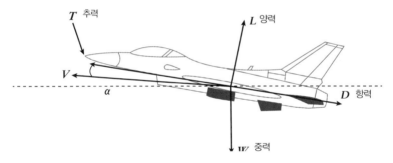

항공기에 작용하는 4대 힘

항공기의 양력은 날개의 면적과 비행속도의 제곱에 비례한다. 그림에서 짐작할 수 있듯이 무게를 줄일 수 있다면 양력이 줄어도 되고, 그러면 항력도 줄고 추력도 줄어들어 효과적인 비행을 할 수 있게 된다. 최소의 중량으로 날개를 포함한 기체를 제작하려면 가벼우나 강도가 높은 소재가 필수적이다. 이런 소재를 이용해 최소의 무게를 갖는 기체가 제작되면 훌륭한 항공기가 되는 것이다. 비행 속도를 높이면 항력이 증가하기 때문에 추진 기관은 이를 이길 수 있는 큰 추력을 일으켜야 한다. 추진 기관도 당연히 무게가 있으므로 좋은 항공기가 되려면 몸은 가벼우면서도 추력은 충분히 낼 수 있는 추진 기관도 필요하다. 이런 딜레마를 푸는 게 항공공학의 가장 큰 도전 과제이기도 하다. 또 항공기는 비행 중에 주변 공기와의 상호작용으로 불안정해지거나 경로를 이탈할 수 있는데, 이를 안정화하는 비행 제어에 관한 연구도 아주 중요하다.

우주공학은 크게 탑재체(위성, 탐사선 등)와 이를 우주 공간까지 실어 나르는 발사체 두 가지 분야로 나눌 수 있다. 예를 들어 나로호는 발사체고, 여기에 실린 과학기술위성은 탑재체다.

어떤 물체가 약 200km 이상의 고도에서 일정 속도(초속 약 8km)에 도달하면 원심력과 중력이 평형을 이루면서 지구 주변을 계속 선회할 수 있게 된다. 이런 상태에 도달하려면 지구의 중력과 대기권을 통과할 때 발생하는 엄청난 공기 저항과 열을 극복하면서 지구의 탈출 속도를 얻을 수 있는 발사체가 필요하다. 무게는 같으면서 더 높은 추력을 낼 수 있는 연료를 단시간에 연소시킬 수 있는 추력기가 가장 우수한 발사체의 조건인데, 개발하기 가장 어려운 기술로 손꼽힌다. 발사체가 필요한 추력을 내면서도 중량이 가볍다면 더 많은 탑재체를 싣거나 더 높은 궤도에 탑재체를 진입시킬 수 있으므로, 경량 고강도의 발사체 설계 및 제작 기술이 아주 중요하다.

발사체는 기본적으로 불안정한 비행체다. 긴 로켓을 원하는 방향으로 쏘고, 이것을 정확한 우주 궤도에 올리는 일이 쉬울 리가 없다. 이를 위해서는 주어진 궤적을 따라 비행하게 하면서 정확한 궤도로 탑재체를 진입시켜야 하는데, 대단히 정교한 안정화 기술과 제어 기술, 정밀한 항법 기술이 필요하다. 어느 것 하나 쉬운 게 없다.

탑재체가 일단 궤도에 진입하면 공기저항이 없으므로 별도의 추진 없이 지구 주변을 계속 선회하면서 지구나 우주를 관측하고 통신을 중계한다. 그런데 이 과정에서 극심한 환경에 노출되는데, 심한 온도 변화, 우주 방사선 등을 견디면서 동작해야 한다. 더 나아가 인류와 태양계, 우주의 기원을 알기 위해 달, 태양계의 다른 행성 및 그 너머로 인간이 만든 탐사선을 만들어 보내는 것도 과학 발전에 있어 대단히 중요한 일이다.

기체 주변의 유동 해석을 다루는 유체역학, 기체의 구조에 작용하는 다양한 힘의 영향을 연구하고 이를 견딜 수 있는 가볍고 튼튼한 소재와 구조를 설계하는 구조역학, 항공기와 발사체, 탑재체의 운동에 필요한 추력을 발생하는 각종 기관을 연구하는 추진 공학, 항공기와 우주비행체의 움직임을 연구하는 동역학과 이를 안정적으로 비행하도록 하는 제어공학이 항공우주공학의 주요 연구 분야이다. 또 비행하는 물체뿐만 아니라 대기 중에서 동작하는 풍력 터빈, 지구궤도를 선회하는 거대 구조체인 우주정거장도 연구 대상에 포함된다.

항공 우주 산업은 대규모 투자가 필요하고 공학 및 과학의 많은 분야의 협업이 요구된다. 새로운 항공기 개발에는 작게는 수백억 원에서 크게는 수조 원의 예산이 들며, 발사체 개발이나 우주 탐사 프로그램에는 문자 그대로 천문학적인 예산이 들어가는 대표적 거대 과학기술 분야다.

우리나라에서는 군용기나 유도무기 분야 연구는 비교적 활발하고, 항공기 운용과 민간 항공운송 분야 연구도 이뤄지고 있다. 하지만 그

외의 항공기는 자체 제작이나 설계 경험이 많지 않다. 또 민간 주도 항공 산업이나 우주 분야에서도 선진국과 기술 차이가 큰 편이다.

하지만 최근 오랜 노력으로 지속적인 성장세를 보이고 있다. 우리나라가 주도적으로 개발한 초음속 훈련기인 T-50이나 다목적 헬리콥터 수리온, 그리고 2013년 1월 30일에 우리나라 최초의 우주 발사체 나로호가 성공적으로 발사되어 우리나라가 독자 개발한 탑재체인 과학 위성이 궤도 진입에 성공한 것이 대표적 사례이다.

항공 기술의 결정체, 전투기 이야기

당대의 항공 기술이 가장 집약된 결정체는 전투기다. 현대전에서 제공권은 전쟁의 승패를 결정짓는 중요한 요소이며 여기에서 전투기는 매우 중요한 역할을 한다. 프로펠러 전투기들의 치열한 공중전으로 대표되던 제2차 세계대전이 끝날 즈음 제트 엔진의 시대가 도래하면서 초음속으로 비행이 가능한 전투기가 개발되었다. 1950~60년대 냉전 기간 동안, 미국과 구소련은 핵폭탄을 탑재한 폭격기를 전진 배치하고 반대로 적국의 폭격기가 들어올 때를 대비하여 요격기를 개발했다. 미국에서는 F-100 슈퍼세이버Super Sabre(1954년 실전 배치), F-104 스타파이터Starfigher(1958년 실전 배치) 등을 제작했고, 구소련은 최고속도 마하 3.2의 놀라운 속도를 자랑하는 미그-25Mig-25(1964년 초도 비행, 1970년 실전 배치)를 개발했다.

이처럼 미국과 구소련은 냉전 기간 중 첨예하게 대립하고 있었는데 양국 최고의 전투기들의 치열한 싸움이 벌어진 곳은 엉뚱하게도 베트남의 정글 위였다. 핵탄두를 탑재한 폭격기를 요격하기 위해 빠른 속도로 비행하게만 설계된 미국의 전투기들은 훨씬 약체로 보였던 미그-15, 미그-17과의 꼬리를 무는 공중전에서 크게 고전하였다. 그나마 우수한 성능을 보였던 항공기는 해군에서 개발한 F-4 팬텀2Phantom II(1960년)이었는데, 둔한 몸집에 상대적으로 작은 날개 때문에 미그기에 꼬리를 물리기 일쑤였다(꼬리를 물리면 진다). 게다가 설계자들은 당시 새로 개발된 전파 유도 미사일 AIM-7 스패로Sparrow와 적외선 유도 미사일인 AIM-9 사이드와인더Sidewinder의 성능을 과신해 기관포를 제거해 버렸다. 그 결과 코앞에 적기가 있어도 격추할 수 없는 갑갑한 상황이 빈발했다.

이후 미국에서는 우수한 전투기는 빨리 가속하거나 감속하며 몸집에 비해 큰 날개를 가져 우수한 선회 능력을 갖추는 것이 가장 중요하다는 인식이 생겼다. 그 원칙에 가장 충실히 제작된 항공기는 한국에서도 친숙한 F-16(1978년 배치)이었다. 이 항공기는 당시의 설계 및 운용 개념에서 완전히 벗어난 항공기였다. 군더더기 없는 설계에 수직 상승이 가능한 강력한 엔진을 장착했다. 안정성을 추구하던 기존 설계와 달리 항공기 자체는 운동 불안정성을 갖게 하였는데, 그 결과로 기동성은 극대화됐다. 이 전투기의 불안정성은 컴퓨터를 통하지 않고서는 제어할 수 없게 했다. 그래서 컴퓨터의 도움을 받는 새로운 조종 개념이 탄생하였다. 또한 조종석이 돌출되고 프레임을 없애 주변의 적의 위치를 빨리 파악하게 했는데, 적보다 먼저 보고 먼저 쏜다는 공중전의 기본 원리에 충실한 결과였다. 이런 특성은 시대의 요구에 잘 맞아 떨어졌다. F-16은 몇 차례 성능 개선을 거쳐 지금까지 4,500대 이상 제작, 판매되고 있는 베스트셀러 전투기가 됐다.

F-14는 날개가 접히는 가변익이다. 저속에서는 날개를 벌려 안정된 양력을 확보하고 고속에선 날개를 동체 쪽으로 모아 최소한의 항력을 갖도록 하는 구조로서 이론적으로는 가장 바람직했다. 하지만 실제 구현을 하려면 튼튼하고 무거운 구조가 필요했다. 기동성을 요구하는 전투기에 오히려 더 큰 장애 요소가 된 것이다. 미국 해군에서 한동안 썼지만, 너무 고가라 2006년에 모두 퇴역시키고 이후로는 가변익은 거의 제작되지 않고 있다.

세계 최초의 스텔스기인 F-117(1983~2008년)은 1970년대에 비밀리에 개발되었다. F-117의 스텔스 성능은 레이더에서 발사한 전파가 돌아가지 못하도록 전파를 흡수하는 도료와 구조를 사용하고 동체를 각지게 하여 레이더 전파를 다른 쪽으로 전반사되게 했다. 엔진도 방출되는 열이 감지되지 않도록 특수한 노즐을 장착했다. 문제는 SF영화에서 뛰쳐나온 듯한 극단적인 모양이었다. F-117은 속도가 음속을 넘지 못하고 기동성도 제한돼 야간 비밀 침투 작전에만 투입되었다. 하지만 저속으로 비행하면서도 레이더에 잡히지 않는 항공기의 출현은 현대전의 흐름을 바꾸는 큰 역할을 하였다.

1960년대 X-15를 정점으로 더 빨리, 더 높이 난다는 목적이

General Dynamics F-16

F-117

B-2 Spirit   F-22 Raptor

어느 정도 해결되면서 항공기의 개발 방향은 기동성을 증대시키고 비행 효율을 향상하는 데에 집중됐다. 초음속 비행 시에 날개의 항력을 감소시키는 기술이나 저속에서 비행성을 향상하기 위한 제어 기술 등이 개발됐다. 항공기 설계의 주요 목적 중 하나인 경량화를 달성하다 보면 기체의 강성(외부의 힘에 의한 변형에 저항하는 정도)이 떨어진다. 그래서 이를 극복하기 위해 기존 금속재질을 버리고, 유리섬유나 탄소섬유를 특정한 방향성을 갖도록 감고 이를 에폭시 플라스틱으로 경화시킨 복합재를 사용했다. 최신예 전투기 F-22는 레이더에 새 한 마리보다도 작게 감지되는 탁월한 스텔스 능력이 구현돼 있지만 여러 기술의 도움으로 초음속 비행이 가능하다. 항공공학은 불가능한 것 같은 어려운 문제를 새로운 기술을 개발, 극복하며 발전해 가고 있다.

신출귀몰 무인기,
하늘을 지배하다

1990년대 이후 항공 분야에서 가장 활발하게 연구가 진행되고 있는 분야 중 하나는 무인 항공기다. 항공기를 끊임없이 변화하는 환경에서 안정되게 조종하면서 임무를 수행하려면 조종사의 역할이 절대적이다. 하지만 이미 1910년대에 자동 비행 장치의 연구가 시작됐을 정도로 무인기를 향한 인류의 꿈은 오래됐다.

1930년대 전자 기술이 발전하면서 전자식 자동 비행 장치를 사용하여 항공기가 일정한 속도, 고도, 방향을 유지하면서 자동 비행하는 장치가 개발되기 시작했다. 1960년대에는 아날로그 기술을 이용한 자동 비행 제어 장치가 사용되면서 항공기의 조종성을 매우 증가시켰으며, 기체의 모든 기능이 제어 장치에 의해 통제되는 새로운 조종 방식Fly-by-wire이 개발되어 F-16과 같이 기본적으로 불안정한 항공기에 반드시 필요한 기술이 됐다. 1980년대에는 디지털 컴퓨터가 보편화하면서 자동 비행 조종 장치의 기능이 대폭 향상돼 이제 컴퓨터가 없는 항공기는 상상하기 어렵게 됐다.

비행 제어 컴퓨터가 항공기 동작에 절대적인 위치를 차지하면 컴퓨터의 고장이 기체의 추락과 직결될 수 있다. 그러므로 여러 대의 컴퓨터가 동시에 비행 제어에 참여한다. 자동 비행 조종 장치는 프로그램된 환경에서는 조종사보다 더 정확하고 항상 일관적인 성능을 보여 오늘날 민항기는 이륙 후부터 착륙 전까지 거의 전 구간을 자동 비행 장치에 의해 조종되고 있다고 말할 수 있을 정도다.

하지만 조종사는 돌발 상황에서 직관적으로 대처하여 항공기의 안전에 궁극적인 책임을 지며, 만약 항공기에 이상이 생기면 직접 조종을 해야 한다. 따라서 조종사가 없는 자동 비행 여객기는 기술적인 가능성에도 불구하고 앞으로 당분간은 탄생하지 않을 것이다.

다만 시험 비행은 다르다. 많은 위험성이 따르기 때문에 1970년대

말부터 컴퓨터, 통신, 항법 센서 등 전 분야에서 비약적인 발전이 일어나면서 무인 시험 비행기가 대거 등장했다. 우리나라에서도 KT-1, T-50 등 새로운 항공기를 개발할 때 축소 시험기를 사용하여 기본적인 성능을 검증한다.

무인기와 유인기의 가장 큰 특징은 조종사가 탑승하지 않으니 대신 동작을 지시하기 위한 통신 장비가 반드시 필요하다는 점이다. 고속 데이터 통신으로 영상과 항공기의 상태를 전송하고 명령을 수신해야 하는데, 초기에는 기술적인 어려움이 많았다. 실전용 무인 항공기는 1950년대부터 군용 정찰기로 사용되기 시작하였는데 라이언Ryan사의 파이어비Firebee(1955년 초도 비행)가 대표적이다. 터보 제트엔진으로 추진되고 마하 1.5까지 비행이 가능한 우수한 성능을 갖추어 표적기, 기만기 등으로 1960~1970년대에 총 3400회나 실전에 출격하는 등 상당한 활약을 보여줬다. 후속 기종들이 여전히 활동할 정도로 매우 성공적인 무인기였으나 제트엔진을 사용하고 로켓의 도움으로 이륙하는데다가 랜딩기어도 없어 낙하산으로 지상에 떨어뜨리거나 공중에서 헬기가 낚아채는 방식으로 회수하는 등 고고도, 고속 비행이 가능한 전형적인 '공군 스타일' 무인기였다. 파이어비는 여전히 사용되고 있으나 이착륙 절차가 매우 불편한 점이 오늘날 널리 사용되는 무인 항공기의 주류로 발전하지 못하는 걸림돌로 작용하였다.

1980년대 이후 이스라엘에서는 빈번한 소규모 전에서 효과적으로 사용할 무인기가 필요해서 덩치를 키운 RC 비행기에 카메라를 단 것 같은 파이어니어Pioneer 무인기가 탄생했다. 이 무인기는 프로펠러가 동체의 후방으로 향하게 하여 카메라의 시야를 방해하지 않도록 하였고 구성이 매우 간단한 지극히 실용적인 무인기였는데, 소규모 정찰에

워낙 탁월한 성능을 발휘해 미국도 사서 쓸 정도였다. 이후 무인기의 개념이 파이어비와 같은 고가, 고성능이면서 운용은 불편한 항공기에서 저가이면서 운용이 간편한 방향으로 전환되면서 무인기의 효용성이 널리 인식되었다.

1995년부터 완전 가동이 시작된 위성 항법 시스템^{GPS} 덕분에 무인기는 매우 간단히 제작되어 그 숫자와 활용도가 폭발적으로 증가했다. 2000년대 들어 무인기는 정찰기, 공격기뿐만 아니라 무인 폭격기 등으로 개발되고 있으며 초소형 무인기, 태양광 무인기, 고고도 장기 체공 무인기 등 다양한 무인기들이 개발되고 있다. 최근에는 치안 유지, 주요 시설 감시, 기상 연구 등 다양한 민간 용도로 무인 항공기를 활용하고자 하는 움직임이 미국을 중심으로 활발해지고 있다. 미국은 2015년까지 무인 항공기를 민간 공역에 진입시키기 위해 기술적, 행정적인 작업을 활발히 진행하고 있으며, 우리나라에서도 이 같은 흐름에 발맞춰 나가고 있다.

최초의 비행과 최초의 사고

인류는 늘 하늘을 날고 싶어 했다. 옛날부터 열기구, 글라이더, 연 등 다양한 방법을 동원했다. 비행에 관한 체계적인 이해를 하기 전에는 날갯짓을 해야만 새처럼 하늘을 자유자재로 날 수 있다고 생각했다. 르네상스 시대 이탈리아의 천재 레오나르도 다 빈치도 날갯짓 비행체와 수직 비행체를 고안해 스케치를 남겼다. 하지만 과거와는 달리 과학적 사고에 근거를 뒀다. 특히 날개의 형태는 훗날 우수한 활강 성능을 보인 독일의 릴리엔탈 글라이더와 놀라울 정도로 비슷했다. 하지만 결국 비행은 경량화된 고성능 엔진 없이는 불가능했다.

근대 과학의 시조인 아이작 뉴턴Isaac Newton은 만유인력의 법칙을 주창했는데 (1682년), 5년 후 그의 유명한 저서 『프린키피아』에서 오늘날 항공—기계공학의 근간이 되는 역학의 3대 기본 법칙을 제시했다. 이 법칙을 조합하면, 지속적인 비행을 위해서는 지구의 중력을 극복하는 힘을 발생해야 하고, 더 나아가 충분한 속도에 도달하면 지구궤도를 계속 선회할 수 있다는 결론에 도달할 수 있다. 오늘날에는 인공위성 등을 통해 당연하게 받아들여지는 상식이지만, 당시로써는 지구가 둥글고 태양의 주변을 회전한다는 사실만큼이나 커다란 발상의 전환이었다.

그 후 과학자들과 공학자들은 비행기를 개발하기 위해 중력을 극복할 힘을 어떻게 얻을지 고민했다. 지구는 고도 100km 정도 안에 대기권이 있으며, 대

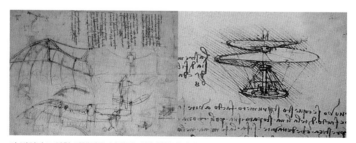

다 빈치가 고안한 비행체들. 날갯짓 비행체(왼쪽)와 수직 비행체(오른쪽)

기는 해수면에서 대략 1기압의 압력과 상온에서 1.23kg/㎥의 밀도를 가진다. 즉 승용차 실내 정도의 공간에 공기가 1.23kg 정도 들어 있다. 달리는 차에서 손을 내밀면 공기의 흐름을 바로 느낄 수 있다. 공기 속도가 빨라지면 그 움직임에 해당하는 힘(동압)이 있기 때문인데, 이 같은 힘이 바로 비행기를 띄워 올리는 양력으로 작용한다.

몽골피에 형제의 기구

스위스의 과학자 다니엘 베르누이 D. Bernoulli는 동적 유동이 발생하는 압력과 속도, 낙차에 의한 에너지 보존 관계를 정립한 법칙을

케일리의 글라이더

발표했다. 대기 중의 비행에 대한 이론이 생긴 것이다. 하지만 효율적인 동력 장치가 없었다. 이 시절 대기 중에서 중력을 극복하는 힘을 얻는 첫 번째 방법은 부력이었다. 프랑스의 제지 공장주의 아들이었던 몽골피에 형제는 열기구를 제작해 1783년 베르사유 궁전에서 루이 16세와 왕비 앞에서 8분간 460m를 떠올라 3km를 이동했다. 첫 번째 기구가 탄생한 순간이었다.

이 기구에는 필라뜨르 남작이 타고 있었는데, 남작은 1785년 수소를 채운 기구를 사용해 프랑스–영국 간 도버해협 횡단에 도전하다 추락사했다. 기구를 이용해 인류 최초로 지표에서 떠오른 사람 중 하나가 최초의 희생자가 됐다는 사실은 비행 자체에는 언제나 위험성이 함께 존재한다는 사실을 드러내준다.

하늘을 넘어,
우주로

프랑스의 과학소설가인 쥘 베른은 1865년 『달세계 여행』이라는 소설에서 거대한 대포로 3인승 달 탐사선을 발사한다는 상상을 했다. 만약 이런 방법이 실제로 실행에 옮겨졌다면 어떤 일이 생겼을까. 포탄이 발사될 때의 엄청난 가속도로 탑승한 사람들은 모두 생명을 잃을 수도 있었을 것이다. 하지만 소설에서 묘사된 탐사선의 크기나 3명으로 구성된 팀이 미국 플로리다(적도에 가까워 지구궤도에 진입하는 속도를 얻는 데 큰 도움이 된다)에서 발사되어 해상으로 회수된다는 상상에서 우리는 작가의 놀라운 선견지명을 느낄 수 있다.

우주 탐험의 아버지라고 불리는 제정 러시아 시절 콘스탄틴 치올콥스키Konstantin Tsiolkovsky는 유명한 로켓 공식을 개발하고 수많은 논문을 발표했는데, 그중 1903년 발표된 「반작용 장치를 이용한 우주 공간 탐험」이라는 논문에서 액체 산소와 액체 수소를 사용한 다단계 로켓을 사용하면 약 8km/s에 도달해 지구궤도에 진입할 수 있다고 주장했다. 나로호 발사 때 본 것과 같은 다단계 로켓이다. 하지만 이때는 인류가 동력 비행을 하기도 전이었으며 초저온 액체 수소와 산소를 저장하고 이들을 엄청난 속도로 연소하는 기술은 불가능하거나 먼 미래에나 가능할 거라 여겨지던 때다. 따라서 그의 연구는 별다른 시선을 끌지 못했다.

하지만 그의 연구의 중요성을 알아본 몇몇 과학자들, 특히 미국의 로버트 고다드R. H. Goddard와 독일의 헤르만 오베르트H. Oberth는 치올콥스키의 연구를 이어나갔다. 1914년 고다드는 다단계 로켓을 구체화해 특허를 등록했고, 1920년 스미스소니언 연구소에 제출한 보고서에는 달에 도달하는 방법이 나와 있었다. 이 보고서는《뉴욕타임스》1면에 보도될 정도로 관심이 쏠렸으나 많은 사람은 그의 연구를 이해하지 못하고 엉터리라고 비난하는 사람들도 많았다. 하지만 계속된 노력 끝에 1935년에는 그가 직접 제작한 로켓이 음속을 돌파하여 2250m의 고도에 도달하는 성과를 거두기도 했다.

독일은 1919년 제1차 세계대전의 패망 이후 다시는 전쟁을 일으키지 않는다는 내용의 베르사유 조약에 서명하였다. 하지만 조약에 로켓 개발을 막는 항목은 없었다. 독일 정부는 재무장을 계획하면서 로켓 연구에 막대한 자금을 투입했고 실질적인 연구를 많이 진행했다. 제2차 세계대전을 일으킨 독일은 이미 전세가 기운 1944년부터 오늘날 순항 미사일의 원조라고 할 수 있는 펄스제트를 이용한 복수Vergeltungswaffe –1호V-1 비행 폭탄을 개발했다. 하지만 V-1은 속도가 비교적 느리고(최고속도 시속 640km) 저공으로 비행해서 전투기로 요격할 수 있었다.

현대 로켓 연구에 가장 큰 공헌을 한 사람은 베르너 폰 브라운Wernher von Braun 박사다. 그는 독일 정부로부터 액체 로켓 연구 자금을 받아 연구를 계속해 1935년에 이미 수 km의 고도에 달하는 로켓을 성공적으로 제작했고, 1941년에는 액체로켓의 핵심 기술을 확보했다. 전세가 독일에 불리해지던 1944년, 코드명 A4, 복수Vergeltungswaffe –2호, 즉 V-2가 개발되었다. 액체 산소와 에틸알코올-물의 혼합물을 연료로 사용하여 추력 25t에 최고 속도 마하 5, 최대 도달고도 320km에 달하며 자이로스코프를 이용한 정밀 유도 시스템을 갖춘 액체 로켓으로 로켓 후미에 장착된 날개에 장착된 '플랩'과 로켓의 분사 방향을 틀어주는 장치(추력 편향)를 동시에 사용하여 대기권 안팎에서 자유로이 방향을 조종할 수 있었다. V-2는 현대 로켓이 갖는 모습을 처음으로 갖춘 시조였다.

독일은 V-2를 총 5200기를 제작해 그중 3,000기 이상을 영국 런던으로 발사하여 총 9000명의 사상자를 냈다. 전쟁 뒤, V-2를 제작할 때 악명 높은 독일의 수용소 인력을 동원했는데 V-2가 폭격으로 살상한 숫자보다 더 많은 1만 2000명이 열악한 처우로 사망했다는 사실이 알려졌다. 폰 브라운은 일생의 열망인 로켓 개발을 위해 이 같은 희생을 눈감은 것으로 알려져 지금도 논란이 되고 있다.

V-2 연구진은 포로에게 무자비하기로 소문난 구소련군 대신 미군에게 항복했고, 상당한 양의 V-2부품과 기술진은 고스란히 미국으로 옮겨졌다. 구소련도 남아 있던 소수 기술자와 미국이 실어가지 못한 부품을 모조리 거두어 연구를 시작하였다.

스푸트니크의 충격과 미국의 부상

전후 미국으로 이주한 폰 브라운은 미국 육군의 지원을 받아 액체산소와 에틸알코올을 추진 원료로 하는 레드스톤 시리즈로 알려진 로켓을 개발하고 있었으나, 나치 전범 출신이라는 한계로 많은 지원을 받지 못했다.

한편 구소련에서는 더 큰 추력을 위해 엔진 4개를 하나로 묶고 이 같은 부스터 4개를 중앙 로켓(역시 4개의 클러스터로 구성)에 부착한, 총 20개의 엔진을 사용하는 R-7 로켓 시리즈를 탄생시켰다. R-7은 기본적인 V-2의 엔진을 더 천천히 타게 하는 대신 더 많은 엔진을 달아 추력을 늘린 형태였다. 지금도 러시아에서 사용하는 소유즈 로켓의 시조이다.

이후 1957년 10월 러시아는 327t이라는 엄청난 추력을 갖는 세묘르카Semyorka 액체로켓을 이용해 지름 58.5cm, 무게 83.6kg의 인류 최초의 인공위성 스푸트니크를 쏘아 올려 근지점 223km, 원지점 950km의 타원 궤도에 진입시키는 데 성공했다. 탑재된 센서에서는 대기밀도, 이온 조성, 태양풍, 자기장, 우주선cosmic ray 등을 측정하는 간단한 장치들이 있었고, 20MHz 및 40MHz의 주파수로 22일 동안 신호를 보내왔다. 스푸트니크는 3개월 뒤 추락했는데, 구소련은 한 달 뒤에 11월 스푸트니크 2호를 보냈다. 놀랍게도 여기에는 '라이카'라는 개가 실려 있었다. 스푸트니크 2호는 지구궤도를 선회했는데, 온도 조절 장치에 문제가 있어 라이카는 몇 시간 만에 죽고 말았다.

구소련이 승승장구할 동안 미국의 연구 개발은 육군과 공군 등 여러 부서에 나누어졌으나, 개발 노력은 지리멸렬했다. 이에 1958년 미국 항공 우주국NASA이 탄생해 우주 개발 프로그램을 총괄하게 됐고, 고등 국방 연구국DARPA의 전신인 ARPA가 창설됐다(ARPA의 가장 유명한 업적 중 하나는 핵전쟁을 견디도록 설계된 ARPANET, 후에 인터넷으로 불리게 된 네트워크다).

이후 두 나라는 한 치의 양보 없는 로켓 경쟁에 돌입하였으나 항공 분야와 달리 우주는 구소련의 승리가 계속되고 있었다. 구소련은 1961년 4월 새로운 보스토크 로켓을 타고 27살의 젊은 공군 중위인 유리 가가린을 보내 1시간 8분 정도 근지점 169km, 원지점 327km의 낮은 지구궤도LEO를 선회했다. 미국도 한 달 뒤 앨런 셰퍼드Alan B. Shepard, Jr.가 탄 프리덤 7호를 올려 15분 동안 선회하게 했지만, 여전히 구소련보다 조금씩 늦고 성능도 조금 뒤처졌다.

미국이 구소련을 앞지른 시기는 케네디 대통령 때였다. 1960년 이후 갑자기 우주 개발을 강조하며 "우주 개발이 쉬워서 하는 것이 아니라 어려워서 하는 것이며, 이 경쟁을 이김으로써 다른 모든 부분에서도 압도하겠다."고 연설했다. 목표는 달 탐사였다. '아폴로 계획'이라고 이름 붙인 이 계획 덕분에 유인 달 탐사는 미국의 압승으로 끝났고, 이후 모든 우주 개발과 과학기술 분야에서 우위를 점하게 되었다. 우주 개발에서 절대 우위를 차지한 데에서 오는 자신감은 1980년대 레이건 대통령의 '별들의 전쟁Star Wars 계획'으로 이어졌다. 이 계획은 상대방 구소련을 무리한 군비 경쟁으로 몰아넣었다. 결국, 재정 파탄이 난 구소련은 1992년 연방이 해체되면서 역사에서 사라지고 40년이 넘게 지속하던 냉전은 끝났다.

구소련은 유인 달 탐사에는 실패했지만, 무인 달 탐사에는 상당한 성과를 거두었다. 미국이 아직 달에 첫발을 딛기 전인 1969년 2월 19일, 구소련은 첫 번째 원격 조종 달 탐사 차량을 쏘아 올렸다. 하지만 이 로켓은 발사 직후 추락하였다. 그 후 1970년 11월 루나 17호에 루노코드 1이라는 달 탐사 차량을 보냈는데, 이것이 인류 최초의 원격 탐사 로봇이었다. 지금 화성을 누비는 큐리오시티의 최초 선조인 셈이다. 루노코드 1은 낮에는 태양 전지판에 의해 15일이나 계속되는 추운 밤에는 방사성 동위원소를 사용한 발열 장치에 의해 온도를 유지하면서 작동하였다. 오늘날의 로버와 같은 자율 주행은 당시 기술로는 불가능해 지구에서 TV 카메라를 통해 전달된 영상을 보면서 원격 조종을 했다.

하나 흥미로운 역사적 사건은 아폴로-소유즈 프로그램이다. 냉전 중이던 1975년, 두 나라의 아폴로 사령선과 소유즈 사령선이 우주 궤도에서 서로 도킹했다. 양국의 우주 개발 협력은 미르 우주 정거장과 현재의 ISS(국제 우주 정거장) 프로그램을 진행하면서 계속되고 있다.

어려움 속의 보석,
우리나라의 항공우주공학

항공우주공학은 다른 학문에 비해 목표가 뚜렷하고 실생활과 매우 밀접한 관련 있는 실증적 학문이다. 다른 기초 과학, 공학보다 매우 특화된 대상을 갖고 있어 다른 학문으로의 파급력은 낮은 편이나 실생활과는 매우 밀접한 실용 학문이다. 인공위성은 오늘날 우리가 매일 살면서 이용하는 국제 통신, 위성 항법 서비스 등에 중요한 역할을 하고 있다. 항공 우주 산업은 부가가치와 연관 파급효과가 높고 국방과 밀접한 관계가 있어서 전 세계 나라들이 우선순위를 높게 두고 연구하고 있다.

항공 기술은 군사적으로 중요도가 매우 높은 기술이므로 전 세계 어느 나라에서도 쉽게 제공하지 않는다. 따라서 우리나라가 1990년대 이후 각종 산업에서 두각을 나타내고 그중 특히 조선 산업, 전자 산업, 자동차 분야에서 세계의 선두권에 진입한 것과는 대조적으로, 항공 우주 분야는 여전히 선진국과의 격차가 큰 편이다. 또 국토가 좁아 육지로 연결되지 않은 제주도를 제외하고는 항공이 육상 교통, 특히 고속철도와의 비교 우위가 낮은 편이라 자체 수요도 적다. 분단국이라 공역의 통제도 심해 민간 항공 수요가 적다.

하지만 우리나라는 최근 고등 초음속 훈련기 T-50을 성공적으로 개발, 실전 배치에 들어갔으며, 우리나라 최초 헬리콥터인 수리온도

성공적으로 인증 절차를 마치고 실전 배치 중이다. 소형 항공기는 최근 미국과 상호 인증 협정BASA을 체결하여 본격적인 수출의 길이 열리고 있으며, 중형 항공기, 민수용 헬기도 개발될 예정이다. 또한, 비교적 진입이 쉬운 무인 항공기는 중고도 무인기, 군단급·사단급 무인기 등이 활발히 개발되고 있으며, 독자 기술로 틸트로터형 무인기를 성공적으로 개발해 무인기 관련 기술은 세계 10위권에 드는 것으로 인정받고 있다.

우주 분야에서는 발사체 개발이 첫 관문 역할을 한다. 그런데 우리나라는 미국과의 MTCR(미사일 기술 통제 체제)에 의해 2001년까지 사거리 180km, 탄두 중량 500kg 이상의 로켓 시스템 개발이 금지됐다. 그 후 사거리 제한이 300km로 완화됐다가 2012년 10월에야 사거리 800km, 탄두 중량은 500kg으로 완화됐다. 이런 제약으로 군사적으로 기술 전용이 가능한 발사체 개발이 위축됐다고 볼 수도 있다.

우리나라는 1993년에 1단 고체 연료 로켓인 과학로켓 1호KSR-1를, 1997년에 과학로켓 2호를 발사했다. 하지만 모두 1단 로켓으로 우주 발사체와는 거리가 멀었다. 우주 발사체로 사용되려면 비추력이 높은 액체 연료를 사용하는 로켓의 개발이 가장 중요한데, 이는 V-2의 예에서도 볼 수 있는 것처럼 평시에는 정당화하기 어려운 막대한 물량과 재원을 소모해 개발된 성과를 기반으로 할 때 비로소 가능해진다. 따라서 우리나라가 선택할 수 있는 것은 선진국의 기술 도입이었다. 잘 알려진 바와 같이 최초 우주 발사체인 나로호의 1단 로켓은 러시아로부터 직수입한 엔진이었는데 처음 계약과는 달리 구체적인 기술 이전을 받을 수 없었다. 하지만 로켓 발사를 처음부터 끝까지 운영해 본 소중한 경험을 갖게 됐다.

나로호 3차 발사에 실려 올라간 나로3호 위성

반면, 위성 독자 개발은 진보가 빠른 편이다. 카이스트 최순달 박사 (당시 전기 및 전자공학과 교수)가 카이스트 인공위성 연구 센터SATREC를 세우고 영국 서리Surrey 대학교와 공동 연구 프로그램을 시작한 것이 독자적 위성 연구의 시초였다. SATREC은 부단한 노력으로 우리별 1호KITSAT-1 과학 실험 위성을 개발해 쏘아 올렸고, 이후 우리별 2호가 1993년에, 우리별 3호가 1999년에 발사됐다. 또 2003년 과학기술위성 1호를 개발했고, 나로 1, 2호에 탑재됐던 과학기술위성 2호를 개발하기도 했다. 현재 과학기술위성 3호의 발사를 앞두고 있다. 이외에도 방송 통신 위성인 무궁화 위성, 다목적 실용위성 아리랑 위성, 통신 해양 기상 위성 등이 개발되어 운용 중이다.

우주를 열어젖힐
미래의 항공 우주 공학자를 기다리며

항공공학은 지난 100년의 짧은 기간에 단 12초의 비행에서 마하 8 이상의 빠른 비행이 가능한 극초음속 항공기까지 개발된 현재까지 빠른 속도로 발전해 왔다. 악천후에서 조종간을 잡고 활주로를 찾아 헤매던 시절이 불과 몇십 년 전인데 이제는 GPS를 이용한 전천후 항공이 가능하게 됐다. 최근에는 아예 조종사가 전혀 필요 없는 무인 항공기까지 나왔다.

우주 개발은 불과 50년이 조금 넘은 기간 동안 위성을 발사하고 달, 화성, 그리고 태양계 너머까지 활발하게 탐사하고 있다. 우리나라는 분명 항공 우주 분야에서는 후발주자다. 선진 기술의 도입도 쉽지 않은 상황이다. 독자 개발만이 살길이다. 여기에는 인재의 끊임없는 도전이 필요하다. 우주를 내 손으로 열어젖힐 독자의 패기 있는 도전이 기대된다.

우리나라 최초의 초음속 훈련기 T-50

What is Engineering?

생명과 직결되는 고체역학 / 보이지 않는 것을 다루는 에너지 분야 /
메카닉 월드의 자존심, 열전달과 유체역학 / 초미세 구조를 다룬다! 마이크로 · 나노 분야 /
생명을 구하는 바이오 엔지니어링 / 최고의 공과대학은 최고의 기계공학과 함께한다 /
메카닉 월드를 세울 최고의 기계공학자는 누구?

4장

기계공학

– 배중면

웰컴 투 **메카닉 월드**,
기계공학

메카닉 월드에 온 것을 환영한다. 지금부터 독자들은 신비롭고 다채로운 기계 세계를 탐험할 것이다. 기발하게 움직이는 정교한 기계 장치부터 생체 로봇, 모두를 압도시키는 거대한 구조물을 완공시키는 건축 장비, 그리고 생물을 흉내 낸 생체 모사 공학의 발명품까지 모든 기계를 볼 수 있다. 글을 다 읽을 때쯤이면 깨달을 것이다. 메카닉 월드는 오늘날 지구 그 자체이며, 기계공학의 범위에는 제한이 없다는 사실을!

생명과 직결되는
고체역학

고체역학은 고체에 작용하는 힘(응력)과 그에 따른 변형을 연구하는 학문이다. 고체라고 하면 쉽게 와 닿지 않겠지만, 인간의 생명과 직결된 자동차, 비행기, 다리, 빌딩 등과 같은 기계 및 구조물을 안전하고 믿음직하게 만들기 위해서 필수로 활용하는 중요한 학문이다. 어찌

보면 눈에 보이는 메카닉 월드의 모습은 거의 다 고체역학으로 이뤄졌다고 볼 수 있다.

고체역학의 실패는 곧 생명의 위협과 연결되기에 중요하다. 1994년 일어난 성수대교 붕괴 사고나 이듬해 발생한 삼풍백화점 붕괴 사고는 고체역학을 소홀히 다루면서 일어난 사건이다. 작은 지진에도 폭삭 무너질 약한 건물에서 살고 싶은 사람이 있을까. 시속 1000km로 날아가는 항공기에 앉아 있는데 기체가 흔들리거나 너덜거리는 비행기를 탈 사람이 있을까.

고체역학의 역사는 인류가 구조물이나 기계를 만든 역사와 같다. 기계라고 하면 역사가 짧을 것 같지만, 고체역학을 포함하기 때문에 역사가 아주 길다. 현대 기계공학의 아버지로 불리는 스테판 티모셴코 Stephen P. Timoshenko의 저서 『물질의 힘의 역사 History of Strength of Materials』에 고체역학의 역사가 일목요연하게 정리돼 있다.

고대 이집트인들은 기원전 2826~1085년경에 이미 거대한 피라미드를 건설하면서 경험적인 고체역학 지식을 지니고 있었다. 고대 그리스인들은 고체역학의 근간이 되는 정역학statics을 발전시켰고, 특히 아르키메데스는 지레의 원리를 발견해 건설 기술에 응용했다. 고대 로마의 여러 실용적인 기술 혁신은 이전의 그리스의 기술을 받아들인 결과이다.

이집트 피라미드

안타깝게도 고대 그리스·로마인들이 구조 공학에서 쌓았던 지식 중 대부분은 중세 시대에 소실됐고, 14~16세기 르네상스 시대에 이르러 다시 부활했다. 르네상스 시대의 천재적 미술가이자 과학자·기술자·사상가였던 레오나르도 다 빈치는 역학에 많은 관심을 가져 기둥이나 보에 작용하는 힘을 구하기 위해 정역학을 활용했다. 그는 최초로 구조 재료의 강도를 측정하기 위한 실험을 한 인물이기도 하다. 다 빈치는 특히 역학을 중시했다. 그의 노트에는 다음과 같은 말이 나온다.

"역학은 수리과학의 천국이다. 역학에서 비로소 수학이 결실을 보기 때문이다."

근대 과학의 아버지라 불리는 갈릴레오 갈릴레이는 많은 실험을 통

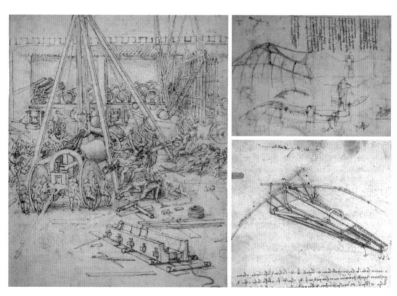

레오나르도 다 빈치의 노트

해 막대나 보가 얼마나 파괴되는지 이론으로 정리했다. 로버트 혹은 오늘날에도 혹의 법칙으로 널리 알려진 '탄성 변형 법칙'을 발견해 탄성체 역학을 발전시키는 토대를 쌓았다.

이후 위대한 학자들에 의해 발전한 고체역학은 20세기 컴퓨터의 도래와 함께 '유한 요소법'을 이용한 전산 고체역학이라는 새로운 분야를 추가하게 됐다. 이를 통해 이론과 실험만으로는 해석하기 어려운 문제들을 해결할 수 있게 됐다.

보이지 않는 것을 다루는 에너지 분야

에너지와 열 그리고 액체나 기체와 같은 눈에 보이지 않는 분야도 메카닉 월드의 핵심 분야이다. 좀 더 전문적으로 표현하면 에너지 분야, 열전달 분야 그리고 유체 분야라고 부른다.

그중 에너지 분야는 재생에너지를 개발하고 기존 에너지의 효율을 높이는 연구가 진행되고 있다. 에너지 관련 연구는 요즘 한창 사람들의 입에 오르내리고 있는 연료전지와 순산소 연소 관련 기술, 그리고 자동차 등에 쓰이는 엔진의 효율을 높이고 환경문제를 해결하는 연구를 하고 있다.

이 중 연료전지는 화학에너지를 전기에너지로 전환하는 전기 화학에너지 변환 장치이다. 보통 터빈을 돌려 전기를 얻는 방식은 물리 에너지를 전기에너지로 바꾸는 것인데, 연료전지는 화학에너지가 바로 전기에너지가 된다. 조금 더 구체적으로 살펴보면 수소와 산소가 결합해 물이 만들어지는 과정에서 전기가 생산된다.

연료전지는 열 엔진에 비해서 높은 효율을 얻을 수 있고, 반응 후 오염물질이 거의 만들어지지 않는 친환경 장치이다. 엔진이나 터빈도 물리에너지가 발생하기 전에는 연료를 태우는 화학적 과정을 거친다. 그런데 이 과정에서 대기오염 물질인 질소산화물이나 황산화물을 발생시킨다. 하지만 연료전지는 이런 과정이 없어 대기오염을 발생시키지 않는다. 그뿐만 아니라 수소만 공급하면 계속 동작한다. 보통 전지보다 효율이 높고 경제적이며 적용 분야가 다양하다. 출력 범위를 조절하기 쉬워 고출력 장치부터 휴대 장비까지 적용 범위가 넓다는 장점도 있다.

연료전지 중 고체산화물 연료전지SOFC는 특히 효율이 높다. 고체산화물 연료전지는 산소극과 연료극이라는 두 개의 극으로 이뤄져 있다. 산소는 다공성 산소극 표면에서 이온화되고 연료극에서 발생한 전자는 외부 회로에서 일한다. 이 전자는 다시 산소극에서 산소와 결합해 산소 이온을 만든다. 세라믹을 통과한 산소 이온은 수소 연료가 풍부한 다공성의 연료 극에서 반응하게 된다. 이러한 반응이 SOFC에서 연속적으로 일어나면서 전력을 생산한다. 현재 이런 방식의 연료전지를 상용화하기 위한 연구를 꾸준하게 하고 있다.

다음으로 순산소 연소 기술을 알아보자. 지구 온난화에 관한 관심 증가와 녹색 성장 및 신재생에너지 플랜트에 관한 관심이 증대되면서 이산화탄소 포집 및 저장Carbon Capture and Storage(CCS)을 위한 새로운 기술인 '순산소 연소 시스템Oxy-fuel combustion system'을 연구하고 있다. 이것은 연료를 연소시킬 때 공기 대신 산소를 주입함으로써 연소 후 생성물인 이산화탄소를 포집하는 기술이다. 또 고체 연료를 가스화해 가스 터빈과 증기 터빈을 동시에 운전시키는 고효율 복합 화력발전 시스템도 연구 중이다. 화력발전소에서 연료를 태울 때 환경을 오염시키는 물질을 발생시키지 않도록 제어하는 흡착제 입자도 연구하고 있다.

엔진에 대해 살펴보자. 연료 분무를 어떻게 할 것인지, 그에 따른 엔진 속 연료의 움직임은 어떤지 연구한다. 처음 엔진 속 연료 폭발을 일으키는 방식을 불꽃을 튀기는 '스파크 점화 방식'으로 할 것인지, 아니면 '압축 착화 점화 방식'으로 할 것인지도 연구 과제다. 엔진의 연소 특성을 파악하기 위한 실험도 있고, 컴퓨터를 이용한 전산 유체 해석 연구도 진행 중이다. 지금도 쓰이고 있는 디젤, 가솔린 엔진 기술과 함께 고효율 저배기 엔진을 위한 신연소 기술, 그리고 LPG, DME, 에탄올 및 수소 등의 대체 연료도 요즘 주목 받는 연구 분야다. 최근 화제가 되고 있는 하이브리드 차량에 최적화된 엔진 연소법의 개발을 위해 시뮬레이션 기법으로 연비 및 배기가스 거동을 예측하고 있다.

메카닉 월드의 자존심,
열전달과 유체역학

보이지 않는 분야 중 두 번째와 세 번째인 열전달과 유체역학은 메카닉 월드의 자존심 중 하나다. 그만큼 어렵고 복잡하지만, 쓰이지 않는 곳이 없을 만큼 중요하기 때문이다. 열과 공기, 물은 어느 곳에나 있으며 우리의 삶과 메카닉 월드의 존재에 늘 영향을 미친다.

열전달은 말 그대로 열(에너지)이 한쪽에서 다른 쪽으로 전달되는 현상이다. 효율이 높아야 손실 없이 열을 보낼 수 있고, 기계공학에서 중요한 과제 중 하나다. 반대로 열이 전달되면 안 되는 곳은 열전달을 억제해야 한다. 이런 연구를 포함해 극저온 열전달 현상, 나노 규모의 열전달 해석 등이 최근 연구 분야다.

열전달 성능 향상과 관련해서는 고발열 전자장치의 방열을 위한 방열장치 개발에 관한 연구가 활발하게 진행되고 있다. 주로 열을 넓은 곳에 흩뜨리는 방식인데, 크게 두 가지 방식이 연구되고 있다. 열을 대기 중으로 방출하기 위해 열전달 면적을 넓힌 히트 싱크에 관한 연구와, 국소 부위에 집중된 열을 넓게 퍼뜨려 최고 온도를 낮추는 열확산기에 대한 연구로 나눌 수 있다.

둘 다 일상과 멀다고 느낄지 모르겠지만 아니다. 히트 싱크는 바로 독자들이 매일 쓰는 컴퓨터 안에 있다. 데스크톱 컴퓨터 내부의 CPU 위에서 흔히 발견할 수 있는 장치다. 보통 금속 구조물을 이용해 방열을 위한 면적을 넓히는 방식으로 대기 중의 공기에 열을 전달시킨다. 이때 데워진 공기를 빨리 차가운 공기와 교환해 주기 위해 유동을 발생시키는 것이 중요한데, 이를 위해 팬^{Fan}이 흔히 사용되고 있다. 하지만 팬은 수명이 짧고 공간을 많이 차지하기 때문에 팬을 없애기 위한 기발한 대안 아이디어가 많이 나왔다.

먼저 히트 싱크를 이루는 구조물이 마치 치약을 짜내듯이 공기를 짜내는 듯한 방식으로 유동을 발생시키는 방식이 있다. 또 구조물이 회전하는 원심력을 이용하여 유동을 발생시키는 방식도 있다. 압전소자의 수축과 팽창을 이용해 구조물이 부채질을 하도록 해 유동을 발생시키는 아이디어도 연구 중이다.

열 확산기는 아주 작은 공간에 집중적으로 열이 발생할 때 이 열을 넓은 범위로 퍼뜨려 최고 온도를 낮추는 장치다. 이때는 열전도도가 높은 물질이 필수적이다. 발열량이 적은 경우에는 구리판 또는 알

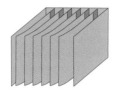

스크롤 히트 싱크   원심성 히트 싱크   압전기 히트 싱크

루미늄판을 바로 사용하며, 발열량이 많은 경우에는 유체의 상변화와 모세관 현상을 이용한 열 파이프가 많이 사용되고 있다. 최근에 휘어지는 전자장치에 대한 수요가 생기면서 휘어지는 열 확산기가 필요하게 돼 연성 박막 초열전도체가 연구되고 있다. 이 열 확산기는 마이크로 스케일의 관 내에서 상변화를 통해 진동하는 유체를 이용해 열을 전달하는 장치다. 내부 구조가 단순한 관이기 때문에 휘어지더라도 아무런 문제가 없다. 그래서 휘어지기 쉬운 PDMS 등의 고분자 화합물로 제작하면 휘어지는 열 확산기를 만들 수 있다.

열전달 억제는 진공 단열재와 관련이 있다. 우수한 단열재를 사용하면 건물의 냉난방 등 온도 차이 유지를 위해 들어가는 막대한 에너지를 절감할 수 있다. 그런데 기존에 사용되고 있는 스티로폼 등의 단열재는 내부의 공간에 차 있는 공기를 통한 열전달 때문에 성능을 향상시키는 데에 한계가 있어 우수한 단열 성능을 위해서는 단열재를 두껍게 할 수 밖에 없다. 하지만 내부의 공기를 제거할 수 있다면 단열 성능은 5배 이상 높아져 단열재의 두께를 20% 수준으로 감소시킬 수 있다. 따라서 이러한 단열재의 개발을 위해 진공과 대기의 압력차를 버틸 수 있으면서 공기의 침투를 확실하게 막을 수 있는 외피재를 개발하려는 연구가 활발히 진행되고 있다.

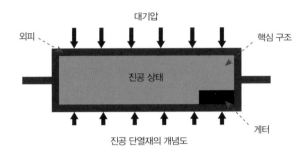

진공 단열재의 개념도

극저온 열전달 현상과 관련하여 앞서 소개한 기술들을 비롯한 열전달 향상 및 억제 기술을 바탕으로 -150℃ 미만의 매우 낮은 온도를 극저온 냉동 기술을 통해 구현하는 방법과 이러한 환경 하에서의 극저온 열전달과 관련된 다양한 연구를 수행하고 있다. 대표적인 연구 분야로는 고효율 극저온 열교환기, 줄 - 톰슨 냉동기, 자기 냉동기, 펄스 튜브 냉동기 등 극저온 구현을 위한 냉동기 개발과, 극저온 온도 가시화 기술, 극저온 추진제 잔량 계측 기술 등 극저온 환경에서 다양한 물성치를 측정하는 기술들에 대한 연구를 수행하고 있다.

나노 스케일 열전달 해석 분야에서는 원자 수준의 열전달과 관련한 측정 및 해석을 연구한다. 스캐닝 열 마이크로스코피SThM, Scanning Thermal Microscopy를 활용한 연구가 진행되고 있는데, SThM은 수 나노미터(nm) 수준의 탐침을 시료의 표면에 접근시켜 시료의 표면 형상을 측정하는 원자력 현미경AFM, Atomic Force Microscopy 기술에 저항의 변화를 통해 온도를 측정하거나, 열전 현상을 통해 온도를 측정하는 열전대를 결합해 수 나노미터 수준의 영역에 대한 온도를 측정하는 기술이다. 이 기술을 이용해 나노와이어(선 구조) 및 나노와이어 주변의 열전달 현상을 관측하고, 신소재인 그래핀의 열물성치 측정 등을 연구하고 있다.

온도가 다른 두 개의 물체가 서로 떨어져 있을 때 두 물체 사이에서는 복사라는 이름을 가진 전자기파를 이용한 열교환이 일어난다. 이때 열교환이 최대로 일어나는 경우를 흑체 복사라고 한다. 하지만 두 물체의 거리가 전자기파의 파장보다 짧아질 경우 흑체 복사보다 더 많은 양의 열교환이 일어난다. 이를 근접장 복사열 전달이라고 한다. 나노스케일 열전달 해석에 관한 연구 분야에서는 이런 근접장 복사열 전달에 대한 이론을 확립하고, 실험을 통해 검증하는 연구가 진행되고 있다. 또 두 물체 간 열전달을 더욱 향상하기 위해 두 물체 사이에 그래핀을 삽입하는 등의 아이디어가 나오고 있다.

유체 분야에서는 칩 하나로 여러 가지 진단이나 분석을 하는 랩온어칩 등이 연구되고 있다. LNG 이송 시스템 및 에어컨용 증발기와 같은 시스템에서의 열전달과 압력 강하, 원자력발전소용 증기 발생기에서의 불안정성에 관한 연구도 하고 있다. 난류에 관한 연구도 중점적으로 하고 있다. 난류란 유체의 각 부분이 시간적이나 공간적으로 불규칙한 운동을 하면서 흘러가는 것인데, 이와 반대되는 '층류'에 비해 매우 복잡하며 해석이 어렵다. 이에 따라 직접 수치 모사[DNS] 기법을 이용해 난류 유동을 모사하고 구조를 전자유체역학[CFD]을 이용해 계산하고 있다.

초미세 구조를 다룬다!
마이크로 · 나노 분야

가장 이상한 메카닉 월드는 초미세 세상이다. 기계공학에서 말하는 마이크로 · 나노 분야는 커다란 기계 장치를 단순히 크기를 줄이는 것보다 훨씬 복잡하고 다양한 현상을 다룬다. 커다란 기계 장치를 단순히 마이크로 · 나노 크기로 만들 수 있다고 해도 실제로 그 기계 장치가 작동할 수 없다. 큰 시스템과 아주 작은 시스템이 작동할 때 시스템을 지배하는 주요한 힘이 전혀 다르기 때문이다. 예를 들어 큰 시스템은 중력에 의한 질량의 효과가 크게 작용하지만, 아주 작은 시스템은 표면적에 의한 표면력이 주요하게 작용하는 힘이기 때문에 중력에 의한 힘을 거의 무시할 수 있다.

이처럼 마이크로 · 나노 분야에서는 거시 세계에서 주로 고려하는 영향이 많이 줄어든다. 하지만 기본적인 역학은 똑같다. 모두 고전 역학의 연장선에 있고, 전통적인 역학을 자세히 알고 있어야만 제대로 연구할 수 있다.

카이스트 기계공학과에서는 다양한 마이크로 · 나노 분야 연구를 진행 중이며 주요 연구 분야는 마이크로 · 나노 스케일에서의 물성 측정 및 거동에 대한 분석, 나노 시스템의 제어 및 구동 원리 규명, 초소형 전자기계 시스템 멤스MEMS, Micro Electronic Mechanical Systems의 제조 및 3차원 측정, 휠 수 있는 신축성 전자소자 개발, 입을 수 있는 컴퓨터 개발 그리고 나노 물질 및 나노 장치의 기계적 물성 및 신뢰성 등이다. 이를 위해서 카이스트 기계공학과는 학과 건물에 마이크로 구조체 제조 센터, 원자력 현미경, 나노인덴터, 전자현미경, 3차원 광측정 장비, 고속 고정밀 공초점 현미경 등을 구비했다.

이 중 메카닉 월드에서 주목할 만한 분야인 '나노 메카트로닉스' 분야는 나노미터 단위의 분해능을 가지는 기기를 디자인하고 컨트롤한다. 광학적 메트롤로지optical meteorology는 광학 시스템을 이용해 세포 등을 나노미터 단위로 측정하고 분석한다. 반도체 생산 장비나 표면 측정기기 등의 측정 시스템도 개발하고 있다.

광분야도 중요한데 초고속 광학 분야는 초고속 레이저에서의 타이밍 노이즈timing noise 최적화를 연구하고 있다. 이는 매우 정밀한 신호원을 개발하는 데 중요하다. 요즘 연일 화제가 되고 있는 입자 가속기나 X선 자유전자 레이저, 위상 배열 안테나 등에 필수적인 기술이다. 초고속 레이저 연구는 펨토초 레이저원 자체를 개발하거나 새로운 결맞음 광원을 연구 중이다. 고출력 고에너지 초고속 레이저를 개발해 새로운 나노, 마이크로 가공 공정에 이용하려는 연구도 있다.

아주 작은 무인 비행체나 생체 모사 로봇 분야도 있다. 로봇의 이동 시스템은 물론, 외부에서 복잡한 임무를 스스로 수행할 수 있는 제어 알고리즘도 연구 중이다. 초소형 전자소자, 태양전지, 연료전지 등의 박막, 나노 물질을 이용한 고효율 에너지 소자, 휘는 전기 소자도 단골 연구 대상이다.

나노 물질은 특이한 성질이 있다. 같은 물질이라도 나노 물질로 만들게 되면 보통 물질에서 볼 수 없던 특이한 성질들이 많이 관찰되고, 특히 표면적이 커지는 효과를 얻을 수 있다. 이를 이용해 전자소자의 표면적을 넓혀서 태양 전지의 효율을 높이거나 에너지 저장 용량을 늘릴 수 있다. 메타 물질 연구도 있다. 자연계에서 찾아보기 힘든 특이한 굴절을 보이는 물질을 개발해서 군사 등의 목적으로 활용할 수 있다.

생명을 구하는
바이오 엔지니어링

의용 공학은 기계공학 지식을 생명 특히 사람에게 적용하는 분야다. 메카닉 월드에 사용된 각종 기계공학 전문 지식은 모두 생물과 사람에게 적용될 수 있다.

먼저 건물이나 자동차, 항공기를 지을 때 썼던 고체역학 지식을 생각해 보자. 고체역학은 힘과 변형의 관계를 연구한다. 우리 몸에서 그런 역할을 담당하는 고체는 무엇이 있을까. 지속적인 하중을 받는 뼈와 관절이다. 이들을 연구하는 분야를 생체역학이라고 부른다. 고령화 시대가 되면서 낙상 사고가 늘고 있는데, 다친 다리 관절을 인공 관절로 교체하는 고관절 치환술이 늘고 있다. 이에 따라 인공고관절 시스템의 구조, 재질, 형태 등을 설계하는 고체역학이 중요해졌다. 치아를 교체하는 임플란트 역시 고체역학이 중요한 분야다.

암이나 분화 세포에 물리적 자극을 가하면 변화가 일어날 것이다. 이것도 메카닉 월드에서 기계공학 지식으로 해석하고 분석할 수 있다. 이를 이용해 줄기세포에 물리적 자극을 가했을 때 어떻게 분화하는지 연구할 수 있다. 늘리거나 누르는 등 다양한 기계적 환경을 주고 예쁜꼬마선충C. elegans이 어떻게 움직이는지를 연구하기도 한다.

로봇 기술도 의료용 기계공학 기술의 대표적인 분야다. 인체가 걷는 모습을 흉내 낸 보행보조기 개발 등이 있다. 그밖에 수술용 로봇, 인체의 기능을 보조해주거나 증진해주는 착용형 시스템도 있다. 최근에는 자연 개구부를 이용한 내시경 수술이 관심을 끌고 있는데, 이를 위한 제어기도 개발했고 시술 과정을 돕는 로봇도 개발하고 있다.

SF영화에서 보던 착용형 시스템은 착용자의 운동 의도를 정확히 파악하고 이를 바탕으로 근력을 높이거나 운동을 도와야 한다. 이를 위해 생체 신호를 측정해 사용자의 의도를 추정하는 연구와, 인간과 로봇의 인터페이스(상호작용)를 세우는 연구가 진행되고 있다. 이 기술은 노인과 장애인의 운동 보조기를 설계하는 데 적용될 예정이다.

의용 공학은 기계공학의 기반 기술을 바탕으로, 융합 연구를 통해 인류의 생명에 대한 문제를 해결하는 것을 궁극적인 목적으로 한다. 이를 위해 탄탄한 기계공학적 전문 지식을 습득한 뒤 생물학, 생리학, 의학 등의 다학제적 지식을 공부하고, 또 관련 전문가들과 협력해야 한다.

최고의 공과대학은 최고의 기계공학과 함께한다

기계공학은 가치 제조의 주역이다. 현대 산업사회의 부를 창출하는 모든 제품과 시스템의 본체를 창조하고 설계한다. 그뿐만 아니라 그런 제품과 시스템을 많은 사람이 두루 누릴 수 있도록 생산하는 방법도 연구한다. 기초 과학은 여러 가지 요소 기술을 만들 것이다. 기계공학은 이를 모으고 종합해 시장 가치를 갖는 제품과 시스템으로 탈바꿈시킨다. 여기에는 디자인 감각과 창의적인 사고가 녹아 있어야 한다. 이와 더불어 설계된 제품과 시스템을 효율적으로 그리고 친환경적으로 양산할 수 있는 생산 기술이 있어야 한다. 메카닉 월드는 결코 그냥 생기지 않는다.

기계공학은 기계만을 연구하는 좁은 의미의 학문이 아니다. 기술 혁신의 기반이 되는 재창조가 속성인 응용 학문이다. 이렇게 응용을 기반으로 하는 모든 첨단 산업의 핵심 기반이 되는 공학이기도 하다.

여기에 중요한 요소는 창의성이다. 어떻게 기존 지식과 기술로 창의적인 새로운 제품을 만들 것인지, 그 원리를 기계공학과에서 배울 수 있다. 첨단 기술을 개발하고 첨단 산업을 발전시키는 힘은 여기에서 나온다. 또 기계공학은 전체와 부분을 하나로 융합시키는 학문이다. 초미세 나노 스케일의 구조물에서 거대한 건축물이나 항공기에 이르기까지 모두가 유기적으로 연결돼 있다.

이런 종합적인 설계 능력은 기계공학과에서만 기를 수 있는 통합적인 디자인 능력이다. 이렇게 개발된 부품, 제품, 시스템의 성능이 제대로 구현되는지 분석 개선할 수 있는 능력도 기계공학 자체에서 해결한다.

이렇게 기계공학 연구 영역이 매우 넓다. 그리고 그 자체로 공과대학의 상징과도 같은 존재다. 실제로 미국 공과대학의 순위와 기계공학과의 순위를 보면 이해가 될 것이다. 순위가 거의 겹친다는 사실은 공과대학의 주요 아성이 기계공학이라는 말과 크게 다르지 않을 것이다.

2012년 미국 내 공과대학 순위

1	Massachusetts Institute of Technology
2	Stanford University
3	University of California, Berkeley
4	Georgia Institute of Technology, Atlanta, GA
5	University of Illinois at Urbana-Champaign, Urbana, IL

2013년 미국 내 기계공학 순위

1	Stanford University
2	Massachusetts Institute of Technology
3	California Institute of Technology (공동 3위)
3	University of California, Berkeley (공동 3위)
5	University of Michigan - Ann Arbor

메카닉 월드를 세울
최고의 기계공학자는 누구?

21세기에는 과학기술을 발전시키고 경제문제를 해결하며 사회와 산업계를 변혁할 신과학기술이 많이 등장하고 발전할 것이다. 하지만 그런 기술이 갑자기 무에서 새로 생기지 않는다. 기계공학은 이런 첨단 과학기술들을 종합하고 최적화할 힘을 지닌 학문이다. 미세 구조부터 거대 구조, 생체와 인체까지 모든 분야에 적용할 수 있으며 이를 통해 부를 창출하고 인류를 행복하게 할 수 있다. 나라에는 차세대 성장 동력 산업이 될 것이고, 저출산 고령화 사회에 대비한 인간 중심적 제품을 제공하는 따뜻한 기술의 출발점이 될 것이다.

아직도 기계공학이라고 하면 산업혁명기의 거칠고 커다란 증기기관 이미지를 떠올리는 사람이 있을지 모르겠다. 하지만 이 장에서는 그런 모습을 찾아볼 수 없을 것이다. 세상은 이미 기계로 가득 차 있고 보이는 분야, 보이지 않는 분야, 휘어지고 부드러운 분야 등 모든 곳은 이미 기계공학의 손길과 논리가 들어가 있다. 세상은 이미 메카닉 월드가 돼 있다. 이 세상을 더욱 편리하고 멋지게 꾸밀 차세대 기계공학자는 누구인가? 두 팔 벌려 환영한다.

웰컴 투 메카닉 월드!

What is Engineering?

디자인에 관한 오해 3가지 / 인간이 제안하면 기술은 따른다 /
진정한 '디자이너', 당신을 기다리며

5장

산업디자인학

— 이건표

'이것은 **디자인**이 아니다',
산업디자인학

즐거운 여행의 기억을 되살려 보자. 값은 좀 비싸지만 안락한 우등 고속버스를 탔다. 긴 거리를 자면서 가기로 했다. 우등 고속버스의 좌석은 등받이를 뒤로 젖힐 수 있고, 의자 밑에서 올라오는 다리받침까지 마련돼 있다. 이제 등받이만 젖히는 버튼을 누르기만 하면 되는데…… 그런데 이런! 눌렀더니 다리받침이 올라온다. 허둥대며 다시 버튼을 눌러 다리받침을 내리고, 다른 버튼을 누르니 그제야 등받이가 기울어진다.

아마 여행을 해본 사람은 누구나 겪은 경험일 것이다. 등받이 조절 버튼과 다리받침 조절 버튼이 똑같은 모양을 한 채 양쪽 팔걸이에 있어 생기는 문제다. 도대체 어느 버튼이 어떤 부분을 움직이는지 어떻게 알까. 이런 문제의 해결은 명확하다. 설명 없이도 쉽게, 그냥 보기만 해도(좀 더 어려운 말로 '직관적으로'라고 한다) 알 수 있게 버튼의 위치나 형상을 바꿔 주면 된다. 독일 벤츠사의 자동차 의자 조절 장치가 그 예다. 이 버튼은 그 자체로 의자 모습을 하고 있어 별도의 설명이 없어도 어느 부위를 움직일 것인지 명확히 알 수 있다.

　이런 예는 우리 일상에서 무수히 마주친다. 물의 현재 온도를 알 수 없는 모양의 수도꼭지, 손잡이는 당기게 돼 있는데 실제로는 밀어야만 열리는 문, 어떤 스위치가 어떤 전등을 켜는 것인지 모르게 우르르 몰려 있는 전등 스위치. 사람들이 일상생활을 하면서 무수히 대하게 되는 인공물에서 '그래 맞아, 바로 이거야!'라며 고개를 끄덕이도록 하는 그것은 무엇일까? 바로 '디자인'이다.

디자인에 관한
오해 3가지

　디자인은 일상에서 마주치는 불합리하고 불편한 일들을 해결하기 위한 과학적이고 공학적인 처방이다. 거기에 예술적인 면도 있고, 사람을 위하는 인간 중심주의도 자리 잡고 있다. 앞서 소개한 잘못된 의자 버튼은 이런 개념이 충분히 반영되지 않은 사례다. 제대로 된 디자인이라고 하기 어렵다. 르네 마그리트[R. Magritte]의 그림 제목을 패러디해 '이것은 디자인이 아니다'고 부르고 싶어진다. 그렇다면 진짜 디자인이란 무엇일까?

디자인에 관한 흔한 편견 몇 가지를 생각해 보자. '디자인이란 무엇인가'를 알려면 먼저 '무엇이 디자인이라고 할 수 없다'에 해당하는지 알면 된다.

편견 1. "역시 예술 하는 분이라 역시 다르시네요!"

산업디자인을 가르치거나 관련 업무에 종사하는 사람들이 자주 듣는 말이다. 입고 있는 옷이나 가지고 있는 가방, 심지어는 먹는 음식까지도 화제가 된다. 그런데 정말로 디자인은 예술일까?

아닐 수도 있고 맞을 수도 있다. 먼저 '아니다'는 답에 관해 디자인과 예술은 분명히 다르고, 그 차이는 외부에서 생각하는 것보다 훨씬 크다. 가장 큰 차이는 '해결해야 할 문제'를 누가 제기하는가와 관련이 있다. 디자인은 거의 모든 문제를 디자인을 의뢰하는 클라이언트(고객)가 제공한다.

가령 디자인은 "맞벌이 부부에게 알맞은 스마트폰을 디자인해 주세요.", "중국 시장에 적합한 냉장고를 디자인해 주세요."라는 디자인 의뢰서Design Brief에 의해서 시작된다. 이런 의뢰를 받은 디자이너들은 디자인에 앞서 '디자인이 팔리게 될 그 시장의 특성은 무엇일까', '구매하고 사용할 소비자는 어떤 사람들이고 어떤 디자인을 선호할까', '디자인을 구현할 최적의 재료와 생산 방법은 무엇일까' 등 다양한 조건을 고려하면서 그 범위 안에서 디자인하게 된다.

이에 반해 예술가는 스스로 문제를 제기하고, 그 문제에 대한 느낌을 다양한 수단을 통해 표현하는 사람이다. 예술 작업에 앞서 '내 그림이 팔리게 될 시장은 어떤 시장인가' 혹은 '나의 경쟁자는 누구인가'라는 질문을 하지는 않는다. 무엇보다 작가 자신의 만족, 그리고 이를 작품을 통해 표현하는 과정 자체가 중요하기 때문이다. 이러다 보니 작가 중에는 살아 있을 때 인정받지 못하는 경우도 있다. 그야말로 예술은 길고 인생은 짧다.

하지만 디자인과 예술 사이에는 공통점도 있다. '창조'를 한다는 점이다. 진정한 디자인은 늘 새로운 것이다. 이전에 존재하지 않았던 것이라는 뜻이다. 늘 현재를 고민하고 미래의 새로움을 만들어 내기 때문이다. 또 디자이너는 디자인할 때 반드시 새로운 아이디어를 떠올리는 과정을 거친다. 이것은 고도로 창조적인 사고 과정이다.

편견 2. "디자인을 하신다니, 그림 잘 그리시겠어요!"

디자인 지망생에게 "왜 디자인을 전공하려고 하는가"라고 물으면 많은 학생이 "어려서부터 미술반 활동을 해서 그림에 자신이 있다"거나 '미술 적성'이라고 말한다. 즉 디자인은 예술의 한 장르인 미술로 보며, 따라서 그리기 실력이 필수라고 믿는다.

하지만 틀렸다. 오늘날에는 그리기 능력의 비중이 줄어들었기 때문이다. 왜 그럴까?

산업혁명 이전을 생각해 보자. 물건은 보통 장인이 만드는데, 스스로 물건을 구상하고 자신의 손으로 만들어 완성했다. 구상하는 사람 따로, 만드는 사람 따로 존재하지 않았다. 하지만 산업혁명 이후에는 물건을 만드는 작업을 기계가 따로 대신하게 됐다. 이 말은 이제는 누군가가 따로 물건을 구상하는 역할을 해야 한다는 뜻이다.

조금 더 생각해 보자. 존재하지 않은 물건의 모습을 시각적으로 표현하는 데 가장 전문가는 누구일까? 당연히 미술가다. 따라서 산업혁명 직후에는 이런 구상을 하는 사람에게 그리기 실력이 필수였다. 미술계 역시 이를 반영해 이런 분야를 미술에 적극적으로 끌어들였다. 그래서 오늘날까지 미술계는 순수한 미술 활동을 하는 '순수미술'과, 그리기를 디자인에 응용하는 '응용미술'이나 '장식미술', '상업미술' 등의 분류가 남아 있게 됐다.

우리나라 역시 최근까지 이 틀에서 크게 벗어나지 않았다. 아니, 오히려 이런 틀이 아주 유행했다. 1970년대부터 1980년대 초까지, 우리나라 기업의 대부분은 아직 기술력이 약했다. 따라서 새로운 제품을 개발할 때면 외국의 첨단 제품을 수입한 뒤, 이를 일단 엔지니어가 '복제'해 팔곤 했다. 그런데 그대로 팔 수 없으니 살짝 바꿔야 했다. 가장 쉬운 게 겉모습이었다. 이 역할을 디자이너가 맡았다.

그래서 당시 디자이너의 주 업무는 제품의 형태나 색채 등 '표피적 형태의 차별화'였다. 이런 상태에서 디자이너에게 가장 중요한 능력은 무엇이었을까? 역시 그리기 능력이었다. 그래서 디자이너의 회사 입사 시험에는 반드시 '그리기'가 포함됐고, 학생 역시 대학 디자인학과에 지원하기 위해서는 중·고등학교 내내 미술 학원에 다니면서 그리기 공부에 전념해야만 했다.

다행히 오늘날은 사정이 변하고 있다. 디자인은 더는 형태에 집착하지 않는다. 왜 그럴까? 우선 제품의 형태가 급격히 사라지고 있다. 현재 시장에서 유통되고 있는 스마트폰 기기를 모아 전원을 끈 채 모습을 비교해 보자. 거의 형태가 비슷해졌다. 두께는 점점 얇아져 이마저도 형태적 차별화가 쉽지 않다. 이런 경향은 텔레비전도 마찬가지다.

최근에 출시되고 있는 OLED 텔레비전의 두께는 불과 4mm 정도로 얇아졌고, 앞면의 테두리도 거의 사라졌다. 이런 첨단 기기에서 중요한 것은 이제 제품의 형태가 아니라 이를 쉽게 사용하는 방법 즉 편의성과 재질감에서 오는 촉각적 만족감이다. 모두 시각 요소가 아니라 비시각적 요소다. 사용하는 방법과 재질의 촉감을 어떻게 그릴 것인가? 그리기 능력은 더는 가장 중요한 능력이 아니다.

더구나 최근에는 사람의 손이 아닌 컴퓨터가 그림을 그린다. 기업에서는 간단한 아이디어 스케치를 제외하고는 모두 컴퓨터에 의존하고 있다. 그런데도 과연 아직 그림을 잘 그려야만 디자이너가 될 수 있을까? 시대착오적인 이야기다.

편견 3. "디자인학과는 미대 소속이죠?"

디자인은 여러 학문 분야와 직접 관련이 있다. 먼저 형태 등 시각적 특성을 창조한다는 측면에서 예술과 관련이 있고, 제품의 생산 공정을 이해하고 이에 적합한 구조를 알아야 한다는 측면에서 공학과 관련이 있다. 어떤 시스템을 과학적으로 분석해내야 한다는 점에서 과학과 소비자의 요구 사항을 파악한다는 면에서 인간학과 관계가 있다.

미국의 저명한 디자인 교육자이며 연구자인 제이 더블린 교수의 데스모드Desmod, Design Model라는 모형을 보자. 더블린 교수는 학문을 주관과 객관, 분석과 종합을 기준으로 4가지로 분류했다. 이에 따르면 학문은 주관적인 작품을 만드는 예술, 객관적인 실제적 세계를 만드는 공학, 객관적인 실제적 세계를 분석하는 과학, 그리고 인간의 정신 등에 대해 분석 연구하는 인간학 이렇게 네 가지로 나뉜다. 더블린 교수가 발표한 바로는 디자인은 이 네 분야의 학문과 겹쳐 있으며 그 핵심이다.

이 말은 디자인이 네 분야와의 융합 학문이라는 뜻이다. 하지만 학교는 아직 이런 현실을 반영하지 못하고 있다. 우리나라의 대학 디자인학과의 70~80%가 아직 예술대학 혹은 미술대학 안에 있다. 아직 주로 예술적 맥락에서만 디자인 교육이 이뤄지고 있다는 뜻이다. 디

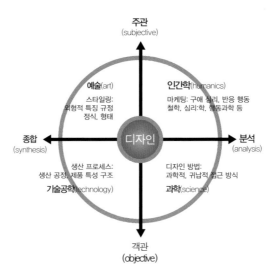

디자인은 소비자, 시장 상황의 특성을 이해하고 이들 요구를 충족시킬 수 있는 기술을 접목하는 창조적 혁신을 이루어 궁극적으로는 인간의 만족감을 이끌어내는 학문이다.

자인 선진국과 사뭇 다른 양상이다. 다행히 카이스트 산업디자인학과를 시작으로 점차 과학적, 공학적, 혹은 학제적 융합 환경에서 교육하는 학과가 늘고 있다.

인간이 제안하면
기술은 따른다

인지 과학을 만들고 인간 중심 디자인을 이끌어 온 미국의 도널드 노먼D. Norman은 한 책에서 "1933년 시카고 만국 박람회의 모토는 '과학이 발견하면, 기술이 만들고, 인간은 이에 따른다'였지만, 21세기 인간 중심 사회의 모토는 '인간이 제안하면, 과학이 연구하고 기술은 이에 따른다'이다"라고 했다. 즉 현대는 먼저 인간이 필요한 것이 무엇인지 파악하고 연구하면, 기술이 그것을 구현하는 인간 중심 사회라는 것이다.

지난 20세기에 정보화 사회가 시작되면서 빈번히 나타나기 시작한 고객 중심, 소비자 중심, 사용자 중심 등의 말들은 본질적으로 모든 중심에 인간을 두고, 인간을 먼저 생각하는 인간 중심주의다. 이러한 변화에 디자인도 예외가 아니다. 사용자 중심 디자인, 유니버설 디자인, 공감 디자인, 혹은 최근에 많이 거론되는 사용자 경험 디자인UX design: user-experience design 등 다양한 디자인 흐름이 나타나고 있다.

그렇다면 인간 중심 디자인은 무엇일까. '몸을 위한 디자인', '마음을 위한 디자인', '사회를 위한 디자인', '문화를 위한 디자인'이다. 하나씩 살펴보자.

인간 중심 디자인의 네 가지 키워드

1. 몸을 위한 디자인 `키워드 1`

편리한 디자인. '어떻게 하면 인간의 신체적 특성에 맞게 디자인해 인간이 편리하게 도구를 사용할 수 있게 할 것인가?'에 대한 답. 가령 잡기 편한 손잡이, 인간의 체형에 맞는 의자, 읽기 쉬운 화면 등의 디자인이 해당한다. 인류가 도구를 사용하기 시작한 이래 가장 오래 이뤄진 디자인이다. 20세기에는 '인간 공학적 디자인'이라는 이름으로 더욱 전문화된 연구가 이뤄지고 있다.

2. 마음을 위한 디자인 `키워드 2, 3`

최근 컴퓨터가 적극적으로 활용되기 시작하면서 더욱더 중요해졌다. '인지를 위한 디자인'과 '감성을 위한 디자인' 둘로 나뉜다. 인지를 위한 디자인은 사용하고, 배우고, 기억하기 쉬운 인터페이스 디자인이고, 즐거움을 주는 디자인이 감성을 위한 디자인이다. 쉬운 디자인과 즐거운 디자인으로 각각 부를 수 있다.

3. 사회를 위한 디자인 `키워드 4`

착한 디자인. '어떻게 하면 사회를 바르게 이끌어 갈 것인가'에 대한 디자인. 물건의 낭비를 줄이는 디자인, 노약자나 장애인을 위한 디자인 등이 해당한다. 최근 환경 변화, 자원 고갈, 고령화, 빈부 격차 등이 중요 사회 쟁점이 되면서 나타나기 시작한 디자인이다.

4. 문화를 위한 디자인 키워드 5

나의 디자인. 우리나라의 사용 환경에 맞는 디자인은 무엇일까, 유럽 시장을 위한 디자인 정체성은 무엇일까 등을 고민하는 상황에 해당한다. 세계화 환경에서 어떻게 하면 각 문화권의 정체성을 지키고 이를 디자인에 반영할지를 고민한다.

키워드1 몸: 편리한 디자인

　최근 스마트TV가 등장했다. 채널은 수백 가지에 이르고, 인터넷 등 컴퓨터 작업도 할 수 있다. 문자 메시지도 보낼 수 있다. 과거의 리모컨으로는 많은 기능을 수행하는 것이 불가능하게 됐다. 그렇다면 리모컨도 변화해야 하지 않을까? 국내의 한 전자 회사에서 디자인한 리모컨을 보자. 사용자 손의 동작을 감지하는 제품이다. '사용자가 리모컨으로 시선을 옮기지 않은 채 화면만 보면서 쉽게 조작할 수 있을까', '손으로 쉽게 잡을 수 있을까' 등 많은 고민 끝에 나온 제품으로 편안함을 고려한 좋은 디자인이다.

　하지만 반대로 나쁜 디자인도 있다. 사용자의 육체적 편의성을 고려하지 못한 사례다. 독자는 대부분 시내버스를 타본 경험이 있을 것이다. 운전기사가 문을 여닫기 위해서는 버튼을 위아래로 움직여야 하는데, 대부분 손에 닿기에는 짧게 디자인돼 있다. 이 때문에 운전기사들은 볼펜에서 심지를 빼낸 뒤 버튼에 끼워 사용하곤 한다. 디자이너가 사용자에 대해 한 번이라도 관심을 가졌다면 있을 수 없는 일이다.

　심리학자 매슬로우[A. H. Maslow]는 유명한 심리학 이론인 '욕구 계층론'을 제안했다. 이 이론에서 인간의 생리적 욕구는 가장 기본적이다. 제품의 디자인도 마찬가지다. 인간의 육체적 욕구의 충족은 가장 기본적이며 성공적인 디자인의 첫걸음이다.

키워드 2 마음 중 인지:
사용법을 쉽게 이해시켜 주는 사용자 인터페이스 디자인

몸을 위한 디자인이 가장 기본적인 인간의 욕구를 충족하기 위해 중요하지만, 그게 전부는 아니다. 최근에는 제품 자체는 물론 제품을 사용하는 사용자 그리고 제품과 사용자 사이의 상호 관계도 변하고 있다. 먼저 제품 자체를 보자. 이제 제품은 더는 사용자의 육체를 편리하게 하는 지원 도구가 아니다. 지적인 지원 도구로 변해가고 있다. 스마트폰이 대표적이다. 멀리 떨어진 사람 사이에 목소리를 전하는 역할에 그치지 않고 여러 가지 정보와 자동화 서비스를 제공한다. 이에 따라 디자인도 바뀌었다. 단순히 통화만 하던 때에는 전화기를 디자인할 때 "귀와 입의 간격을 고려한 수화기의 길이"나 사용자의 손잡이grip 크기를 고려한 수화기 둘레의 치수, 다이얼을 돌리는 데 드는 힘을 될 수 있는 대로 적게 하는 다이얼 방식 등을 중요하게 여겼다. 하지만 최근의 스마트폰은 거의 컴퓨터 수준으로 기종이 많고 복잡해서 많은 기능을 거침없이 모두 제대로 사용할 수 있는지가 품질의 관건이 됐다. 디자인 역시 여기에 맞춰야 하며 이는 단순한 육체의 편리함과는 다르다.

자동화 시스템이 설치된 집을 생각해 보자. 세탁기는 알아서 세탁해 주고, 텔레비전은 방송을 예약해 주며, 냉난방 기기는 알아서 온도를 결정해 준다. 사람은 생각할 필요가 없다. 제품이 알아서 척척 해주는

세상에서 디자이너에게 중요한 질문은 '육체적으로 사용하기 힘들까'
가 아니라 '사용법이 이해하기 쉬울까'다.

복잡성이 늘어난 것도 디자인의 새로운 추세다. 산업 시대의 기계
제품에서는 기능의 수가 적었다. 그뿐만 아니라 각 조작 부위는 거의
한 가지 기능만을 가지고 있었다. 기계와 기능의 1:1 맞대응인 셈이
다. 조작 부위의 형태는 수행하는 기능과 일치했다. 예를 들어 시곗바
늘을 '돌리기' 위해서는 태엽을 '돌리면' 됐다. '형태는 기능을 따른다
form follows function'라는 산업 시대의 디자인 모토가 여기에서 태어났다.

하지만 현대의 제품은 다르다. 거의 다 누르는 버튼이거나 터치식이
다. 제품의 기능과 형태 사이의 관계가 분리된 것이다. 다시 한 번 스
마트폰의 예를 들어보자. 버튼은 두세 개뿐이다. 하지만 이 작은 제품
에 수많은 기능이 생겼다. 해결책은 무엇일까? 버튼 하나가 여러 가지
기능을 수행하면 된다. 물론 사용법은 더 이해하기 어렵게 됐고, 이에
걸맞은 디자인이 필요해졌다.

따라서 이제 제품과 인간과의 관계가 단순히 몸의 필요와 기계적
해결의 관계 즉 '육체적 인간-기계 인터페이스 physical man-machine interface'에
서 더욱 복잡한 '인지적 인터페이스 cognitive interface'로 바뀌었다. 제품이
단순히 인간에게 통제받는 사물이 아니라 인간과 서로 대화하는 '상
대'가 된 것이다. 이제 제품과 인간의 커뮤니케이션 방식의 디자인도
대단히 중요해졌다.

아이팟 I-Pod의 디자인을 생각해 보자. 아이팟의 성공 요인에는 여러
가지가 있지만, 무엇보다도 수많은 곡을 쉽게 검색해서 조작할 수 있
는 휠 wheel 방식의 조작 방식이 특히 중요하다. 매우 직관적으로 좌우
로 돌리고 누르는 간단한 조작 방법을 택하고 수많은 다른 조작 버튼

을 없앴다. 그 결과 버튼 찾기의 불편함을 없앴
다. 사용자가 검색하고 있는 곡을 쉽게 인지할
수 있도록 한 화면 디자인도 당시에는 매우
획기적인 디자인이었다. 이렇게 사용성이 높
은 디자인은 사용자 설명서가 거의 필요 없을 정
도로 조작 방법을 익히기 쉽다.

아이팟

이런 직관적인 디자인과 반대되는 예가 바로 처음 이야기한 이상한
버스 등받이 조절 버튼, 물 온도를 알 수 없는 수도꼭지, 밀라는 건지
당기라는 건지 모호한 문 등이다. 이런 잘못된 디자인을 어떻게 바꾸
면 좋을지 아이디어를 떠올려 보자. 그 과정이 즐겁다면 디자이너의
자격이 있다고 해도 좋다.

키워드 3 마음 중 감성:
사람을 즐겁게 만드는 감성적 디자인

‘여성들은 핑크 색의 옷을 입고, 남성들은 무채색의 옷을 입는다’거
나 ‘부유한 사람만이 큰 텔레비전을 산다’는 생각을 해 본 적이 있는
가? 그런데 요즘은 이런 경향이 희미해져 가고 있다. ‘감성화’와 ‘소프
트화’ 때문이다. 감성화와 소프트화는 소위 ‘감성 사회’의 특징이다.
물질 중심의 획일화된 산업사회에 대한 반발로 다양한 개성을 향한
욕구가 표출되는 현상과 이를 충족시키기 위해 컴퓨터 기술이 개발되
는 현상을 말한다.

이런 감성 사회에서 제품은 단순히 기계적으로 기능을 구현하는 물
건이 아니다. 사용자 자신을 드러내고 표현하는 물건이다. 소비자들

은 제품이나 생활방식을 선택하고, 다른 사람 앞에서 자신의 자아를 드러내고 높인다.

감성화는 디자인에도 변화를 일으켰다. 과거에는 '기능적으로 우수하면 감성적으로도 만족스럽다'는 공식이 통했지만, 지금은 그렇지 않다. 즉 기능적으로는 다소 불편하더라도 감성적 만족을 주는 제품이 주목받고 있다. 예컨대 나모토 후카사와가 디자인한 도넛 모양의 가습기를 보자. 우선 그 모양만 봐서는 도대체 이 물건이 무엇을 하는 것인지 전혀 감이 잡히질 않는다. 나중에 그 물건이 가습기라고 해도 전원 스위치는 어디 있는지, 물은 어떻게 갈아야 하는지 도무지 알기가 어렵다. 그러나 소비자들은 그러한 불편쯤은 감수하고라도 실내와 잘 조화되는 단순한 형태, 의외성에서 오는 즐거움, 제품 형태에서 느껴지는 은유성 등으로 인해 이 제품을 선호한다. 특히 제품이 처음 시장에 소개되고 나서 오랜 시간 흘러 더는 기능에 새로울 것이 없게 될 즈음에 이러한 감성적 차별화가 많이 나타난다. 이러한 제품의 감성화에 디자인은 매우 큰 역할을 한다. 소비자들이 제품에서 기대하는 감성적 이미지를 이해하고 이를 구체적인 형태, 색채 등으로 풀어 대는 소위 감성 디자인이 그것이다.

하지만 문제는 이러한 감성이 매우 개인적이고 주관적이어서 연구가 쉽지 않다는 점이다. 보통 사용자에게 다양한 디자인을 보여주고 어떤 감성을 느끼는지 물어본다. 하지만 감성을 언어로 표현하기가 어려워 한계가 많다. 최근 디자이너들은 소비자가 원하는 감성을 더욱 명확히 연구하기 위해 소비자가 디자인의 어떤 부분에 주목하는지 연구하는 시선 추적 방법이나 소비자 뇌의 반응을 보는 방법 등을 이용하고 있다.

키워드 4 사회 :

착한 디자인

디자인할 때 제품을 '어떻게' 디자인할 것인가를 고민하는 것도 중요하지만 '무엇을' 디자인할 것인가도 중요하다. 우리 주위에는 나쁜 습관을 들이거나 나쁜 행위를 일으키는 무책임한 디자인이 많다. 어린이의 수갑 장난감, 장애인을 차별하는 시설, 전력을 낭비하는 전자 제품, 손을 다치기 쉬운 도구 등이 그 예다.

하지만 다행히 최근 디자이너들은 디자인이 사회적으로 영향을 끼친다는 사실을 깨닫고 다양한 디자인 운동을 펼치고 있다. 그중 하나가 유니버설 디자인universal design이다. 유니버설 디자인은 장애의 유무나 연령 등과 관계없이 모든 사람이 제품, 건축, 환경, 서비스 등을 더욱 편하고 안전하게 이용할 수 있도록 하는 디자인이다. 일본의 파나소닉사에서 디자인한 세탁기를 찾아보자. 세탁기 앞면에 경사를 줬을 뿐인데, 어린아이에서부터 노인에 이르기까지 모든 사용자가 쉽게 사용할 수 있도록 디자인했다.

유니버설 디자인은 최근 다양한 곳에서 볼 수 있다. 어린이와 어른이 함께 사용할 수 있도록 한 변기 역시 유니버설 디자인의 예다. 사람들에게 에스컬레이터 대신 피아노 모양 계단의 사용을 유도해 에너지도 절약하고 사람들에게 운동하게 하는 스웨덴의 계단 디자인도 있다.

사회적으로 무책임한 디자인에 대해 디자이너들은 "나보고 뭐라고 하지 마세요, 난 단지 디자인 의뢰인이 의뢰한 대로 디자인할 뿐이에요"라고 변명할지 모른다. 하지만 디자인이 사회적 영향까지 고려해야 한다는 '사회적 디자인 운동'을 이끈 빅터 파파넥 Victor Papanek 은 저서 『진짜 세계를 위한 디자인design for real world』에서 이렇게 말하고 있다.

"나는 아무리 돈을 잘 버는 디자이너라 할지라도 적어도 그는 십 분의 일 정도의 시간을 할애할 수 있다고 생각한다. 10시간 중 1시간이든 열흘에 하루든, 열 달에 한 달이든, 혹은 가장 이상적으로 10년에 1년은 시간을 할애해 할 수 있다. 이 시간 동안 디자이너는 돈보다는 사회를 위해 디자인해야 한다고 생각한다."

키워드 5 문화:
우리 문화란 무엇인가

우리나라의 해동 아이콘   수정한 아이콘

재밌는 예를 들어보자. 전자레인지를 보면 얼어 있는 식품을 녹이는 '해동' 기능이 있다. 어느 전자제품 회사에서 유럽에 전자레인지를 수출했다. 이 제품은 여러 기능을 시각적인 아이콘으로 표현했는데, 해동 기능 역시 버튼과 아이콘이 있었다. 그런데 문제가 생겼다. 유럽에서는 이 기호가 '치질'이라는 뜻으로 보인 것이다. 결국, 소동 끝에 아이콘을 바꿨다. 해외와 우리나라의 문화 차이를 잘 몰라서 빚어진 웃지 못할 일화다.

우리는 종종 어떤 사람이 가지고 있는 물건의 디자인을 통해서 그 사람이 어떠한 사람인지 짐작하곤 한다. 이를 뒤집어 말하면 디자인은 사람의 정체성을 나타낸다는 말이다. 디자인의 정체성은 개인뿐 아니라 한 나라의 문화에도 적용된다.

디자인은 문화적 정체성을 나타내는 중요한 수단이다. 제품 디자인을 통하여 그 제품이 있는 사회의 문화를 나타낼 수 있다. 이런 특성은 세계화 시대에 대단히 중요하다. 국경 없는 경제, 낮아진 무역 장벽으로 상품의 국외 이동도 흔해졌는데, 이 과정에서 한 나라의 '문화'도 같이 이동하기 때문이다.

문화로서의 디자인은 크게 두 가지 차원에서 다루어진다. 먼저 해외 현지의 문화적 특성을 반영한 글로벌 제품의 디자인이다. 위에 소개한 '치질 전자레인지' 소동이 예다. 물론 잘된 예도 많다. 중동에 수출한 휴대전화 디자인의 예를 살펴보자. 이슬람교도가 대부분인 아랍인들은 시간에 맞춰 메카를 향해 절을 한다. 휴대전화 회사는 이런 특성을 파악해 메카의 방향을 나타내 주는 나침반과 기도 시간을 알려주는 알람을 포함했다.

반대로 현지 사용자들의 사용 행태를 디자인에 반영하는 것도 매우 중요하다. 필자가 미국에서 겪은 예를 보자. 어느 날 슈퍼마켓에서 냉동 피자를 샀다. 설명서에 나와 있는 대로 가스 오븐에 굽기로 했다. 적절하게 구우려면 피자를 오븐에 있는 선반 5개 중 두 번째에 넣으라고 하기에 그대로 했다. 그런데 결과는 너무 구워져서 탄 피자가 나

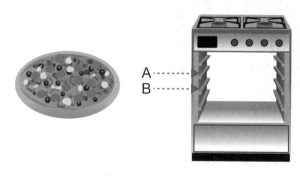

A와 B중 어느 것이 두 번째 선반인가?

왔다. 설명서대로 했는데 이상하다고 생각하면서 설명서의 그림을 다시 보니 이유를 알 수 있었다. 필자는 '위에서부터 두 번째' 선반에 피자를 넣었는데, 설명서는 '아래에서부터 두 번째'를 의미하고 있었다. 우리나라는 위에서부터 순서를 세어 내려간다. 하지만 미국은 밑에서부터 세어 올라간다. 이런 특성 차이를 알지 못해 한 실수였다. 만약 미국에서 미국인을 위해 제품을 만든다면, 당연히 피자를 아래에서부터 두 번째 선반에 놓도록 해야 할 것이다.

두 번째는 우리의 고유문화가 잘 나타나 있는 '한국적 디자인'을 해야 한다. 흔히 한국적 디자인이라고 하면 우리의 전통문양이나 모양을 그대로 현대 제품에 반영하는 것이라고 착각한다. 하지만 이것은 진정한 한국적 디자인이 아니다.

제주도에 세워져 있는 공중전화 부스의 디자인을 보자. 제주도의 대표적 시각적 이미지를 그대로 활용해 공중전화 부스를 디자인했다. 과연 이것이 한국적 디자인이라고 할 수 있을까. 전통 문물의 시각적 외양을, 이와 전혀 상관없는 현대 제품에 억지로 적용하는 것은 지나치게 표피적인 수준의 디자인 적용이다. 이것은 진정 문화가 담긴 디자인이 아니다. 우리 한국인의 미에 대한 가치, 생활의 특성 등을 반영한 디자인이 무엇일지 진지하게 고민해야 한다. 전혀 쉽지 않겠지만, 그래서 더 도전할 만한 일 아닐까?

한편으로는 한국적 디자인의

제주도 공중전화 부스

고유성을 유지하여 세계 시장에 한국적 이미지를 확고히 하는 제품, 그러면서도 현지 시장의 문화적 특성은 잘 반영하는 현지화 디자인. 그게 과연 무엇일까? 독자들이 한번 도전해 보기 바란다. 빛나는 아이디어와 숙련된 디자인 실력만이 길잡이가 돼 줄 것이다.

진정한 '디자이너', 당신을 기다리며

디자인은 다른 학문에 비해 아직 학문으로서의 완성도는 높지 않다. 하지만 반대로 생각해 보면, 아직 새롭고 창조적인 연구를 할 여지가 많다는 뜻이다. 우리나라는 디자인에 대한 산업계, 관계, 학계 관심이 유래없이 높은 나라다. 최근 우리나라의 한 자동차 대기업은 디자이너를 사장으로 임명했고, 서울시는 스스로 '디자인 도시'로 이름 짓고 디자인을 총괄하는 부시장을 두기도 했다. 대학에서 디자인학과의 인기는 날로 높아 가고 있다.

필자는 디자인을 가르치고 연구하는 사람으로서 우리나라 디자인 관련자에게 주어지는 엄청난 기회에 대단히 감사하고 있다. 하지만 이런 기회도 '디자인이란 무엇인가'라는 이해가 먼저 있지 않고는 소용이 없다. '이것은 디자인이 아니다'는 말이 사라지고, 몸과 마음, 사회 그리고 문화 곳곳에서 '진짜 디자인'을 만날 수 있게 되길 기원한다. 진짜 디자이너가 될 독자 여러분과 함께.

What is Engineering?

6장

지식서비스공학

- 윤완철

인지과학에서 빅데이터까지 미리 보는
지식 세상, 지식서비스공학

앨빈 토플러는 『권력이동』이란 책에서 '지식을 가진 자가 결국 지배력을 가진다'고 주장했다. 왜 그럴까?

지식이 '의사 결정'과 관련되기 때문이다. 의사 결정이란 상황을 판단하고 몇 가지의 대안 중에서 무언가를 선택하는 행위다. 지식은 이런 의사 결정의 연료이자 재료다. 충분한 지식이 없으면 제대로 된 의사 결정을 할 수 없다. 아는 게 없는데 결정을 해야 한다면 주사위를 굴리거나 눈을 감고 운전하는 것과 다를 게 없다. 더욱 많은 양질의 지식을 사용해야 더 나은 의사 결정을 할 수 있다는 건 이제는 상식이다.

알아야 이긴다!
지식이 지배하는 세상

경쟁 사회라면 지식과 의사 결정의 중요성은 더욱더 커진다. 높은 지위에 있는 사람은 더 크고 오래 영향을 미치는 결정을 한다. 이런 결정에는 더 다양한 지식이 필요하다. 단순히 양적으로 많거나 세밀한 지식뿐만 아니라 지나치게 광범위해서 때로는 연관 없어 보이는 것도 알아야 한다.

오늘날은 지식이 많이 쌓여 있고 쉽게 찾을 수 있는 시대다. 예를 들어 인터넷에 흘러넘치는 지식은 누구나 접근할 수 있고 대부분 무료다. 지식을 얻는 데 아무 제약이 없을 것 같다. 하지만 그렇지 않다. 남들도 나와 똑같이 지식에 접근할 수 있기 때문이다. 이 안에서 상대적으로 남보다 잘 알기란 예전보다 더 어려워졌다.

문제는 두 가지다. 지식이 너무 많아 오히려 정말 쓸모 있는 지식을 찾아내기가 더 어려워졌다는 점이다. 또 지식이 많아도 자신이 효과적으로 활용하지 못하면 소용없다는 점이다. 구슬이 서 말이라도 꿰어야 보배인데, 꿰기가 쉽지 않다.

지식 서비스는 바로 이러한 문제를 해결하기 위해 탄생했다. '지식을 어떻게 발견하고 골라내고 정제할 것인가, 어떤 모습으로 만들고

일반적 정보공학과 지식서비스공학의 관점 차이

일반적 정보공학

지식서비스공학

어떤 시점에 누구에게 제공해야 가장 원활한 의사 결정 활동을 할 것인가'를 고민하는 것이 지식서비스공학이다.

인지과학:
인간의 지식 활동을 파헤치다

현대 과학에서 가장 인상 깊은 장면 중 하나를 소개해 보겠다. 1948년 미국 캘리포니아 공과대학(캘텍)에서 열린 '행동에서의 뇌의 메커니즘'이라는 학술 대회에서, 유명한 심리학자인 칼 래슐리[Karl Lashley]가 한 편의 논문을 발표했다. 훗날 '인지심리학 혁명'이라 불리는 일대 전환의 서곡이었다.

1910년 이후 대다수 심리학자는 행동주의 심리학에 서 있었다. 행동주의 심리학자들은 확인할 길이 없는 인간 내면의 움직임을 설명하려는 시도가 비과학적이라고 무시했다. 오직 관찰할 수 있는 인간의 행동과 그것을 유발한 환경 인자를 연결하는 것만이 실증적인 연구 방법이라고 믿었다. 그런데 1946년 최초의 컴퓨터 에니악[ENIAC]이 만들어지고 1948년에는 폰 노이만에 의해서 소프트웨어라는 개념이 생겨났다.

그렇다면 사람의 마음속에도 컴퓨터 프로그램 같은 '무엇'이 있어서 사람들로 하여금 복잡한 행동을 하게 할 수도 있지 않을까. 그 과정에 대해서 연구하는 것도 비과학적일 이유는 없지 않을까. 칼 래슐리[K. S. Lashley] 논문은 사람이 언어를 구사할 때에도 일련의 계획이 미리 꾸며져서 쉽게 말을 하는 것이지, 결코 자극－반응－자극－반응식으로 연결되어 말하는 것이 아니라고 지적했다. 이 학술대회는 당시의 심리학 분위기를 단번에 뒤집었고, 1950년대 중반 인지과학이 탄생하는 데 큰 영향을 끼쳤다.

1955년 여름, 미국 다트머스 대학교의 젊은 수학자 존 맥카티는 IBM에서 일을 하다가 28세 동갑인 마빈 민스키를 만났다. 둘은 곧 '지능적 기계'에 대한 아이디어를 서로 나누고, 1956년 다트머스 대학교에서 10명이 2개월간을 함께 지내며 '인공지능'을 연구하자는 제안을 했다. 인공지능이란 말이 세계에 처음 등장한 것이다. 여기에는 컴퓨터 언어인 어셈블리Assembly의 창시자이자 당시 IBM의 패턴 인식과 정보이론 연구 그룹을 이끌고 있던 너대니얼 로체스터와, 정보이론의 창시자이자 커뮤니케이션 이론의 대가인 미국 벨 연구소의 클로드 섀넌의 지원이 있었다.

인공지능 연구를 위해 다트머스 대학교에 모인 사람 중에는 위의 4명 외에도 벨 연구소의 아서 사무엘, 허버트 사이먼, 앨런 뉴웰 등이 있었다. 모두가 세계 최고 수준의 학자가 됐다. 사이먼은 노벨 경제학상을 타고, 사무엘은 인공지능 역사에 한 획을 긋는 세계 최초의 자가 학습 프로그램을 만들었다. 당시 30세도 안 된 풋내기 청년이었던 맥카티, 민스키, 뉴웰 등은 그 후 긴 세월 동안 인공지능 분야를 지배하며 수많은 업적을 남겼다. 맥카티와 민스키는 MIT에 세계 최초의 인공지능 연구소를 만들었다. 몇 년 뒤 맥카티는 다시 스탠퍼드 대학교로 옮겨 또 하나의 인공지능 연구소를 만들었는데, MIT와 함께 양대 산맥이 됐다.

뉴웰은 1955년에 인간처럼 체스를 두는 가상 프로그램에 대한 글을 썼다. 그것이 사이먼의 주의를 끌었고 둘은 곧 최초의 인공지능 프로그램을 만들었다. 이어서 지금도 모든 인공지능학도가 최우선으로 배우게 되는 사례가 되는 연구를 했다. 뉴웰은 이후 미국 카네기멜론 대학교에서 인지과학, 즉 인공지능과 인간의 지능 행동을 연결하는 연구를 계속했고, 1983년에는 인간-컴퓨터 상호작용HCI 분야에 지대한 영향을 끼친 『인간-컴퓨터 상호작용의 심리학』이라는 책을 썼다. 카네기멜론 대학교는 융합적 연구가 강한 HCI 분야의 중심지가 됐고, HCI 학과까지 가진 드문 학교가 됐다.

1956년은 특별한 해였다. 그해 9월, 다트머스 대학교에서 얼마 떨어지지 않은 보스턴의 MIT에서도 '정보 이론에 대한 심포지엄'이라는 모임이 열렸다. 사이먼과 뉴웰, 심리학자 조지 밀러, 그리고 현대 언어학의 창시자인 노엄 촘스키 등이 가세했다. 밀러는 훗날 이때의 감회를 "실험심리학, 이론언어학, 인지 과정에 대한 컴퓨터 시뮬레이션 등은 더 큰 전체의 조각들이며 앞으로 이들의 공통 관심사의 상호 연결과 협력이 증가할 것임을 강하게 확신하며" 그 모임을 떠났다고 회고했다.

이 모임은 인지과학의 시초였다. 다트머스 대학교 때와 달리 컴퓨터가 아니라 인간의 인지 과정 즉 '생각' 과정으로 주제가 확장됐다. 촘스키의 발표는 1년 후 논문으로 완성돼 이론언어학 분야에서 인지 혁명을 일으켰다. 촘스키는 MIT 교수로 재직하며 지금도 왕성한 활동을 하고 있고 '현대 언어학의 아버지'이자 '20세기 최고의 지성'으로 존경 받고 있다. 하지만 당시 그는 맥카티나 민스키, 뉴웰보다도 젊은 26세의 청년이었다.

인간의 기억 용량은
어디까지인가

1956년의 MIT 모임에서 밀러는 과학 논문이라고 하기에 기묘한 제목의 논문을 발표했다. 「마술 숫자 7+/−2」라는 논문이었다.

인간의 기억 장치는 뇌다. 그러나 해부학적으로 뇌의 기억 방식이나 용량을 알아낼 수는 없다. 컴퓨터를 뜯어서 소프트웨어를 읽어낼 수 없는 것과 같다. 그런데 밀러는 여러 가지 과거의 실험 데이터를 통해서 인간의 기억 중에 단기 기억(모든 사고 활동을 뒷받침하는 필수적이지만, 유지 기간이 짧은 기억)의 한계 용량을 추정해 냈다.

생각해 보자. 눈앞에 쌀알이 흩어져 있을 때 한 번에 셀 수 있는 수는 몇 개일까? 한 번에 구분할 수 있는 음정의 수, 색상의 수 등에서 우리 뇌는 공통적인 한계를 느낀다. 이렇게 인간들의 지적 활동은 여러 방면에 걸쳐서 비슷한 가짓수의 제한을 받는다. 밀러는 실험적으로 인간의 정신 능력의 구조와 한계를 알아내고 설명했는데, 이렇게 할 수 있다는 것 자체가 인지과학의 앞길을 보여줬다는 평가를 받는다.

이렇게 컴퓨터과학, 인지심리학, 인공지능, 인지과학 등의 새로운 학문이 불과 10년 동안에 나타났다. 젊은 천재들이 새로운 학문에 뛰어든 덕분에 각 분야는 무서운 속도로 지식을 확장해 나갔다. 한편으로는 인간의 사고 과정에 대해서 다른 한편으로는 인간을 닮거나 필적할 컴퓨터 모형에 대해서 발견과 업적이 쌓였다. 1970년대가 끝나갈 무렵엔 인지심리학, 언어학, 인공지능 등에 기반을 둔 융합 학문인 인지과학이 어엿한 학문으로 자리를 잡았다.

1980년대 초반에는 '인지공학'이란 단어가 탄생했다. 지금도 HCI 분야에서 최고의 권위자로서 활약하고 있는 카이스트의 겸임 교수 도널드 노먼 교수가 1981년 「인지공학으로의 발걸음」이란 보고서를 쓴 것이 시초다. 인지공학이란 인간 정신에 대한 이해를 바탕으로 사물과 시스템을 설계하고 분석하고 평가하는 모든 공학적 활동을 말한다.

이후 인지공학은 컴퓨터와 전자 기기를 주 대상으로 한 HCI 분야와 복잡한 인간의 의사 결정을 다루는 인지시스템공학 분야로 나뉘어 각기 발전했다.

1980년대 일본과 미국의 선택
– 지능적 컴퓨터냐 협조적 컴퓨터냐?

HCI(인간-컴퓨터 상호작용)에 대해 들어본 독자가 많을 것이다. 그만큼 최근 중요하게 여겨지는 과학 분야다. 오늘날 소위 '사용자 인터페이스'니 'UX 전쟁'이니 하는 것들이 HCI라는 분야에서 다루는 일이다. 예를 들어 스마트폰의 애플리케이션을 쓴다고 해 보자. 어떤 애플리케이션이 다른 것보다 쓰기 좋다고 할 때 "인터페이스 설계가 잘 됐다."고 한다. 이것을 '사용자 인터페이스UI, User Interface'라고 하는데 요즘은 기업의 중요한 경쟁력이 되었다. 하드웨어든 소프트웨어든 사용자 친화적으로 설계하지 않으면 외면받기 때문이다.

HCI는 1980년대부터 발전했는데, 개인용 컴퓨터의 발전과 연관이 많다. 당시 사람들은 기업을 중심으로 사회의 정보화가 한껏 이뤄졌다고 생각했다. 관계형 데이터베이스와 고급 언어가 보편화했고, 컴퓨터 교과서는 "컴퓨터가 성숙 단계인 제4세대로 접어들었다."고 자평하고 있었다. 집에서 쓸 수 있는 컴퓨터까지 나오기 시작한 상황이었으니까.

이런 상황에서 1982년 당시 승승장구하던 경제 강국 일본이 국가 프로젝트로 제5세대 컴퓨터를 만들겠다고 선언해 세상을 긴장하게 했다. 문명학자들이 앞다퉈 예언한 미래 지식 사회를 일본이 확실히 주도하겠다고 야심을 보인 것이다. 그 주안점은 하드웨어에서는 병렬 컴퓨터 기술을 통한 성능 향상이었고, 소프트웨어에서는 인공지능이었다. 그런데 1970년대 세

Xerox 8010 Star 워크스테이션

계 전자 시장을 석권하고 1980년대에 자동차 시장을 확대하며 자신감에 충만해 있던 일본에는 불행하게도 정보 지식 사회는 전혀 예기치 못했던 길로 다가오고 있었다.

1981년 미국 캘리포니아 팔로알토 시에 있는 제록스사 PARC 연구소에서 새로운 유형의 컴퓨터 시스템이 개발되었다. 아직 개념 설계 상태였던 이 컴퓨터를 눈썰미 좋은 애플사가 받아들이고 마우스를 적극적으로 개선하여 채용했고 2년 뒤 리사 LISA라는 컴퓨터가 돼 세상에 새로 나왔다. 애플은 다시 1984년 '매킨토시'라는 이름으로 이 개념을 대중적으로 보급하는 데 성공했다. 우리가 오늘날 그래픽 사용자 인터페이스 GUI, Graphical User Interface라고 부르는 것이 탄생한 것이다. 여기에는 윈도, 아이콘, 메뉴 등이 있고 초기적인 마우스도 포함돼 있었다. 오늘날 우리가 PC의 윈도, 스마트폰, 맥북에서 볼 수 있는 거의 모든 요소가 다 있었다!

매킨토시의 혁신은 대성공을 거뒀다. 컴컴한 화면에 투박한 녹색 문자만 보여주던 컴퓨터 스크린은 갑자기 원시적으로 보였다. 단순히 예쁜 모습이 다가 아니었다. 사람과 컴퓨터의 대화 방식을 혁명적으

초창기 GUI를 보이고 있는 애플 매킨토시

로 변화시켰기 때문이다. 컴퓨터가 독자적으로 사람처럼 똑똑해지는 대신, 사람과 상호작용하는 방법을 아주 인간답게 바꿨다. 애플이 선택한 길로 마이크로소프트사 등 세상이 다 따라갔다. 일본이 좌절한 것은 이 부분이었다. 10년에 걸쳐 4억 달러 이상을 쏟아 부은 제5세대 컴퓨터 프로젝트는 일반 기업의 상업용 컴퓨터의 발전에 추월당한 채 막을 내렸다. 요즘은 더는 컴퓨터의 세대를 세는 사람을 찾아볼 수 없다.

모니터 속 '휴지통'과 인터넷 브라우저의 HCI

사람과 컴퓨터 사이의 상호작용 방식이 하루아침에 바뀌다시피 하자 HCI 연구자들이 갑자기 바빠졌다. 이전의 문자 기반의 화면에서는 메뉴나 명령어를 어떻게 구성하는지 등만 연구하면 됐다. 하지만 이제는 윈도의 적절한 사용, 글자의 크기, 자유로워진 화면 디자인에 따른 시각적 배치와 차별화, 마우스의 사용 등 인간공학적인 문제와 인지공학적인 문제를 연구해야 했다. 연구 범위가 10배는 넓어졌다.

그중에서도 가장 중요한 것은 사용자 인터페이스였다. 매킨토시의 '윈도'는 그냥 문서를 여러 화면에 나누어 겹쳐 놓은 게 아니었다. 마치 책상 위에 놓은 문서들 같았다. 거기엔 또 폴더가 있었고 폴더를 클릭하면 폴더가 열리며 새로운 윈도가 됐다. 한 폴더에서 다른 폴더로 파일을 옮기려면 예전에는 이동Move 등의 명령어를 써야 했지만, GUI에서는 그냥 마우스로 집어 여기에서 저기로 옮겨 넣으면 됐다. 게다가 한 편에는 '휴지통'이 있었다! 휴지통에 파일을 끌어넣으면 없어졌다.

이런 비유(메타포)의 등장은 사람의 마음속에 있는 일상의 기본 지식을 응용해야 한다는 사실을 말해 주고 있었다. 즉 정신 모형(멘탈 모델)까지 HCI에서 다뤄야 하는 것이다. 이제야 인지과학과 인지공학을 배경으로 한 HCI가 그동안 쌓은 전문성과 능력을 제대로 발휘해 볼 기회를 얻게 됐다.

그러나 사람들은 곧 컴퓨터가 '정보를 담고 처리하는 기계'가 아니라 '정보의 창문'이었음을 깨닫게 됐다. 네트워크의 등장 때문이었다, 인터넷의 전신인 알파넷ARPANET은 미국 국방 연구소인 다르파DARPA의 연구용으로 1969년부터 존재했다. 1982년에 알파넷의 TCP/IP가 표준이 되면서 인터넷이라는 공용망이 탄생했다. 그러나 네트워크의 폭발은 아직 무언가를 기다려야 했다.

인터넷의 폭발적인 성장은 1990년대 중반에 있었다. 유럽 입자물리 연구소CERN의 한 연구원 덕분이다. 팀 버너스-리 연구원은 연구소 내의 자료가 어느 컴퓨터에 있든 하이퍼텍스트의 개념으로 서로 참조해 볼 수 있도록 하려고 1991년 최초의 서버와 최초의 사이트, 최초의 브라우저를 만들었다. 1992년 11월 서버는 26대가 됐고, 1993년 10월엔 200개로 늘었다. 1993년 미국 일리노이 대학에서 윈도와 맥 OS에서 사용할 수 있는 '모자이크'라는 웹 브라우저를 개발했다. 요즈음 우리가 보는 웹 브라우저와 거의 비슷한 브라우저다. 이 브라우저로 당시에 적은 수지만 박물관 같은 사이트를 방문해 본 사람들의 놀라움은 엄청난 것이었다. 그리고 그야말로 폭발이 일어났고 1995년엔 거의 모든 나라의 신문들이 새로운 세상 월드와이드웹의 이야기를 다루게 됐다. 2013년 현재 전 세계적으로 5000만 대 이상의 서버가 가동되고 있는 것으로 추산된다.

인터넷의 초기 역사 또한 지식서비스와 인간 – 컴퓨터 상호작용HCI이 얼마나 결정적인 역할을 하는지를 잘 보여주는 또 하나의 사건이다. 학문이나 일 때문에 컴퓨터를 쓰는 사람들은 이미 1980년대 중반부터 인터넷을 통해 메일을 주고받고 토론을 즐기고 있었다. 하지만 그들만의 이야기였고, 혁명은 일어나지 않았다. 아무도 인터넷을 하려고 컴퓨터를 사는 때가 아니었으니, '컴퓨터를 쓸 일'이 있는 교수, 대학원생, 연구원, 프로그래머 등 극소수만이 전자메일을 교환했다. 그런데 하이퍼텍스트라고 하는 지식 조직을 적용하자 전에 없던 유용성이 발생했다. 그리고 하이퍼텍스트 공간을 돌아다닐 수 있는 GUI 기반의 사용자 친화형 브라우저가 나타나자 인터넷은 누구나 접근할 수 있고 누구나 쓰고 싶은 공간이 됐다. 비로소 PC가 누구에게나 필요한 전화 같은 존재가 되었고 네트워크에는 빅뱅이 일어났다.

가장 가까운 HCI 변화는 손안에!

1990년대 중반에는 또 하나의 큰 변화가 발생했다. 휴대전화의 급격한 보편화다. 통신시스템 전체가 변했다. 휴대전화는 단순한 전화가 아니었다. 메시지 교환, 일정 관리, 카메라 등 많은 부가 기능을 가졌다. 1990년대 중반의 HCI 전문가들은 너무나 바빠졌다. 어떻게 하면 더욱 사용하기 좋은 웹 페이지를 만들 수 있는 것인가, 어떻게 쓰기 쉬운 휴대전화를 설계할 것인가 등을 연구해야 했다. 폭주하는 수요를 따라 많은 사람이 UI(사용자 인터페이스) 연구자 또는 전문가가 됐고, 웹 페이지를 개발하던 프로그래머들도 UI와 HCI 분야의 전문 용어를 듣고 쓰며 살아가는 반전문가가 됐다. HCI의 전성시대가 열린 것이다.

2007년 6월, 스티브 잡스의 애플은 세계가 아직도 너무 느리게 움직이고 있다는 듯 또 하나의 사건을 세상을 향해 던졌다. 바로 스마트폰 시대를 가져온 아이폰의 출시다. 그 정도의 기능을 가진 PDA가 이미 많이 나와 있었지만 보편화하지 못했다. 그런데 아이폰은 전혀 다른 파문을 일으켰다. 많은 사람은 그 차이가 무엇인지 잘 몰랐고 단지 큰 변화의 시작이라는 사실만 희미하게 감지했다.

바로 이듬해 애플이 도입한 앱 스토어는 또 다른 충격을 가져왔다. 아이폰은 작은 컴퓨터 기능을 담은 잘 설계된 기계가 아니었다. 애플은 생태계를 만들었고 아이폰은 그 창구였다. 요컨대 데이터뿐 아니라 소프트웨어까지도 네트워크 세상에서 사용자가 자유롭게 선택하게 된 것이다. 매킨토시 때부터 '사용자 인터페이스 가이드라인'을 통해 강력하게 사용자 인터페이스를 통일시켜 온 애플의 철학은 아이폰에서 더욱 강화됐다. 중심 기능에 충실하도록 단순화해, 사용자가 아이폰 안에서라면 어떤 새로운 소프트웨어도 두려움 없이 써 볼 수 있게 만들어 놓았다. 프로그램이 마치 데이터처럼 자유롭게 선택되고 선택받는 장이 설 수 있게 한 것이다. 생태계가 발명된 셈이다.

원전 사고와
인지시스템공학

1979년 3월 28일 새벽 4시, 미국 펜실베이니아 주의 스리마일 섬 원자력 발전소가 고장을 일으켜 냉각수 상당량이 유실됐다. 게다가 운전원이 상황을 오판해 자동 비상 급수 시스템을 수동으로 꺼버렸다. 이 때문에 결국 원전의 노심이 녹아내리는 미국 원전 사상 최악의 사고가 일어났고, 이후 30년 동안 미국이 다시 원전을 건설하지 못하게 할 만큼 큰 파문을 몰고 왔다.

그런데 그 운전원의 실수는 미숙한 훈련 탓도 있지만, 그보다는 발전소의 인터페이스 설계에 있는 몇 가지의 결함 때문으로 판정이 났다. 모호한 신호나 잘못된 계기 배치 등의 HCI적인 문제도 있었지만, 더 큰 문제가 있었다. 발전소 제어실의 위쪽에는 많은 수의 수저통만 한 크기의 경보창이 매트릭스 형태로 배치돼 있었다. 한 가지 문제가 있을 때마다 그 문제가 간략히 표기된 창에 불이 켜진다. 유사시에 대비해 정보를 주는 것이다. 그런데 스리마일 섬 원전 사고의 상황에서 어떻게 됐을까. 사고 후 첫 1분 만에 무려 500개의 경보 창에 불이 들어왔다. 2분이 지나자 800개의 경보가 추가됐다. 운전원이 상황을 파악할 수 있었을까? 운전원은 오히려 공황 상태에 빠져버렸다.

이것은 인간의 정신적 능력이 순간적으로 얼마나 많은 정보를 처리해 낼 수 있는지 고민하지 않고 시스템을 만들었기 때문이다. 이 사건은 인간이 운전하는 대형 시스템의 설계 방법에 대해 다시 생각하게 하였다. 인간 중심적인 시스템 설계가 필요한 것이다. 이 분야를 연구하는 분야가 인지시스템공학이라는 분야다.

인지시스템공학은 주로 몸집이 큰 시스템을 대상을 다룬다. 사람이 그 시스템의 일부가 돼 참여하는 분야로서 원자력 발전소의 제어실이나 항공기 조종실이 그 예다. 이 분야에서는 주어진 바로 '그 일들'을 하는데 도움이 안 되는 인터페이스는 어떤 이유로도 정당화될 수 없다. 그래서 작업을 자세히 분석해야 하고, 어떻게 하면 최고의 성과를 낼 수 있는 시스템을 설계할 수 있는지 연구해야 한다. 특히 대형 시스템에서의 인간의 실수는 원자력 발전소의 고장이나 비행기 사고와 같은 큰 재앙으로 이어지므로 어떻게 인간의 실수를 예방하도록 시스템을 설계하고 사람을 훈련하고 안전성을 평가하는가 하는 문제 역시 비중이 크다.

실수만이 문제가 아니다. 인간의 정보 입수, 종합, 판단 능력에 관해서도 잘 알아야 한다. 모두 인지심리학과 인지과학이 연구해온 과제다. 이를 실제 상황과 결합해 공학적으로 응용해야 한다. 또 사람의 시스템에 대한 지식, 시스템의 설계 문제 등을 고려해야 한다.

이 분야는 덴마크 RISO 연구소의 앤스 라스무센Jens Rasmussen이 세운 '직무 영역 분석'을 통해 발전소, 병원, 비행기, 함선 등에 응용되고 있다. 인간의 실수에 대해서도 실수 과정을 분석하고 방지하며, 실수에 영향을 받지 않는 시스템을 설계하는 등의 연구가 있었다. 한편 정보통신 기술의 발달, 인터넷과 인트라넷의 발달로 기업 역시 변화해 왔는데, 결국 인간의 의사 결정, 판단, 상황 진단 등을 중요시하는 거대 시스템이 되어가고 있다. 인간의 의사 결정이 중요한 거대 시스템은 지식서비스공학의 대상이 된다. 그러니 지식서비스공학은 정보-지식 기반의 기업 시스템에 적용되는 인지시스템공학의 역할을 하고 있다고 말할 수 있다.

데이터 뭉치에서 보석을 캐내는
비즈니스 인텔리전스(BI)와 데이터 마이닝

기업에서는 경영자의 의사 결정이나 기획 업무를 제대로 뒷받침하기 위한 시스템의 연구가 1980년대에 유행했다. 그때까지의 경영정보 시스템은 기업 내 데이터의 분류 – 저장 – 사용에 머물면서 정작 경영 책임자들의 의사 결정을 돕지 못했다. 그래서 의사 결정 지원 시스템Decision Support System 개념이 발전했다. 이런 시스템들은 컴퓨터에 통계학이나 산업공학적인 데이터 분석도구들을 챙겨 넣은 것인데, 의사 결정자가 정보를 충분히 얻고 최선의 결론을 낼 수 있도록 도와줬다.

이후 비지니스 인텔리전스BI라는 용어가 1989년 등장했고, 1990년대 후반부터 널리 쓰였다. BI는 의사 결정을 돕는다는 면에서는 인지공학과 목적이 같지만, 수단이 다르다. BI의 수단은 데이터다. '데이터를 더 잘 다룰 수 있는 도구를 가지면 당연히 더 나은 결정을 할 기회를 가진다'는 생각에서 나왔기 때문이다.

실시간으로 데이터를 분석해 유용한 정보를 얻어내는 온라인 분석 처리OLAP 시스템이나 데이터를 여러 차원으로 다룰 수 있는 자료 저장과 대화형 사용방법이 주요 연구 주제다. 다양한 차원의 데이터 저장 기술을 다루는 데이터 웨어 하우징, 데이터 통합, 데이터 품질, 텍스트와 콘텐츠 분석 기법 등도 BI에서 데이터의 효용을 높이기 위한 연구 주제가 된다.

문제는 기업에서 이런 일에 활용할 만한 데이터의 양이 점점 많아지고, 형태도 제각각이라는 점이다. 예를 들어 한 기업이 가지고 있는 디자인 관련 서류, 또는 부품 관련 서류를 생각해 보자. 아무도 그 전체를 쓰임새에 따라 분류하고 저장 관리할 엄두를 내지 못한다. 하지만 귀중한 자료이기 때문에 보관은 한다. 이것을 어떻게 활용할 수 있을까?

오랫동안 축적해 놓은 '데이터 덩어리'로부터 효용이 있는 정보를 얻어내는 방법이 필요하다. 예를 들어, 18살인 병철이의 키가 180cm라는 것은 단순 데이터이지만, 병철이 동갑내기들의 키를 모아 평균을 내면 한국의 18세 남자의 키라는 의미로 쓰이게 되고 정보나 지식이 된다. 또 그것이 5년 전 18세들의 평균 키보다 2cm가 커졌다고 하면 이는 세상의 변화를 알려주는 근거가 된다.

이렇게 단순한 통계적 정보도 시공간적 맥락에 의해서 또는 다른 유형의 지식과 융합하여 지식으로 승화된다. BI가 당면한 문제는 애초에 이런 목적에 맞추어 모이지 않은 데이터로부터도 도움되는 정보를 뽑을 수 있어야 한다는 것이다. 많은 양의 데이터에서 체계적으로 의미 있는 정보를 뽑아내는 작업을 '데이터 마이닝'이라 한다. 정보를 마치 지하자원처럼 캐어 올린다고 해서 붙여진 이름이다. '지식 발견'이라고도 한다.

데이터 마이닝의 요점은 단지 데이터를 통계 처리하는 것이 아니라 숨어 있는 지식을 발견해 내는 기술이다. 데이터 마이닝을 하려면 우선 데이터 중의 불순물에 해당하는 비정상 데이터를 찾아 제거한다. 그 뒤 다음 작업들을 한다.

- 연관성 발견Association Rule Learning : 변수 사이에 동시적인 움직임 패턴을 발견
- 군집화 Clustering : 많은 데이터 중 유사한 것들을 찾아 모음

- 분류Classification : 각 데이터가 미리 정해진 유형 중 어디에 속하는지 판별
- 연속 패턴 발견Sequential Pattern Finding : 시간적 동향에서의 패턴을 발견
- 회귀Regression : 여러 변수의 움직임 간의 영향 관계를 설명할 수 있는 구조 발견

연관성 발견은 우리가 가지고 있는 데이터의 항목들 사이에 혹시 우리가 미처 생각하지 못한 연관성을 찾는 것이다. 만일 내과의 환자 기록 안에 나타나는 증상 50개 중에 서로 동시에 나타나는 증상 집합이 있는지 알아본다고 하자. 경우의 수는 $2^{50}-1=1.125\times10^{15}$라는 엄청난 수가 되고, 컴퓨터로 한 경우를 따져보는 데 0.001초만 소요된다고 해도, 이 모든 가능성을 타진하는 데 3만 5000년이 걸린다.

그러나 잘 생각해 보면, A와 B가 이미 같이 동시 발생하는 경향이 없는데 A, B, C의 조합이 동시 발생 경향이 높다고 나오기는 어렵다. 이런 식으로 배제할 자료를 빼고 순서를 잘 정해서 논리적으로 해 나가면 시간을 크게 줄일 수 있다. 간단한 예지만, 데이터 마이닝은 이런 식으로 이뤄진다.

이런 방식은 활용할 곳이 많다. 은행에서 많은 대출자들의 과거 기록을 가지고 데이터 마이닝을 하면 어떤 특징이 있는 대출자가 가까운 미래에 파산하게 되는지 패턴을 알아낼 수 있을 것이고, 대출 심사를 보다 정확하게 할 수 있을 것이다.

여기서 잠깐 스리마일 섬 원전 사고를 떠올려 보자. 정보만 많다고 사람이 항상 더 좋은 의사 결정을 하지는 않는다. 정보가 사람과 일에

맞지 않으면 효과가 없거나 역효과가 난다. 의사 결정자의 인지적 문제를 간과하면 안 된다. 너무 적은 데이터보다는 당연히 더 많은 데이터가 낫다. 그러나 곧 정보란 점점 많아지기 마련이고, 결국 정보의 과부하가 찾아온다.

데이터를 다루고 지식을 뽑아내는 기술이 좀 더 성숙한 뒤에는 지식을 어떻게 관리하고 전달해야 실제로 도움이 될지 고민해야 한다. 지식이 그냥 정보 또는 데이터와 다른 것은 유용하다는 뜻을 포함하는 것이다. 조직되지 않고 표현되지 않은 지식은 유용할 수 없다. 데이터에서 지식을 찾아내는 것을 지식 추출과 데이터 마이닝이라고 한다면, 그것을 조직하고 사용할 수 있게 하는 것은 지식 모형과 지식 표현의 문제가 된다. 최근 지식 조직을 다루는 온톨로지와 세만틱 웹의 연구가 크게 발전하고 있다. 또한, 지식의 시각화를 통하여 직관적으로 사람에게 전달하는 방법들도 연구되고 있다. 모두 지식을 서비스하기 위한 필수적인 연구들이다. 이젠 지식의 양이 아니라 언제 어떻게 어떤 형태로 사람에게 맞게 지식을 전달하는가 하는 것이 문제가 되기 때문이다. 이렇게 항상 인간 중심적인 문제의식과 관점을 유지하는 것이 지식서비스공학의 특징이다.

빅데이터와 데이터 사이언스의 한판 대결

인터넷 시대에 세상에는 온갖 형태의 데이터가 존재한다. 혹시 이들을 모아서 정렬하면 의사 결정에 힘을 보태주지 않을까? 마침 데이터 마이닝 기술도 발전되지 않았는가? 이런 문제의식에서 나온 주제가 최근 유행어가 된 빅데이터다.

'빅데이터'를 이해하려면 일단 평소 안 쓰던 단위를 좀 알아야 한다. 1GB(기가바이트)란 단위는 이제 일상적으로 친숙하며 영화 한 편 정도를 대략 볼 만한 크기로 압축했을 때 거론되는 단위다. 요즘 휴대용 외장하드는 그 1000배인 1TB(테라바이트)를 담는 것이 주종을 이룬다. 그 1000배는 페타(Peta)바이트, 100만 배는 엑사 Exa바이트, 10억 배는 제타Zetta바이트라 한다.

2007년 전 인류가 가지고 있던 모든 지식을 다 합치면 약 295엑사바이트 정도다. 그런데 2009년에는 그 2배가 넘는 790엑사바이트가 됐고, 2020년엔 35제타바이트, 즉 350억 개의 외장하드 용량이 될 것으로 예측하고 있다. 멀티미디어 정보를 비롯하여 SNS나 각종 센서, 전자상거래 사이트, 스마트폰의 GPS, 기업 프로세스, 웹 로그 등이 쏟아내는 정보는 어마어마한 속도로 누적되고 있다. 이런 빅데이터는 단지 양만 많은 것이 아니고, 그 형태가 비정형적인 경우가 많다. 또 생성-유통-소비까지의 전 주기가 짧고, 서로 연관성이 높은 등 다루기 까다롭다.

그러나 인간의 기술도 만만치는 않다. 빅데이터를 이미 실제 생활에 활용하고 있다. 여기에는 구글의 활약이 컸다. 빅데이터 기술의 시작은 다량의 데이터를 저장하는 일과 처리하는 일이다. 저장에서는 수많은 하드디스크에 분산 저장하는 기술이, 연산 처리에서는 많은 CPU로 나누어 병렬 처리하는 것이 기본적인 전략이다. 구글에서 개발한 맵리듀스MapReduce가 대표적 기술로 수백억 페이지에 달하는 많은 양의 웹 페이지의 색인을 구축하는 데 쓰이고 있다. 이 기술을 바탕으로 '하둡Hadoop'이라는 오픈 소스 프로그램이 개발됐는데, 빅데이터를 다룰 때 널리 쓰이고 있다. 오라클이나 IBM 등 기존의 데이터베이스 개발사들도 기존 프로그램을 하둡에서 동작하게 할 정도다. 빅데이터에 흔한 비정형화된 데이터 처리를 위해서 NoSQL이라는 데이터베이스 형태가 개발됐다. 기존의 데이터베이스와 달리 위치 배열이 고정되지 않고 키와 값을 연결해 저장하는 방식인데, 역시 구글이 효시다.

그럼 실제로 빅데이터를 쓰면 구체적으로 어떤 일을 할 수 있을까? 슈퍼마켓이나 온라인 서점에서 사람들의 구매 동향을 분석하면 누구에게 어떤 상품을 추천하면 효과적일지를 알 수 있다. 세계 최대의 온라인 서점인 아마존은 1억 2000명 이상의 고객 정보와 230만 권 이상의 서적 정보를 보유하고 있다. 고객의 과거 구매 정보를 분석해 특정 제품과 함께 자주 구매하는 제품을 찾아 추천해 주면 판매를 촉진할 수 있다.

자동차 제조사인 Volvo는 고객이 자동차를 운전하는 과정에서 수집되는 수많은 데이터를 본사 분석 시스템에 전송하여 고객의 운전 패턴 뿐 아니라, 차체의 결함이나 잠재적인 소비자 욕구를 찾아내는 데 활용하고 있다. 미국 국세청은 대용량 데이터와 다양한 기술을 결합한 탈세 및 사기 범죄 예방 시스템을 구축했다. 지능형 교통 안내 시스템은 GPS로부터 자동차의 주행 스피드를 계산하여 교통 정보를 수집하고, 수집된 교통 정보를 바탕으로 실시간으로 최적의 교통 안내 서비스를 제공한다. 미국 슈퍼마켓 체인인 타겟은 고객들의 구매 물품을 분석해 고객이 미래에 무엇을 구매할지 예측하고, 그 예측에 따라 고객에게 해당 물품의 쿠폰과 전단을 발송하여 매출을 올리고 있다.

막대한 양의 데이터를 수집, 저장, 처리하는 기초 기술과 데이터 처

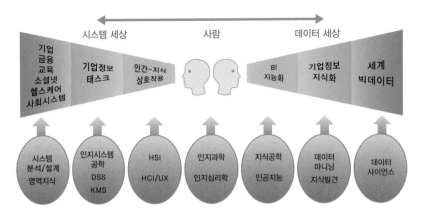

지식서비스공학의 내용 전개 개념도

리 방법이 있다고 해서 자동으로 유용한 데이터를 얻거나 잘 활용할 수 있는 것은 아니다. 그 데이터의 정보를 유용한 결과와 연결 지어 생각할 수 있는 능력 그리고 데이터 처리의 결과를 정확히 판별하고 해석하는 기술은 인간의 몫이다. 그래서 '데이터 사이언티스트(데이터 과학자)'라는 신종 직업이 생겨났다. 데이터 사이언티스트는 통계, 수학, 인공지능 등의 지식 위에 통찰력과 분석력을 통하여 데이터를 모형화하고 각 분야 의사 결정에 유용한 결론을 이끌어내는 기술자다. 이는 지식서비스공학의 가장 중요한 축이 되었다. 2012년 10월엔 《하버드 비즈니스리뷰》에 21세기에 가장 '섹시한 직업이 바로 데이터 사이언티스트'라는 소개가 실려 화제가 되기도 했다. 빅데이터가 야생마라면 데이터 사이언티스트는 로데오 선수와 같다.

지식의 도도한 흐름을 탈
미래의 지식서비스공학자

왼쪽 그림은 지금까지 다룬 것을 포함하여 지식서비스공학의 내용을 한눈에 파악하게 펼쳐본 것이다. 우리는 기업 활동을 위시한 시스템의 세상과 데이터와 지식으로 이루어진 정보의 세상을 연결하여야 한다. 그리고 그 가운데에는 사람이 있다. 궁극적으로는 사람이 해야 하고 사람을 통해야 한다. 인공지능도 데이터 사이언스도 HCI도 모두 사람의 능력으로 통일되어야 하며 이것을 서비스라 한다. 이것을 아우르려는 것이 지식서비스공학이다. 정보 기기를 만드는 전자 회사도 재화를 다루는 금융 기업도 경영을 지원하는 컨설팅 회사도 모두 점점 더 지식서비스공학이 필요하다.

지식서비스공학은 마치 시대의 조류와 바람을 제대로 탄 범선과 같다. 배는 조류나 바람을 거스를 수 없지만 제대로 흐름에 올라타면 그보다 더 빨리 배를 목적지에 데려다 주는 것도 없다. 배의 운명은 조류와 풍향에 의해 결정된다.

오늘의 사회가 지식 사회라는 것은 문명학자들이 예언한 시대의 조류요 풍향이다. 아무도 그것을 부인하지 못한다. 지식서비스공학은 바로 그 조류 위에 떠 있는 배다. 그리고 지식서비스공학을 전공하는 사람들은 시대의 흐름의 맨 앞을 용감하게 항해하는 선장이다. 그 앞 길은 도도하게 흐르는 시대의 조류가 열어 줄 것이다. 그들이 개척자로서 해낼 일도 시대가 차례로 제시해 줄 것이다. 세상을 바꿀 장쾌한 항해에 참여하고 싶지 않은가. 지식 사회의 망망대해가 당신 앞에 펼쳐져 있다.

What is Engineering?

7장

산업 및
시스템공학

– 이태억

전체를 보고 **최적**으로 결정한다.
산업 및 시스템공학

햄버거를 만들려고 한다. 쇠고기 패티가 20장, 빵이 50개 있을 때 패티가 2개 필요한 더블버거는 5,000원, 패티가 1개 필요한 불고기버 거는 3,000원에 팔 수 있다. 그렇다면 더블버거와 불고기버거를 각각 몇 개 만들어야 이윤이 가장 높을까?

집에서 경기도 과천에 있는 서울대공원으로 가려고 한다. 가장 짧은 경로는 무엇이고 어떻게 구할 수 있을까? 대형상점에서 수만 가지 제품의 고객 수요에 맞추면서 재고 비용을 줄이려면 물건을 언제 얼마나 주문해야 할까? 주가와 환율은 계속 변동하는데, 성공하려면 언제 어떤 자산에 얼마나 투자해야 할까?

현대를 사는 우리가 일상에서 자주 마주치는 일들이다. 우리는 순간 적인 판단의 연속에서 살고, 그 속에서 어떻게 하면 최고의 효율과 작업 능률을 얻을 수 있을까 고민한다. 이것은 사회와 산업이 복잡해지면서 현대에 생겨난 문제다. 사회가 단순하고 고도화된 산업이나 대량생산 시스템이 없던 과거에는 생각할 필요가 별로 없던 일이다.

어떻게 하면 이 모든 일에 올바른 답을 찾을 수 있을까? 분명 과학적인 방법이 있을 것이다. 그래서 생겨난 학문이 산업공학 또는 '산업 및 시스템공학'이다. 산업 및 시스템공학은 이렇게 현대 특유의 복잡한 시스템이나 프로세스 또는 의사 결정 과정을 과학적 방법으로 최적화하고 합리화하는 학문이다.

산업 및 시스템공학이 관여하는 복잡한 시스템은 거의 모든 분야에 걸쳐 있다. 자동차, 전자제품, 선박과 같은 제품의 제조 시스템은 물론이고 제조 기업은 그 자체로 최적화가 필요한 거대한 시스템이다. 통신, 물류, 금융, 교통 등의 서비스 시스템과 그 기업도 마찬가지다. 국방, 사회 인프라 시스템 등 공적인 분야도 포함된다. 간단하게는 예를든 햄버거처럼 쉽게 먹고 사는 일도 하나하나 산업 및 시스템공학의 손길을 기다리는 분야다. 복잡하고 거대하고 불확실하며 수시로 변화하며 경쟁하는 현대사회 시스템 속에 사는 우리는 좀 더 스마트한 삶을 추구하고 있다.

지금부터 실제 사례를 통해 산업 및 시스템공학이 현대산업사회를 어떻게 최적화하는지 살펴보자.

산업 및 시스템 공학의 손길 1:
반도체 생산 라인

반도체는 '팹fab'이라고 부르는 제조라인에서 만들어진다. 팹은 수십~수백억에 이르는 고가 초정밀 공정 장비 수천 대로 구성된다. 투자비용만 3조 원에 이를 정도다. 이런 팹을 한 업체가 10여 개 또는 그이상 운영하고 있다. 여기서 끝이 아니다. 반도체 업체는 고객 주문이 증가하거나 새로운 공정 기술이 개발되면 여기에 발맞춰 팹을 2~3년

마다 확장하거나 새로 건설해야 한다.

팹에서는 약 480개에 이르는 화학적, 기계적 초정밀 공정을 거쳐야만 반도체 웨이퍼가 나온다. 여기까지 40~60일이 소요된다. 만약 이런 웨이퍼를 매월 수만 장 생산하는 팹이 있다면, 매 순간 수만 장 이상의 웨이퍼가 가공되고 있다는 얘기다. 웨이퍼는 전기적 특성과 제조 공정이 다양하고 처리할 수 있는 공정 장비와 공정 흐름도 각기 다를 수 있다. 따라서 이들 웨이퍼와 공정 장비, 웨이퍼 운반 장비들의 상태와 변화를 정확히 추적, 관리해서 고객의 다양한 주문에 맞추면서도 공정 설비를 최대한 이용해 생산량을 극대화해야 한다. 또한, 약속한 납품 기일을 맞추고 팹 내에서 다음 공정을 위해 대기하는 웨이퍼의 수를 극소화하여 생산 소요 기간을 단축하고 각 장비에서의 웨이퍼 처리 순서를 최적화해야 한다.

만약 생산된 웨이퍼의 80~90%만이 원하는 품질 수준을 만족하고, 나머지는 불량품이라고 해 보자. 불량품이 많으면 손실이 많이 발생할 것이다. 따라서 공정 도중에 수시로 품질을 검사해 품질 이상을 조기에 진단하고 불량 원인을 제거해야 한다. 이런 과정에서 검사 결과, 설비 상태, 팹 운영에 대한 막대한 양의 자료를 수집해 수리적, 통계적 방법과 컴퓨터 및 정보 기술을 활용해 분석한 뒤, 이를 통해 팹 운영을 최적화한다.

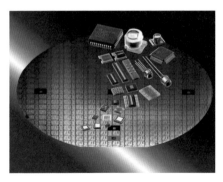

반도체 웨이퍼

팹과 관련된 예는 모든 기업에 마찬가지로 적용된다. 기업은 먼저 고객이 누구인지 파악하거나 결정하고 그 고객이 무엇을 원하는지를 정확히 분석해야 한다. 이때 시장과 사회의 변화 추세를 고려해 고객의 현재 및 미래의 요구 사항을 결정한다. 고객의 요구 사항을 파악하면 만들 제품의 기능과 사양을 결정한다. 이어서 기계, 전자 등의 여러 분야의 엔지니어들과 함께 공학적 설계와 제조 공정을 설계한다.

반도체 제조 팹

제품이 설계되고 나면 제품을 만들기 위한 제조 공정 장비 또는 부품 조립 설비를 결정 및 구매하고, 이들을 합리적으로 배치하거나 통합해 제조 설비를 구성한다. 이때 고객들이 어떤 제품을 얼마나 주문할지를 예측해 제조장비의 대수나 용량을 결정한다. 제조 설비를 구성할 때는 생산 중인 제품이 각 제조 공정을 물 흐르듯이 유연하게 흘러갈 수 있도록 공정별 생산 능력을 균형 있게 맞춰야 한다. 또 고가의 제조 장비와 작업 인력을 낭비되는 시간 없이 최대한 활용해 생산성을 높여야 한다. 중요한 제조 공정에서는 품질 검사를 통해 이상이 없는지도 확인한다.

제품을 만들 때는 수많은 부품과 재료가 필요하다. 이들을 꼭 필요한 시기에 필요한 만큼 구매해 공정에서 필요로 할 때 공급해야 한다. 완성 제품은 창고에 보관했다가 지역별 창고, 도매상, 소매점을 통해 최종 고객에게 판매 또는 배달한다.

이런 일련의 과정이 모두 계획대로 똑같이 이뤄질 수는 없다. 주문량은 변동하고, 품질 이상이 발생하며, 설비 고장, 부품 재고 부족, 배송 시간 변동 등 불확실한 일이 언제라도 일어날 수 있다. 이런 불확실성을 고려하면서도 개별 프로세스가 아닌 전체를 생각한 최적의 의사 결정을 해야 한다. 이를 위해 수많은 데이터를 생성, 수집, 분석하고 수천에서 수만 명에 이르는 사람과 조직의 역할 및 속성을 고려하게 된다. 품질을 높이되 원가 및 비용을 최소화한다. 고객 주문부터 최종 배송에 이르는 시간도 최소화해야 한다. 이처럼 생산에서부터 고객에게 배송하기까지 필요한 모든 과정을 효율적이고 합리적으로 처리해야 한다.

산업 및 시스템 공학의 손길 2: 삼성 TV와 아메리칸 항공

제조 라인을 효율적으로 설계하거나 운영하는 일 못지않게 고객과 시장의 요구를 정확히 예측해 이에 맞춘 신제품을 개발하는 것도 중요하다. 예를 들어 2000년대 중반만 하더라도 소니 TV가 세계 시장을 지배했다. 그 시기 전자업계는 제품의 물리적 성능을 개선하는 경쟁에 치중했다. 2000년대 중반 삼성전자는 새로운 TV 제품을 개발하기 위해 시장 조사를 했다. 그런데 그 과정에서 대부분의 가정에서 TV는 거실의 중앙에 있고, 고객은 복잡한 기술적 사양의 차이를 크게 느끼지 못하고 있다는 사실이 밝혀졌다. 기본적인 화질 및 음향 기능을 만족하면 그 이상의 성능보다는 디자인을 더욱 중요하게 생각했다.

이에 따라 삼성전자는 과거 박스 형태의 TV 디자인에 변화를 주기로 했다. 와인 잔과 같은 받침대를 갖게 하고 주변 가구와 자연스럽게 어울릴 수 있도록 디자인했다. 여기에 뛰어난 LCD 제조 기술을 활용해 평판 화면을 가진 TV를 설계했다. 그리고 '보르도 TV'로 이름 붙여 출시했다. 보르도 TV는 전 세계 시장에서 폭발적인 반응을 얻었다. 2006년에는 뛰어난 브라운관 TV 기술에 집착하던 소니를 제치고 텔레비전 부문 세계 1위에 올랐다. 이렇게 제품 기획과 설계 그리고 개발 과정에서 혁신적인 사고와 과학적이고 체계적인 방법을 도입한 덕에 삼성전자는 TV 산업의 판도를 완전히 바꿨다.

애플은 또 다른 사례다. 1980년대에 최고의 호황을 누리던 애플의 매킨토시 컴퓨터는 개방형 표준을 지향한 IBM 호환 PC에 밀려 어려움을 겪었다. 그러나 애플은 2000년대 중반 이후 아이팟이나 아이폰, 아이패드 같은 혁신적인 제품을 내놓으며 부활하였다. 이들 사례는 기술 자체보다는 고객이 원하는 제품과 서비스를 정확히 파악하여 창의적 디자인과 함께 결합하는 역량 덕분이다. 무엇이 이를 가능하게 했을까? 체계적인 시장 조사, 데이터의 통계적 분석, 그리고 과학적인 제품 기획과 설계 방법 덕분이다.

서비스 산업에서도 이런 사례를 찾을 수 있다. 미국 아메리칸 항공 American airline 같은 항공 서비스 업체에서는 전 세계 주요 도시를 연결하는 거미줄 같은 노선에 수많은 비행기와 비행편, 승무원을 배치해야 한다. 공간적 배치뿐 아니라 일정을 결정하는 일도 상상을 초월할 정도로 복잡한데, 이를 기술적, 법적, 경제적 제약 조건을 고려하여 최적으로 결정해야 한다. 승객의 경우 여러 등급의 좌석을 최적으로 예약하고 배정해야 한다.

아메리칸 항공은 이런 결정에 운용 과학 OR, Operations Research 이라고 부르는 수학적 모형과 해법을 적용해 비용을 크게 절감하고 고객의 만족도를 극대화했다. 최근에는 호텔, 통신, 물류 등의 다른 서비스 산업에도 유사한 시스템 문제에 과학적, 공학적 방법을 적용하고 있다.

　이렇게 산업 및 시스템공학은 사람, 돈, 지식, 정보, 설비, 에너지, 원자재 등이 통합된 복잡한 시스템을 수학적, 과학적 방법을 써서 최적화하고 합리화한다. 여기에는 과학적인 공학 설계 방법, 정보 기술 도구, 사회과학적 원리를 활용한 분석과 평가 등의 방법이 활용된다.

　최근에는 산업 및 시스템공학의 과학적 혁신과 관리 방법론이 다른 다양한 분야로 확산하는 추세다. 경영 과학Management Science, 운용 과학Operations Research, 시스템 엔지니어링, 제조 시스템 공학, 인간공학, 안전

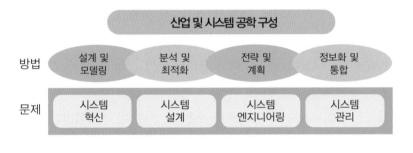

대상 문제는 제조, 서비스, 공공 및 공학 시스템 또는 기업의 복잡하고 어려운 시스템 문제이다. 주요 시스템 문제는 시스템의 개선 및 혁신, 설계, 엔지니어링, 관리 등을 포함한다. 주요 방법으로는 시스템 설계 및 모델링 기술, 수리적, 공학적 방법에 따른 시스템 분석 및 최적화 방법, 시스템 운용 전략 및 계획 방법, 정보 기술을 활용한 시스템 운영 및 통합 기술 등이 있다.

공학 등이 모두 산업공학에서 나온 분야다. 산업공학은 제조 시스템에서 출발했지만, 오늘날에는 서비스 시스템, 국방 및 행정 등의 공공 시스템, 복잡하고 거대한 공학 시스템에도 응용되고 있다. '산업공학'이라고도 부르지만, '산업 및 시스템공학'이라고도 부르는 까닭이 여기에 있다.

수술할 때 간호사들이 메스를 건네주는 까닭은?

산업 및 시스템공학은 이런 전문 산업 분야 말고도 현대의 일상 구석구석에 영향을 미치고 있다. 간단한 예를 들어 보자. 요즘 외과의사가 수술할 때 수술 도구는 요청할 때마다 간호사가 건네준다. 이 방식은 수술의 효율성과 안전성을 높였는데, 이런 방식이 처음 제안되고 쓰인 것은 20세기 초 미국이었다. 겨우 100년밖에 안 된 것이다. 조금 사소해 보이는 이런 방식을 처음 제안한 사람은 길브레스 부부로 산업공학 초기의 대표적인 연구자였다(잠시 뒤 나온다).

산업공학은 과학적 관리와 혁신의 마인드가 핵심적인 역할을 했다. 이런 정신의 뿌리는 경제학의 아버지라고 불리는 18세기 영국의 경제학자 애덤 스미스가 제시한 분업의 개념에서 찾을 수 있다. 분업의 개념이란 무엇일까? 만약 핀을 만든다고 생각해 보자. 이를 위해서는 철사 자르기, 끝을 뾰족하게 만들기, 구부리기 등의 모든 공정을 한 사람의 작업자가 전부 하기보다는 세부 공정별로 나누어 서로 다른 작업자가 하는 것이 효율적이다. 각 작업자는 같은 작업을 반복하니 학습 효과도 생기고 전문화도 이뤄지기 때문이다. 오늘날 관점에서는 당연하고 하찮게 보일지 모르지만, 당시로서는 대단한 발견이었다.

19세기 말에서 20세기 초에 철강 등 제조 산업에서 일했던 프레데릭 테일러는 철강 노동자들의 삽질 작업을 관찰한 뒤 가장 효율적으로 작업하는 규칙을 과학적으로 찾아내 작업 방법을 개선했다. 테일러는 다양한 제조 공장에서 작업 방법을 과학적으로 개선하는 방법을 제안하고 노동 생산성을 높이는 방법을 연구했는데, 이를 발전시켜 『과학적 관리의 원리Principles of Scientific Management』라는 저서로 발간했다. 이 책은 미국 제조 산업의 생산성을 개선하는 데 크게 기여했으며, 이후 제조 및 관리 시스템에 대해서도 과학적 원리와 방법을 연구, 개발, 응용하는 기폭제가 됐다.

길브레스 부부는 과학적 관리의 개념과 정신을 추종해 1915년 생산 현장의 작업 동작을 분석해 '잡는다', '옮긴다', '잡고 있다' 등을 포함한 17개 기본 동작의 조합으로 재구성했다. 그런 뒤 이 기본 동작들 사이의 관계를 표현하기 위해 자신들의 이름을 역으로 작명한 'Therblig'이라는 기호를 제안했다. 이는 작업 과정을 모형화하고 분

애덤 스미스

프레데릭 테일러

길브레스

석해 불필요한 동작을 제거, 개선하는 체계적인 방법이었다. 이 방법은 이후 시간 동작 연구Time & Motion Study의 기반이 됐다. 앞서 소개한 외과 수술의 사례도 같은 맥락에서 작업을 체계화한 사례다.

테일러와 길브레스는 작업 개선을 통한 생산성 향상이라는 관점에서는 비슷하지만, 차이도 많다. 테일러는 작업 시간 개선에 중점을 뒀다. 반면 길브레스는 불필요한 낭비적 동작, 작업을 제거한다는 점에 중점을 두었다. 그리고 개별 작업의 과정을 모델링하고 분석해 개선했다. 이렇게 프로세스를 개선한다는 발상은 이후 개별 공정의 최적화보다는 제조 설비 전체의 생산 공정 흐름을 최적화하는 프로세스 지향적 관리로 이어졌다. 이는 오늘날 경영관리 업무 프로세스, 신제품 개발 프로세스, 서비스 프로세스 등의 '프로세스 재설계 및 관리 방법론'으로 발전했다. 오늘날 업무 전산화를 위한 기업 정보 시스템ERP, 작업 흐름 관리 시스템 등 정보 시스템을 개발하기 전에 업무 프로세스를 먼저 모델링하고 분석해 최고의 방법으로 개선하는 프로세스 혁신PI도 이런 프로세스 지향적 사고에 뿌리를 두고 있다.

테일러와 길브레스의 노력은 후일 제조 혁신, 경영 혁신의 방법으로 거

Therblig기호

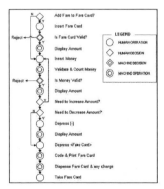

프로세스 흐름도

의 모든 제조 기업에 널리 확산했다. 이는 '지속적 개선' 분야의 발전의 초석이 되었다. 이런 혁신 방법론은 이후 생산현장의 낭비를 제거해 비용, 생산성, 속도를 개선하는 도요타 생산 시스템TPS, 생산 공정 및 경영 관리의 품질 이상 및 변동 요인을 체계적으로 제거하고 개선하는 식스시그마 Six Sigma 등으로 발전했다. 이런 경영 혁신 방법론은 오늘날 병원, 물류, 통신, 백화점 등의 서비스 분야와 공공 부문에도 확산되고 있다.

'메이드 인 재팬'의 성공에는 이유가 있다

과학적 관리 기술과 제조 시스템 기술의 또 한 번의 혁신은 포드 자동차에서 일어났다. 1913년 포드는 T 모델 자동차를 조립하기 위해 작업을 표준화했다. 직렬로 배치한 작업 공정 라인을 따라 작업물을 흘려보내면서 조립하는 컨베이어 조립 라인이다. 이 방식은 3분 간격으로 자동차를 대량으로 생산하면서 총 작업 시간을 8분의 1로 낮추고 품질을 균일화시켰다. 1909년 850달러였던 T 모델은 1925년에는 240달러로 가격이 낮아졌다. 대량생산도 가능해져 연간 200만 대가 판매됐고, 미국 중산층에 자동차가 널리 보급되는 계기가 됐다. 포드는 컨베이어 벨트에 의한 대량생산 방식과 함께 작업 표준화, 병목 공정 제거, 라인 밸런싱 등 근대적 생산 관리의 개념을 개발했다. 이는 다

컨베이어 조립 라인

헨리 포드　　　　　　　　　　　　　　　　　　포드모델T

른 산업 분야에도 확산되어 제조 산업의 발전에 크게 이바지했다.

　자동차의 대량 보급은 공학 기술 발전의 계기가 됐고 본격적인 산업사회로 발전하는 동력이 됐다. 자동차를 제조하기 위해 기계 부품을 설계, 제조, 조립해야 했고, 곧 기계공학, 재료공학이 발전했다. 연료와 윤활유, 플라스틱 내장재 제조를 위해 화학공학이 발전했고, 자동차가 다닐 도로와 교량을 건설하기 위해 토목공학이 급속히 발전했다. 교외 지역에 주택 건설 붐이 일어나면서 자동차 금융 및 보험과 함께 주택 금융이 발전했다.

　한편 미국의 통계학자였던 데밍 박사는 제2차 세계대전 직후 맥아더 사령부를 통해 일본으로 초청받았다. 전후 부흥을 위해 제조 산업 리더들에게 통계적 품질관리 방법을 전파했다. 이후 일본 제조 기업 사이에 품질관리 방법이 널리 확산했고, 제품의 품질을 높일 수 있었다. '메이드 인 재팬Made in Japan'은 '우수한 품질'과 동의어가 됐고, 이는 일본 제품이 전 세계 시장에서 크게 성공하는 계기가 됐다.

자동차 조립 라인

1960, 1970년대를 거쳐 일본의 자동차, 전자 제품 등의 제조 산업이 빠르게 발전하면서 제조 현장의 원가를 낮추고 품질과 납기를 개선해 경쟁력을 높이는 종합적인 혁신 방법이 개발됐다. 생산 현장의 개선을 위한 5S(정리, 정돈, 청소, 청결, 지속에 대한 일본말의 첫 음 5개), 작업환경 개선, 낭비 요인 제거, 과학적인 방법과 실험, 작업자 교육 훈련 등을 통해 생산성을 높이기 위한 카이젠Kaizen(개선) 등의 제조 혁신 방법이 개발됐다. 도요타는 다이이치 오노가 주도해 불필요한 과잉 생산이나 작업자 또는 기계의 불필요한 동작과 대기, 작업장 사이의 운반 작업, 재료나 제품, 반제품의 재고 발생 등 낭비를 줄이는 방법을 개발했다. JIT(Just-In-Time, '바로 그때'라는 뜻)와 도요타 생산 시스템TPS이다.

이런 혁신 기법은 오늘날 세계 각국으로 확산했다. 특히 미국은 1980년대 일본 제조 산업의 성장에 위협을 느껴 일본의 JIT나 TPS 등의 제조 혁신 기법을 도입하여 Lean Manufacturing이라고 불리는 종합적인 경영 혁신 기법을 개발하게 됐다.

의사 결정 최적화를 위한 수학적 방법, 'OR'

제2차 세계대전 중 영국에서는 수학자의 활약이 두드러졌다. 독일의 암호 산출기 이니그마를 해독하기 위해 수학자 앨런 튜링 등이 활약한 것은 유명하다. 방공 포대에서도 수학자들의 활약은 대단해서,

독일 공군의 공습에 대응한 방공 포대의 배치와 운용을 수리적 방법으로 최적화했다. 전체 방공 포대의 숫자를 혁신적으로 줄인 것은 물론이다. 물자 수송에도 관여했다. 보급품을 나르는 상선단을 호송할 때 필요한 해군 선단의 규모를 결정했는데, 독일 유-보트U-Boat 잠수함의 공격을 견디면서도 최소한의 비용을 들이려면 호송선단을 작게 많이 두는 것보다는 크게 적은 수를 두는 게 낫다는 결론을 내렸다.

이 기간에 영국군은 노벨상 수상자 2명을 포함해 약 1000명의 전문가를 활용해 작전 및 군대 운영에 수리적 분석 방법을 개발했다. 전쟁이 끝나고 민간 부문의 생산과 물류, 경영관리에도 적용하여 큰 성공을 거두었다. 산업과 시스템의 의사 결정을 수리적으로 모델링하고 분석해 최적화하는 'OROperations Research' 분야가 탄생한 것이다. 테일러가 주창한 '과학적 관리'에 수학적 원리와 방법이 적용된 본격적인 과학이 탄생한 것이다.

러시아 수학자 칸토로비치는 1939년 선형 계획법LP이라는 방법을 개발했다. 제약 조건을 만족하면서도 다양한 계획이나 의사 결정 문제를 최적화하는 방법이었다. 이어 미국의 랜드RAND 연구소는 1947년 다수의 의사 결정 변수와 제약식으로 이루어진 대규모 선형 계획법 문제를 효율적으로 풀기 위해, 제약식들을 만족하는 해의 집합인 다면체의 꼭짓점들만을 탐색해 최적의 해를 찾는 심플렉스Simplex 해법을 개발했다. 이후 심플렉스 방법보다 효율적으로 대형 선형 계획 문제를 풀기 위한 새로운 알고리즘 연구가 활발히 이뤄졌다. 그래서 인테리어 포인트Interior Point라는 방법도 개발돼 함께 쓰이고 있다.

선형 계획법은 0 또는 1, 또는 일반 정숫값만을 갖는 의사 결정 변수도 허용하는 '정수 계획법Integer Programming' 또는 '혼합 정수 계획법Mixed

Integer Programming'등으로 확장됐다. 이 방법들은 다양한 조합, 선택, 설계, 계획 등의 문제를 최적화하는 데 널리 활용되고 있다. 그밖에 최단 경로 문제, 네트워크의 최대 흐름 문제, 최소 컬러 문제 등의 의사 결정 문제를 푸는 그래프 이론과 네트워크 이론이 발전했다. 그래프 이론과 네트워크 이론은 교점Node과 이들을 연결하는 현Arc으로 이루어진 그래프 또는 네트워크를 통해 문제를 해결한다. 이 외에도 여러 상황에 맞는 다양한 수학적 방법론이 개발되고 있다.

한편 덴마크의 엔지니어였던 얼랑Erlang이 창시한 '대기 이론Queueing Theory'도 대표적인 수학적 방법론이다. 얼랑은 1917년 코펜하겐 전화국의 전화 교환망에서 필요한 회선 수를 계산하기 위해 전화 통화를 시도한 도착 시각의 간격과 통화 시간의 확률적 변동을 이용해 통화 시도 실패 확률Call Blocking Probability 등을 계산했다. 이 이론은 제조 라인과 통신망, 교통망, 서비스 시스템 등 한정된 자원을 공용으로 사용하는 분야에 널리 쓰이게 됐다. 주로 대기 행렬의 길이나 기다리는 시간을 예측하거나 고객 요청이 거절당할 확률을 알고자 할 때 유용하다.

최근 OR이 지닌 수리적, 계량적 모델링 기법과 최적화 기술은 금융 공학이나 데이터 마이닝 기법, 빅데이터 분석 등에 응용되고 있다. 생산 시스템을 넘어 물류, 마케팅, 금융, 정보, 통신 등의 서비스, 국방, 환경, 공공 부문, 사회과학 등에 널리 응용되고 있다. 그래서 경영 과학 또는 의사 결정 과학이라고 불리기도 한다.

내가 할 일 vs.
동료가 할 일

어떤 과제를 학급 친구들과 공동으로 하기로 했다고 해 보자. 이 일을 공평하게 나눠서 하려면 어떻게 해야 할까. 누구는 많이 하고 누구는 적게 하면 불만이 발생할 것이다. 또 일정은 어떻게 관리해야 할까. 언제 시작하고 언제 마쳐야 효율적일까.

이런 문제도 산업 및 시스템공학의 연구 과제다. 그리고 실제로 연구도 이뤄졌다. 바로 프로젝트 관리PM이다.

테일러의 문하생이었던 간트와 페이욜은 오늘날 계획 및 관리 방법론으로 널리 알려진 프로젝트 관리의 기초가 되는 개념을 창안했다. 간트는 해야 할 일Task들의 목록, 개별 일들의 시작 및 끝과 함께 진행 정도를 그림으로 알기 쉽게 표시하는 '간트 차트'를 개발했다. 그는 작업자별 일의 양과 날짜별로 해야 할 일의 양을 균형 있게 해야 한다는 개념도 제시했다. 이는 오늘날 작업 부하, 자원 할당 개념의 기초가 됐다. 페이욜은 예측 및 계획, 조직화, 명령 및 지시, 조정, 통제와 같은 관리의 5대 기능과 14개 관리 원리를 제시했다. 이는 현대적 관리의 개념과 이론의 기반이 됐다.

1950년대 미국 듀폰사와 레밍턴 란드사의 합작 기업은 플랜트의 유지 보수 프로젝트를 계획하고 관리하기 위해 CPMCritical Path Method이라는 방법을 개발했다. 이 방법은 해야 할 일의 분할 단위인 작업들 사이의 선행 관계를 파악

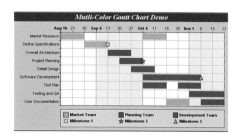

간트 차트

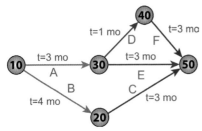

PERT 네트워크

해 네트워크로 표현하고 시간이 가장 많이 소요된 경로를 핵심 경로Critical Path로 파악해 이를 중심으로 일정 계획을 수립하고 통제하는 것이다. 비슷한 시기에 미국 해군에서는 오늘날 컨설팅 기업으로 유명한 부즈 알렌 해밀튼이 우주 방위 산업체인 록히드와 공동으로 폴라리스 미사일 개발 프로젝트의 계획 및 관리 방법으로 PERTProgram Evaluation & Review Technique를 개발했다. 이후 비용 추정 및 통제, 자원의 할당 및 통제 그리고 전체 일을 세부 단위로 체계적으로 나누고 통제하는 방법이 추가됐다. 이 기법은 건설, 연구 개발, 제품 개발, 우주 항공, 영화 제작 등 거의 모든 프로젝트의 계획 및 관리에 사용되고 있다.

이후 프로젝트 위험 관리, 프로젝트 조직 관리, 커뮤니케이션 관리, 문서 관리 등의 방법이 결합해 종합적인 프로젝트 관리 기법으로 발전하였다. 또 제조 기업에서는 주문을 받아 제한된 생산 능력 및 자원과 설비를 이용해 공정과 작업을 할당해야 한다. 또 재고를 최소화하면서 납기를 충족시키는 생산 계획 방법, 제조 설비에서 작업의 순서 및 일정을 최적으로 결정하는 스케줄링 기술도 개발돼 널리 활용되고 있다.

다품종 소량 생산
시대를 열다

1960년대 컴퓨터가 과학기술용 계산뿐 아니라 업무용으로 활용될 가능성을 깨달은 IBM은 급여 계산, 회계뿐 아니라 생산 계획 및 관리와 재고 관리 등에도 컴퓨터를 사용하였다. 고속 데이터 처리 능력과 온라인 터미널을 통한 조회 및 입출력 기능을 활용한 MRP^{Material}라는 생산 계획 및 정보 시스템 기술이 그것이다. 이 시스템은 구매, 회계, 인사 관리 등의 경영관리 기능과 결합해 제조 기업의 종합적인 정보 시스템으로 발전했다.

1990년대에는 종합 기업 정보 시스템인 ERP^{Enterprise Resource Planning}가 나왔다. ERP 시스템의 설계를 위한 업무 프로세스 분석 및 설계, 정보 시스템 요구 사항 정의 등의 과정은 산업공학의 프로세스 지향적 사고, 혁신 방법론, 시스템적 사고가 활용된 사례이다.

제품 설계에도 컴퓨터의 활용으로 큰 변혁이 일어났다. 종래에는 설계도면 위에 제도 기구로 2차원의 도면을 그리고, 화학약품을 사용한 청사진으로 복사해 작업 현장에 배포했다. 그러나 3차원 그래픽을 고속으로 처리할 수 있는 컴퓨터와 컴퓨터그래픽 기술이 발전함에 따라 이를 이용한 설계 기술인 캐드^{CAD} 기술이 급속히 발전, 보급돼 설계 생산성과 품질이 획기적으로 개선됐다. CAD로 설계된 부품 또는 제품의 성능 및 기능을 다양한 공학적 알고리즘으로 사전에 분석, 실험하는 CAE^{Computer Aided Engineering} 기술, 가공을 자동화하는 CAM^{Computer Aided Manufacturing} 기술도 나왔다.

생산 현장에도 선반, 밀링, 조립 등의 제조 공정 자동화를 이뤘고, 작업물의 이송, 장착, 탈착 등의 물류작업까지 자동화하는 공장 자동화 기술이 나타났다. 제조 라인의 모든 설비를 네트워크로 연결해 상태를 감시하고 지시할 수 있게 됐다. 자동화된 공장과 설계 부문의 CAD/CAM 시스템을 통합해 설계부터 생산까지의 정보를 공유, 통합하는 CIM^{Computer Integrated Manufacturing} 기술도 나왔다. 이런 공장 자동화 및 CIM 기술에 의해 종래의 컨베이어 벨트에 의한 소품종 대량생산에서 탈피하여 다품종 소량 생산이 가능한 FMS^{Flexible Manufacturing System}가 가능해졌다.

이제 대부분의 제조 공정은 자동화되고 일부 조립 작업만 사람이 하는 시대가 왔다. 오늘날 자동차 차체 조립 공정은 자동 용접용 로봇들에 의해 완전히 자동화됐다. 사람이 만들어 내는 먼지에 의해 불량이 발생하기 쉬운 반도체 팹은 공정과 물류 작업이 자동화된 무인 공장화가 급속히 이뤄졌다.

창고와 길에 뿌리는 돈을 잡아라!

공장 안에는 물품이 많다. 재료는 물론 부품, 작업이 진행 중인 반제품 그리고 완제품이 있다. 이들이 흘러가는 물류 흐름도 중요한 관리 대상이다. 제품의 경우 고객이 원하는 제품을 적기에 만들어 전달해야 한다. 그러나 고객의 주문은 불확실하고 수시로 변해 예측하기 힘들다. 제조 과정과 배송 과정에도 많은 불확실성이 있고, 이 때문에 시간이 지연되기도 한다.

이러한 불확실성과 변동에 대응하기 위해서 수요 예측을 정확히 하고 충분한 재고를 둬야 한다. 하지만 예측을 정확하게 하는 일은 어렵고, 재고를 너무 많이 두면 금융 비용과 창고 유지 비용이 든다. 고객의 주문에 신속히 대응하기 위해서는 고객과 가까운 지역에 창고를 둬야 하는데, 이에 따른 운송비용도 생각해야 한다.

인간을 위한 공학을 꿈꾸며

작업장에서의 불필요한 동작을 제거, 개
선하여 작업자의 부담을 줄이고 작업 효
율을 높이기 위한 길브레스의 시간 동작
연구는 계속 발전했다. 그 결과 작업자를
위한 작업장과 도구의 설계 방법이 개발
됐다. 제1차 세계대전 중 조종사의 판단
및 조종 능력 개선을 위한 계기판 및 조
종석 설계 방법이 개발됐고, 제2차 세계
대전 중 복잡한 무기와 기계가 등장하면
서 사용자의 육체적, 인지적 능력을 고려
해 계기판과 조종 기능을 설계하는 기술
이 개발됐다.

비행기 조종석 · 계기판 설계

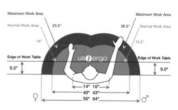

작업장 설계

산업 분야에서는 제조 기업에서 작업 생
산성 및 안전을 위한 기술과 도구, 동기 부여 등의 심리학적 방법론이 개발,
적용되면서 인간−기계 시스템Man-Machine Systems, 인체공학Ergonomics, 인간공학이
탄생했다. 이후 자동차 운전석과 조종 장치, 각종 작업 도구, 소비자용 제품
등의 설계에 인간공학 기술이 적용됐다. 특히 1980년대에 들어서는 개인용 컴
퓨터와 정보 기기, 정보 시스템이 확산하면서 인간과 컴퓨터 간의 인터페이스
Human Computer Interaction기술이 개발됐다.

사무환경 설계

1979년 미국 스리마일 섬 원자력 발전소의 방사능 누
출 사고가 발전소 운전자의 상황 판단 잘못으로 밝혀
지면서 인간의 정보 처리 및 인지적 능력과 특성을 참
작한 시스템 설계 기술인 인지공학 기술이 개발됐다.
오늘날 복잡한 시스템과 제품을 설계할 때는 운전자
나 사용자의 육체적, 인지적 능력과 특성, 안전을 고
려하고 있다.

1990년대 들어 고객 주문에 신속하고 정확히 대응하고 물류비용을 절감하기 위해 물류 프로세스와 방법을 개선하려는 노력이 있었다. 이를 위해 공장과 창고 등 사이에 정보를 공유하고, 파트너와의 사업 관계와 거래 방식을 개선하려는 시도가 나타났다. 바코드를 이용한 물류 추적 기술을 도입하고 제품 설계를 개선했다. 이렇게 물류를 개선하고 고객 만족을 극대화하는 방법을 공급 체인 관리Supply Chain Management, SCM라고 한다. 미국의 월마트는 수많은 판매 제품의 수요를 예측하고 판매 정보, 재고 정보를 중간 창고뿐 아니라 제조업체와 공유했다. 이를 통해 거래와 운송 방식을 개선하고, 바코드 등의 물류 추적 기술을 활용해 고객이 원하는 제품을 적시에 구매할 수 있도록 했다. 수요 예측, 주문 및 재고 할당, 생산 및 공급 계획, 배송 및 운송 계획의 최적화를 위해 OR, 통계와 같은 수리적 방법과 정보 기술을 활용했다. 이제 SCM 방법은 유통업계뿐 아니라 제조 산업, 서비스 산업에도 확산, 적용되고 있다.

서비스 분야도 변화를 겪고 있다. 선진국들은 서비스 산업의 비중이 상당히 높으며, 우리나라도 서비스 산업이 GDP 중 약 60%를 차지하고 있다. 하지만 아직 제조 산업 의존도가 높아 서비스 산업 비중이 34개 OECD 국가들 중 30위권에 머무르고 있다.

한편 서비스 산업의 양적 성장에 비해 생산성은 크게 낮다. 제조업 생산성의 약 50~60% 수준에 그치는 실정이다. 따라서 서비스 산업의 품질과 생산성을 높이기 위한 과학적, 공학적 방법이 중요하다.

2000년대 중반 IBM은 서비스 산업의 생산성을 높이기 위해 '서비스 사이언스'를 제안했다. 서비스의 설계와 서비스 시스템의 운영을 개선하고 최적화하기 위해 통계적 방법, OR, 정보 기술, 심리학 등을 본격적으로 활용하자는 것이다. 하지만 수리적, 공학적 방법을 이미 오래전부터 적용해오는 곳도 많이 있었다. 앞서 예를 든 아메리칸 항공이 비행기 할당과 예약, 좌석 배치, 승무원 배치 등을 최적화한 것이 대표적이다. 당시(1990년대 초) 아메리칸 항공은 3년간 14억 달러를 절감하고 연 매출을 5억 달러 이상을 증대시켰을 뿐 아니라 고객의 만족도까지 개선했다.

호텔, 항공사 등은 정확한 고객 수요를 예측하기 어려웠고 예약 고객 중에 취소하거나 나타나지 않는 경우가 빈번해 객실이나 좌석을 완전히 채우지 못하는 경우가 있다. 따라서 이들 업계는 예약 접수 시 의도적으로 적절한 수준의 초과 예약을 하고 있다. 구매력 및 속성에 따라 고객을 그룹으로 나누어 그룹별, 예약 시점별로 예약 상한, 초과 예약, 가격을 차별적으로 결정하고 OR 등의 수리적 분석을 통해 최적화하고 있다.

산업을 넘어
모든 시스템으로!

신형 탱크와 전투기 등의 무기 체계, 복합 플랜트, 대형 항공기, 위성과 로켓, 신개념 자동차 등의 복잡한 공학적 시스템은 반복적으로 생산되는 제품과는 여러모로 다르다. 가장 큰 차이점은 수 년 또는 수십 년에 걸쳐 막대한 자원과 인력을 투입해 기획, 설계, 개발, 제작, 건설, 운영된다는 점이다. 이 과정에서 사소한 오류가 심각한 문제나 사고를 일으킬 수 있는데, 대개 수정이나 보완을 할 수 없거나 수정이나 보완 시 막대한 비용이 요구된다.

국방 분야에서는 부대의 운용 및 작전을 분석하거나 새로운 전술 및 전투 방법을 모델링하고 분석하는 데 OR과 같은 수리적 방법과 컴퓨터 시뮬레이션을 활용하고 있다. 전투 부대, 무기 체계, 군사 작전을 모델링하고 시뮬레이션 하는 '모델링과 시뮬레이션M&S, Modeling & Simulation' 기술은 분석뿐 아니라 전투 훈련을 대체하는데 사용되고 있다. 고가의 전투기, 탱크 등을 대체한 시뮬레이터, 무기 또는 부대의 전투 행위를 모사하고 자율적인 판단 능력을 갖춘 소프트웨어인 가상 자율군, 지휘관의 작전 지휘 훈련을 위한 부대 단위의 이동과 교전들을 지시하고 통제하는 워 게임 모델, 실제 훈련에 참가하는 무기 및 부대 등을 인터넷으로 서로 연결하고 통합해 훈련한다.

사회 핵심 인프라의 재난도 있다. 전력망이나 발전소, 가스망, 송유관망, 통신망, 금융망, 교통망, 의료 체계, 주거 시설, 식료품 및 생필품 공급망 등은 서로 복잡하게 연계돼 상호 의존적이다. 태풍, 홍수, 지진 등의 자연재해나 인프라 내 고장 및 실수가 일어나면, 장애가 타 인프라에도 확산되고 증폭되어 예측하지 못한 결과를 초래할 수 있다. 우리나라의 대규모 순환 정전 사태, 미국 카트리나 태풍에 의한 뉴올리언스 시 전체의 침수, 지진해일에 의한 일본 후쿠시마 원전의 방사능 누출 등이 그 예다.

인프라 시스템은 필연적으로 갈수록 복잡해지고 상호의존성이 높아질 수밖에 없어 요즘 말하는 'X 이벤트'와 같은 파국적 사태가 일어날 가능성이 갈수록 높아지고 있다. 따라서 가능성을 미리 파악하고 원인을 분석해 대비해야 한다. 이를 위해 복잡한 시스템의 상호의존성을 모형화하고 분석하는 기술이 필요하다.

현대사회를 다시 디자인하는
산업 및 시스템공학

　산업공학은 경영학과 언뜻 비슷하게 보일 수 있다. 경영학 역시 자신의 뿌리가 테일러라고 말한다. 1970년대 이후 급속히 발전한 경영학은 관리^{Management} 기술의 발전에 기반을 두고 있다는 점에서 산업공학과 비슷한 면이 있다. 또 현대 경영학은 마케팅, 회계 및 재무, 조직 및 인사, 생산 및 물류 관리, 경영 과학, 경영 정보 시스템 등을 다루는데, 이 중에서 생산 및 물류 관리, 경영 과학, 경영 정보학이 산업공학과 일부 중첩된다. 그러나 경영학은 개념과 전략, 비즈니스에 중점을 두는 반면, 산업공학은 과학적, 공학적 문제 해결과 시스템적 방법과 실제 구현에 중점을 두고 있다. 또 기업 문제뿐만 아니라 복잡한 공학

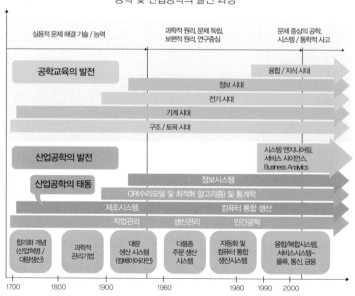

공학 및 산업공학의 발전 과정

적, 사회적 시스템 문제도 다룬다. 쉽게 말한다면 산업공학은 공학과 경영이 융합된 것이라고도 할 수 있다.

현대산업사회는 너무나 크고 복잡해져서 합리적, 효율적으로 운영하기 위해서는 새로운 발상과 과학이 필요하다. 그중에서도 시스템적 사고와 과학적 의사결정이 갈수록 중요해진다. 이런 현대산업사회에서는 산업 및 시스템 공학의 역할이 더욱 커질 것이다.

What is Engineering?

벤츠사보다 수십 배 큰 기업이 탄생한다고? / 세상에 없는 것을 만들기 위해 시작한 바이오 및 뇌공학과 /
생명과학과 의학을 뒤흔든 바이오 및 뇌공학 연구 / 바이오 및 뇌공학 연구의 최전선 /
생각의 우주, 상상력의 경계는 어디일까

8장

바이오 및
뇌공학

— 이광형

생각의 **우주**를 **탐구**하다,
바이오 및 뇌공학

미래에 혹시 벤츠사를 능가하는 고급 제품을 만드는 기업을 세우려고 한다면 주목해 보자. 벤츠사를 수십 개를 세우고도 남을 만큼 드넓은 사업 기회가 약속된 새로운 분야가 있으니까. 바로 인공 팔이나 다리다.

과장 같다고? 아니다. 차근차근 들어보자. 신체 곳곳에 바이오 센서를 달아 몸 상태를 자동으로 진단하게 하면, 몸의 이상을 미리미리 알려 보호해 줄 것이다. 그런데 여기에서 더 나아가 바이오 센서의 신호를 뇌와 서로 주고받게 하면 어떨까? 뇌 신경을 통해 몸 곳곳과 정보를 주고받는 통신 기술이 있으면 가능하다. 이것은 뇌 신경세포와 인공 전기선을 연결하여 생체 신호가 전기선을 통해 흐를 수 있게 하면 해결할 수 있다. 놀랍게도 이런 구상은 정보 기술과 뇌 신경의 활발한 융합 연구를 통해 현실이 되고 있다.

이런 제품들은 몸에 부착해야 하니 작고 가벼워야 한다. 나노 반도체와 마이크로 생체 로봇 기술이 필요하다. 이런 마이크로 부품들이 신경 통신 기술을 통해 뇌와 연결된다. 이미 오래된 외화지만, 「600만 불의 사나이」라는 드라마에 나오는 주인공을 만들 수 있는 기술이다. 이를 위해서는 전자·컴퓨터·생물·의학·기계·재료 연구자들이 힘을 모아야 한다. 그런데 정말 인공 팔이나 다리를 만든다고 사람들이 살까?

벤츠사보다 수십 배 큰 기업이 탄생한다고?

"벤츠 승용차를 살까, 팔이나 다리를 살까?"

황당한 질문 같지만, 20~30년 뒤만 돼도 익숙한 고민이 될지도 모른다. 사회가 빠르게 고령화돼 정말 팔이나 다리를 '쇼핑'해야 할 사람이 늘어날 테니 말이다. 한번 따져보자. 조만간 평균수명이 80세를 훌쩍 넘을 것이다. 지금 이 글을 읽고 있는 독자의 부모 세대인 40대와 50대는 앞으로 약 40년을 더 살 것이고, 그중 50%는 90세 이상 살 것이다. 10여 년 뒤인 2025년이면 전 국민 5명 중 한 명은 65세 이상 노인이 된다. 인구로 따지면 거의 1000만 명이다. 우리나라만의 사정일까? 고령화와 평균수명의 연장은 전 세계 국가에서 공통으로 나타나는 현상이다.

노인이 많이 사는 30년 후의 사회는 어떤 모습일까? 슬픈 이야기를 하나 해보자. 현대인은 마지막 11년 동안, 평생 쓸 의료비 대부분을 지출하고 죽는다. 노인에게 건강 문제가 그렇게 절박하다는 뜻이다. 노인의 최대 관심사는 건강이다. 그들의 욕구를 충족시켜줄 수 있다면 얼마나 좋을까. 뇌졸중이나 치매 환자에게 의사소통할 수 있게 해주거나, 잘 움직이지 않는 팔다리를 고쳐준다면 얼마나 좋을까.

인공 팔과 다리는 바로 이들을 주 고객으로 한다. 전 세계의 90세

이상 노인들 상당수가 고객이 될 것이다. 이들이 벤츠 자동차를 사는 대신에 인공 다리를 산다면, 벤츠사보다 더 큰 회사를 만드는 것도 시간문제일 것이다. 인공 다리가 딱 하나만 존재하는 건 아니다. 취향에 따라 다양한 다리를 만들어 제공할 수도 있다. 움직이는 방향이 앞뒤 두 방향뿐인 '기본형'이 있다면, 앞뒤 좌우 움직임이 가능하거나 심지어 회전까지 가능한 '고급형' 제품도 있을 것이다. 100m를 10분에 걸을 수 있는 다리도 있고 1분에 달릴 수 있는 것도 있을 것이다. 제품의 기능과 디자인에 따라서 값은 벤츠 한 대, 두 대 값으로 올라갈 것이다. 그리고 어디 다리뿐인가? 팔·손가락·눈·귀·심장·신장 등 수많은 제품도 나올 수 있다. 이래도 벤츠사를 능가하는 회사를 만든다는 게 허황한 꿈 같아 보이는가. 벤츠사 규모의 회사를 수십 개는 더 만들 수 있지 않을까?

세상에 없는 것을 만들기 위해 시작한 바이오 및 뇌공학과

"내 돈 가지고 모방하지 마세요. 세상에 없는 새로운 것을 해서 국민을 먹여 살릴 인재를 기르고 첨단 기술을 개발해 주세요. 10~20년 후 우리 국민이 먹고살 길이 보이지 않습니다. 아마도 우리의 살길은 생명공학과 정보 기술의 융합, 즉 'BT + IT'인 것 같습니다. 10~20년 후 국민이 먹고살 길을 찾아보세요. BT + IT 분야가 얼마 되지 않았으니 우선 인력 양성부터 시작하는 것이 옳은 것 같습니다."

정문술 미래 산업 회장이 카이스트에 300억 원을 주면서 당부했던 말이다. 그때가 2001년 2월 말이었다. 카이스트 바이오 및 뇌공학과가 정 회장의 당부에 맞춰 태어났다. 하나의 학과 안에 생물학, 컴퓨터, 전자, 기계, 의학, 뇌 신경 과학을 공부하는 사람들이 모여서 수업을 듣고 연구했다. 당시에는 융합 교육과 연구가 별로 익숙하지 않은 터였다. 사람들은 융합 교육과 연구를 이해하지 못했다. 선진국에도 이처럼 융합 학과가 별로 없었기에 더 낯설어했다.

그 후 10여 년이 지났다. 그동안 세계의 학문 지형이 바뀌었다. 결론적으로 카이스트 바이오 및 뇌공학과의 시도는 옳았고, 시대를 앞서 갔다. 미국의 스탠퍼드 대학교가 2002년에 바이오공학과 Bioengineering를, MIT가 2006년에 역시 같은 이름의 학과를 신설했다. 또 뇌 연구가 활발해지면서 뇌공학과가 많이 생겨났고, 국내에서도 유사한 학과가 생겨났다. 많은 사람이 황당하다고 생각했던 융합 연구와 교육은 학계에 큰 유행을 불러일으켰다. 융합하면 새로운 아이디어가 나온다는 생각도 널리 퍼졌다.

산업도 인식을 바꿨다. 삼성과 LG, 한화, SK 등 대기업도 바이오 산업에 투자하기 시작했다. 정부에서 추진하는 연구 개발 분야에 융합 분야는 꼭 들어가게 됐고, 바이오, 나노, 센서, 건강관리, 신경 분야는 중점 지원 분야로 선정돼 연구비도 많이 지원되고 있다.

카이스트의 바이오 및 뇌공학과는 바이오공학Bioengineering과 뇌공학 Brain Engineering을 합친 학과다. 생물학과 뇌 신경 과학의 기초 지식을 바탕으로 삶의 질을 향상할 수 있는 방법을 찾는다. 뇌를 포함한 생명체에 관련된 지식을 발견하고, 이를 공학적으로 응용한 기술을 개발하고 산업화한다. 또, 이를 이용해 새로운 부가가치를 창출할 수 있는 인력을 양성한다. 위에 소개한 인공 팔이나 다리라는 '사업 아이템'은 그중 한 예에 불과하다.

바이오 및 뇌공학과에서 연구하는 분야는 범위가 대단히 넓다. 이 분야를 연구하기 위해서는 크게 세 가지 분야의 폭넓은 지식이 필요하다. 먼저 생명체에 대한 연구이므로 바이오 기술^{BT}에 관한 기초 지식이 필요하다. 인체에 적용할 수 있는 실용화 기술을 개발하기 위해서는 정보 기술^{IT}과 나노 기술^{NT}의 기초를 이해해야 한다. 셋이 긴밀하게 융합해 부가가치를 창출하는 학문, 그게 바이오 및 뇌공학과다. 세 가지 기초 학문의 관계를 정리하면 다음과 같다.

- 뇌를 포함한 인체 또는 생명체 등 적용 대상이 되는 BT분야
- 실제로 제품이 구현되게 정보를 처리해주는 IT 분야
- 제품을 소형화해주는 NT 분야

생명과학과 의학을 뒤흔든
바이오 및 뇌공학 연구

최근 이뤄진 바이오 및 뇌공학 연구는 BT는 물론 IT와 NT에서 최첨단을 달리는 내용이 많다. 그만큼 생명과학과 컴퓨터, 나노 분야를 주도하는 분야다. 게다가 대개 우리의 삶을 건강하게 하는 것과 관련이 많아 사람들의 관심도 많다.

바이오 및 뇌공학의 분야 개념도

1. 마음을 위로해 주는 뇌 신경 센서 칩 등장할까

뇌는 말이 없다. 심장은 수술을 위해 열어 보면 어떤 이상이 있는지 알 수 있지만, 뇌는 그렇지 않다. 뇌 속에서 일어나는 일을 어떻게 알 수 있을까? 이것을 연구하는 분야가 뇌공학이다. 여기서 잠깐. '뇌 과학'은 들어봤는데 '뇌공학'이라는 말은 낯선 사람이 많을 것이다. 뇌공학은 뇌와 신경계의 원리를 탐구하는 방법을 제공하거나, 뇌 신경계의 질병을 진단하고 치료하는 분야다. 뇌의 기능을 회복하거나 높이는 기술도 연구한다.

그 구체적인 방법은 무엇일까? 뇌는 말이 없지만, 대신 다른 신호를 내보낸다. 뇌공학은 바로 이런 뇌 신호 혹은 뇌 영상을 좀 더 선명하게 나타내고, 이런 신호를 이용해 뇌에서 일어나는 비밀 속의 과정을 알아낸다.

뇌의 신비로운 기능은 신경세포 사이의 연결로 정해진다. 어떤 형태로, 어떤 세포가 연결되느냐에 따라 생각과 마음, 신체의 움직임과 감각이 나타나는 것이다. 뇌공학자들은 신경세포 사이의 모든 시냅스 연결과 전기적 접속에 대한 연결 지도를 찾기 위해 노력하고 있다. 유전자 전체의 지도를 그려낸 인간 게놈 프로젝트처럼, 신경 과학 분야도 이런 연결 지도를 통해 비약적인 발전을 할 수 있을 것이다.

뇌 신호 해독 혹은 마음 읽기 기술은 뇌공학에서도 가장 매력적인 분야다. 앞에서도 이야기했듯 뇌는 말이 없지만, 신호를 통해 추론할 수 있는데 이때 많이 사용하는 도구가 기능성 자기 공명 영상fMRI 장치다. fMRI 신호는 마치 사진처럼 뇌의 순간 영상(정지 영상) 신호를 분석한다. 최근 영화를 보는 사람의 후두-측두엽의 시각 영역에서 fMRI 신호를 측정하고 이용해 피실험자가 보는 영상을 거꾸로 재현하는 실험에 성공했다. 아직은 초보적이지만, 조만간 뇌의 신호로 사람의 마음을 읽어내는 데 성공할 날이 올 것이다.

뇌 신호를 통해 마음을 읽는 기술도 신비롭지만, 그 기술을 응용하면 더 신비로운 일도 가능해진다. 반대로 뇌 신호를 이용해 기계나 컴퓨터를 조절할 수 있기 때문이다. 바로 '뇌-기계 접속' 장치다. 이 장치는 사람의 뇌와 기계, 컴퓨터 또는 로봇 등을 연결해 사람이 생각하는 대로 동작하는 로봇을 만든다. 이 기술은 나중에는 고장 난 뇌 신경계의 일부를 인공 컴퓨터 칩으로 대체하는 단계까지 발전할 것이다. 이를 위해 뇌 신경계의 정보를 담고 있는 신경 신호를 측정하는 센서와 신호 전송 장치 등이 필요해질 것이다.

꿈 같은 이야기일까? 아니다. 뇌공학자들은 이미 반도체 기술을 이용해 센서를 머리카락보다 작게 만들었고, 이를 쥐, 원숭이 심지어 사람의 뇌에 이식하는 데에도 성공했다. 그뿐만 아니라 수백 개의 뇌 세포에서 동시에 나오는 복잡한 신경 신호를 파악해 어떤 신호가 어떤 행동을 불러일으키는지도 알아냈다. 컴퓨터의 월등한 계산력을 이용한 이 분석으로 현재 사람의 의도를 뇌 신호에서 파악하고, 이를 이용해 외부 기계를 조작하는 장치를 만들어 내는 데까지 성공했다.

실제 활용 사례도 있다. 사고를 당해 팔다리를 움직이지 못하는 환자의 생각을 읽어내고, 이를 컴퓨터 프로그램에 연결했다. 미국 브라운 대학교 도너휴 교수는 25세의 젊은 남성을 대상으로 이 장치를 직접 실험해 봤는데, 결과는 대성공이었다. 이 사람은 사고로 척추신경이 손상돼 팔다리를 움직일 수 없었다. 연구팀은 환자의 머릿속에 가로세로 5mm 크기의 센서 칩을 이식했다. 끝이 뾰족한(지름 0.01~0.05mm) 바늘형 백금 전극이 100개 들어 있는 초소형 신경 칩이었다. 연구팀은 이 사람의 팔 움직임을 해독하기 위해서 센서 칩을 뇌의 운동 중추 영역에 이식했고, 센서를 통해서 뇌 부위에서 발생하는 20~30개의 신경 신호를 한꺼번에 측정해 컴퓨터로 전송했다. 이렇게 전송된 신경 신호 안에는 이 사람이 움직이고자 하는 생각이 담겨 있다.

한편, 연구팀은 이 신호를 이용해 컴퓨터 화면의 커서를 움직이는 장치를 고안했다. 전체 과정을 묘사해 보면 이렇다. 먼저 환자는 옆의 보조자가 움직여 주는 컴퓨터 화면 상의 커서를 보면서 자신이 직접 손으로 마우스를 움직인다는 상상을 한다. 컴퓨터는 이때 나오는 신경 신호를 수집, 분석해 환자가 마우스를 움직이는 상상을 할 때 나오는 신호의 특징을 추출한다. 그다음에는 환자가 마우스를 움직이는 생각을 할 때 나오는 신호에 반응해 컴퓨터의 커서가 움직이도록 장치를 만든다.

이 장치를 통하여 환자는 73~95% 정도 정확도로 커서를 움직일 수 있었다. 그뿐 아니다. 환자는 이 장치를 이용해 TV의 전원, 음량, 채널도 조정할 수 있었다. 로봇 손을 컴퓨터와 연결해 손을 쥐었다 폈다 하는 동작도 할 수 있었다. 자, 이제 다시 한 번 물어보자. 인공 팔이나 다리를 만드는 일이 먼 미래의 일일까? 이를 제품처럼 만들어 판매하는 일이 허황한 일일까? 벤츠 승용차보다 더 요긴한 상품으로 날개 돋친 듯 팔리는 게 꿈 같은 일일까?

뇌공학자의 상상력은 뇌의 좀 더 깊은 곳까지 나아간다. 사람의 동작뿐 아니라 인식이나 생각을 조절하려는 시도도 했기 때문이다. 특히 '심부 뇌 자극술'은 주목할 만하다. 전극을 뇌의 깊은 부위에 삽입해 특정 영역을 자극하는 방법이다. 이 기술은 파킨슨병 환자에게 적용되고 있는데, 환자의 증상을 호전시켜주고 있다. 또한, 2012년에는 알츠하이머병 환자에서 뇌궁fornix 부위에 전극을 삽입하여 자극하면 기억력이 호전된다는 임상 실험 연구가 나왔다.

우리는 아직 인간의 뇌 구조와 기능을 제대로 모른다. 현재 신경 과학, 신경 심리학, 정신의학, 신경학 등 다양한 분야에서 뇌에 대한 연구가 활발히 진행되고 있다. 인간의 뇌 속에서 일어나는 감각, 인지, 운동, 기억, 감정 등을 상세하게 이해할 수 있다면 정신 질환, 운동 질환, 신체장애 등 다양한 질병을 빠르게 진단하고 치료할 수 있을 것이다. 더 나아가 인간의 삶의 질을 높이기 위해서 사람의 마음을 헤아리는 기술도 곧 등장할 것이다. 내 마음을 어루만져 주는 뇌 신경 칩도 나오지 않을까?

2. '신약의 인생 역전' 이끈 컴퓨터 신약 개발

바이오 및 뇌공학은 약학의 개념도 바꾸고 있다. '신약 개발'이라고 하면 아마 실험실에서 현미경을 이용해 관찰하고 화학 실험을 통해 약을 만드는 모습을 가장 먼저 떠올릴 것이다. 쥐를 이용해 효과를 실험하는 장면도 있다. 하지만 이제는 많은 부분에서 컴퓨터를 이용한 계산과 예측으로 대체되고 있으며, 여기에 바이오 및 뇌공학 분야도 큰 역할을 하고 있다.

신약 개발 과정은 크게 세 가지 단계로 구분된다. 첫 번째 단계에서는 질병의 특성을 연구하고 의약품의 표적(질병 해소를 위해 약이 작용해 바꿔야 할 몸속 단백질 등)이 될 만한 대상을 찾는다. 두 번째 단계에서는 표적에 원하는 작용을 할 수 있는 후보 물질을 발굴하고 세포나 실

험동물을 이용해 실험한다. 세
번째 단계에서는 안전성, 효능
등을 인체를 대상으로 검증하
는 인체 시험(임상 실험)이 이
루어진다. 보통 이런 단계를
거치는 데 10년 이상 소요되
며, 비용도 평균 1조 원가량 투
입된다.

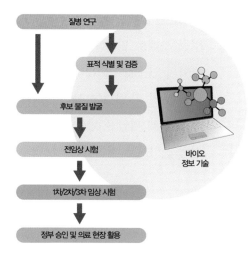

신약 개발 과정과 바이오 정보 기술

　그런데 전통적인 신약 개발
과정은 위기를 맞고 있다. 단
순한 질병은 이미 해결되거나

해결되고 있다. 따라서 인류는 점점 더 복잡하고 어려운 질병을 치료
해야 하므로 필요한 시간이나 비용이 늘어났다. 난도가 높아져 성공도
장담하기 어려워졌다. 특히 안전에 대한 사회적 인식이 확대되면서 예
기치 않은 부작용이 나타날 때의 파장은 감당하기 어려울 정도로 커
졌다. 신약 승인이 취소될 뿐 아니라 엄청난 배상 비용까지 감당하게
됐다.

　새로운 바이오 정보학에서는 인체 전체를 컴퓨터로 표현하고 분석
한다. 전통적인 방법보다 훨씬 빠르고 정확하게 표적을 찾을 수 있을
뿐 아니라, 신약 개발의 최대 난관인 부작용도 조기에 예측할 수 있
다. 기존에는 의약품 후보 물질을 찾기 위해 많은 후보 물질을 직접
세포에 넣어서 대량으로 측정했다. 하지만 컴퓨터를 이용해 기존 연
구 결과들을 종합하면, 그동안 미처 찾지 못했던 후보 물질을 비교적
쉽게 찾을 수 있다.

그뿐만 아니라 개인 맞춤형 의약품의 개발도 실현할 수 있다. 최근 성공 사례로 많이 이야기되고 것이 항암제인 허셉틴이다. 바이오 정보학의 연구로 HER2라는 유전자의 개인적 특성에 따라 허셉틴이 약효를 보일 수 있다는 사실을 알게 됐다. 허셉틴은 사실상 버려진 실패한 항암제 취급을 받았는데, 바이오 정보학이 폐기될 뻔한 항암제를 성공 신약으로 전환했다. '신약의 인생 역전'이라고 할까.

3. 안 보이는 것을 보이게 한 의료 영상 기술

우리 몸 안이 어떻게 생겼을까? 어떻게 작동하고 움직이는 걸까? 이런 질문은 단순히 호기심을 위한 것이 아니다. 뼈가 부러졌을 때나 암과 같은 질병을 진단할 때에는 절박한 의문이 되기 때문이다. 과거에는 외과 수술이나 해부를 통해 의문에 대한 답을 얻었다. 내시경 또한 소화 기관을 관찰할 수 있는 좋은 도구였다. 오늘날에는 자기 공명 영상MRI과 양전자 방출 단층 촬영PET, 컴퓨터 단층 촬영CT 등의 의료 영상 기기가 한몫하고 있다.

1895년 독일의 물리학자 뢴트겐은 파장이 0.01~10nm(나노미터, 10억 분의 1m) 범위인 방사선인 엑스선X-ray을 발견했다. 엑스선은 가시광선과는 달리 물체를 투과하는 성질 때문에 대상의 안쪽을 보는데 많이 이용됐고, 이런 장점 덕에 의료 영상 분야의 시초가 됐다. 그후 컴퓨터의 발달로 CT 기술이 개발됐다. CT는 여러 방향에서 찍은 엑스선 이미지를 컴퓨터를 이용해 3차원 영상으로 복원하는 기법이다. 이것은 해상도가 매우 높다는 장점이 있다.

엑스선과 CT는 방사선을 투과시킨 뒤 안에 있는 물질이 방사선을

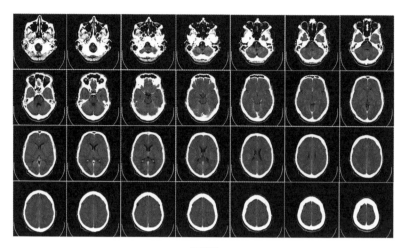

CT 영상

흡수한 정도를 측정해 영상을 얻는다. 물질의 종류나 범위, 분포에 따라 흡수량이 각기 다르므로, 이를 비교해 영상으로 재구성할 수 있다. MRI는 원리가 다르다. 강한 자기장 내에서 자기 에너지로 펄스 신호를 주면, 몸속의 원자가 공명한다. 이때 몸 안의 원자가 고주파를 내는데, 그 위치를 추적해 영상으로 재구성하면 몸속을 볼 수 있다. 1980년대 초부터 임상 진료에 사용되기 시작했고, 오늘날 여러 분야에 널리 쓰이고 있다. 특히 엑스선이나 CT와 달리 방사선을 사용하지 않기 때문에 인체에 해가 없는 안전한 진단 장비라는 장점이 있다.

1960년대 초에 개발된 PET는 인체의 생화학적 변화를 촬영하는 기법이다. 포도당, 아미노산과 같은 기본 대사물질에 방사성 동위원소 표지를 붙여 인체에 주사한다. 그리고 여기서 나오는 방사선을 검출해 영상을 구성한다. PET는 몸에 형태 변화가 생기기 전에 생화학적인 이상을 찾아낼 수 있다는 게 장점이다. 각종 질병의 조기 진단이

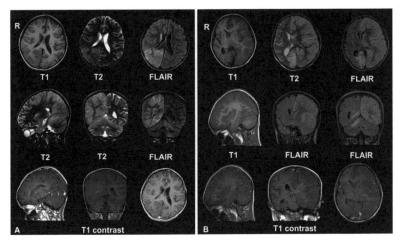

MRI

가능하다는 뜻이다. 그래서 PET는 알츠하이머와 같은 뇌 신경계 질환부터 심장 질환이나 종양 진단에 많이 이용된다.

그런데 PET는 영상 해상도가 상대적으로 낮아 질병의 정확한 위치를 파악하기 어렵다. 이런 단점을 보완하기 위해 해부학 구조를 선명하게 알 수 있는 CT를 PET에 결합한 PET-CT가 개발됐다.

CT와 PET에는 문제가 있다. 모두 방사선을 사용한다는 점이다. 따라서 방사선 신호가 서로 영향을 줘 교란시키고, 인체가 높은 방사선량에 노출되는 문제가 있었다. 그래서 방사선을 사용하지 않는 MRI를 결합한 PET-MRI가 새로 연구됐다. MRI는 골격, 신경, 혈관 등 우리 몸속의 세밀한 구조를 정확하게 나타내주고, PET는 몸속에 생긴 문제를 찾아낸다. 이 둘을 결합한 PET-MRI는 MRI로 찾아낸 정확한 위치에 어떤 이상이 있는지를 PET로 살펴볼 수 있다. 세포의 상태를 볼 수 있으므로 질병의 진행 상태를 관찰하는 데에도 유용하다. 이러

한 노력은 생물, 의학, 전자, 컴퓨터학자들의 공동
협력으로 이뤄지고 있다. 인체의 내부를 들여다보
기 위한 융합 학문의 노력은 계속되고 있다.

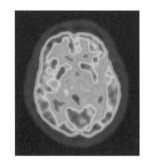

바이오 및
뇌공학 연구의 최전선

PET 영상

지금까지 소개한 연구도 매우 의학이나 생명과학, 약학, 뇌과학의
최신 동향을 선도하고 있다. 하지만 지금 현재 이뤄지고 있는 연구는
그야말로 미래를 앞두고 있는 최전선이다.

1. 첨단 의료 기기를 이끄는 나노마이크로 기술

첨단 의료 기기는 언제나 인류의 관심을 한몸에 받는다. 이 분야
는 최근 나노마이크로 기술을 통해 소형화, 간편화, 일체화를 특징으
로 크게 발전하고 있다. 바이오 및 뇌공학 연구실에서는 피 한 방울로
1초 안에 다양한 암 관련 검사를 한꺼번에 하는 미세 유체 기반 바이
오칩 기술을 개발하고 있다. 혈액 속을 돌
아다니는 1억 분의 1개 정도의 순환 암세
포를 정확하게 찾아 붙잡을 수 있는 랩온
어칩Lab on a chip 기술 연구도 활발하다. 마치
적을 쫓아가 격파하는 추적 미사일처럼 혈
관을 따라 암세포만 공격하는 나노메디슨
기술도 있다. 현재 내시경 검사를 할 때는

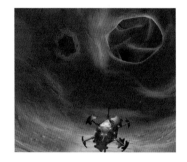

나노마이크로 의료 기기

물리적으로 조직을 절개한 뒤 조직 검사를 한다. 하지만 이런 절개 과정 없이 보기만 해도 암 조직을 판별할 수 있는 내시경 현미경 기술도 활발하게 개발하고 있다.

2. 빛을 이용한 생체 기능 조절

질병 때문에 생체 기능이 조절되지 않을 때는 외부에서 기능을 보조해 줘야 한다. 비교적 피부와 가까운 부위에 생긴 문제는 전기 혹은 물리적인 방법을 통해 기능을 회복할 수 있다. 그러나 몸속 깊은 곳에 생긴 문제는 한계가 있다. 게다가 전기나 물리적인 방법은 망가진 기능을 회복시키기에 정밀성이 낮다.

최근에는 이런 한계를 극복하기 위해서 전기가 아닌 빛을 이용해 생체 기능을 조절하려고 시도하고 있다. 빛은 정밀한 조절이 가능하며, 통증 없이 몸속 깊은 곳까지 에너지를 전달할 수 있다. 특히 매우 짧은 시간 동안 높은 에너지를 내는 특수한 빛인 극초단파 펄스 레이저가 있다. 이 빛은 그동안 라식 수술이나 금속 공정과 같이 정밀하게 가공하거나 미세 수술을 할 때 주로 이용했다. 최근 바이오 및 뇌공학과 연구실에서는 세포에 손상을 주지 않는 낮은 에너지의 극초단파 펄스 레이저를 이용하면 다양한 생체 기능을 조절할 수 있음을 세계 최초로 밝혔다.

뇌를 보호하기 위해 혈관을 감싸고 있는 혈뇌장벽은 유용한 약물이 뇌로 전달되는 것을 차단하는 기능을 한다. 이는 뇌 신경 치료의 장벽이었다. 연구진은 극초단파 펄스 레이저를 이용해 순간적으로 혈뇌장벽을 열어 약물을 전달할 수 있다는 사실을 밝혀냈다. 또 빛 자극을 이용해 동맥 혹은 민무늬근으로 이뤄진 여러 기관의 수축도 조절할 수 있었다. 빛의 깊은 투과성을 이용해 별도의 수술 없이 깊은 부위의 생체 기능까지 조절할 수 있게 된 것이다.

3. 동물과 인간의 행동 및 질병 연구

뇌 질환 환자들은 공통으로 비정상적인 사회적 행동을 보인다. 이런 사회적 행동과 뇌 질환 사이의 관계도 바이오 및 뇌공학과의 중요한 연구 주제다.

최근 바이오 및 뇌공학과 연구실과 기초 과학 연구단에서는 생쥐를 이용해 사람에게서 보이는 공감empathy이라는 사회적 행동을 보는 방법을 최초로 개발했다. 한 쥐가 전기 자극을 받는 다른 쥐를 본다고 가정해 보자. 이 쥐는 자신이 직접적인 자극을 받지 않았으니 공포 반응을 뇌에서 보이지 말아야 한다. 하지만 연구팀의 연구 결과, 이 쥐는 공포 공감 반응을 나타냈다. 사회적 행동을 보이는 것이다. 특히 한 케이지에서 함께 생활한 기간이 오래될수록 공포 공감 반응도 커

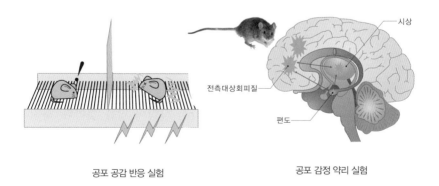

공포 공감 반응 실험   공포 감정 약리 실험

졌다. 연구팀들은 공포 감정 이입
에 관여하는 뇌 부위도 밝혀냈다.

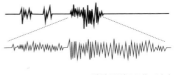

발작 동안 보이는 뇌파

또 바이오 및 뇌공학과 연구실
은 가장 흔한 뇌 질환 중의 하나
인 뇌전증(일명 간질)을 생쥐를 이용해 연구한 뒤, 뇌전증은 잠복기에
서도 만성 단계에서와 같은 사회성 결핍 증세를 보이고 비정상적인
대뇌 리듬을 보인다는 사실을 발견했다.

생각의 우주, 상상력의 경계는 어디일까

우주 비행사였던 스티브 오스틴은 훈련 도중에 사고를 당하여 한쪽
눈과 한쪽 팔, 그리고 양쪽 다리를 잃었다. 미국 항공 우주국NASA은 이
우주 비행사를 회복시키기 위해 인체 생리학에 관한 모든 기술을 동
원했다. 그 결과 그의 눈은 대상을 20배 확대해 볼 수 있고 적외선까
지 관찰할 수 있게 됐다. 한쪽 팔은 굴착기에 버금가는 수천 마력의
힘을 낼 수 있었다. 다리는 15m 높이로 뛰고 시속 100km로 달릴 수
있게 됐다. 스티브 오스틴은 인간의 능력을 뛰어넘는 바이오닉 인간
으로 다시 태어났다.

앞서 소개했던 1974년에 방영된 TV 드라마 「600만 불의 사나이」
에 나오는 주인공의 모습이다. 처음 이 드라마를 소개했을 때는 그저
영화나 드라마 속의 이야기라고만 생각한 사람이 많을 것이다. 하지
만 바이오 및 뇌공학과의 연구 내용을 들은 뒤에는 생각이 조금 달라
질 것이다. 인간의 상상은 계속되고, 바이오닉 인간을 만들기 위한 노

력 역시 이어질 것이다.

　바이오 및 뇌공학에서 다루는 분야는 광범위하고 미개척 분야이다. 그래서 어떤 사람은 어렵다고 말한다. 또 어떤 사람은 아직 모르는 것이 많아서 미래가 불확실하다고 말한다. 그러나 이런 미지 세계는 사실 크나큰 매력이다. 전공을 정하는 사람으로서 나의 인생을 모두 알려진 분야에 투자할 것인가, 아니면 미지의 세계에 투자할 것인가. 이미 많이 알려졌다는 것은 더는 새로운 것이 나올 기회가 적다는 뜻이다. 이미 존재하는 것을 조금 나아지게 하는 일을 하며 살 것인가, 아니면 존재하지 않는 것을 창조하며 살 것인가. 인간의 생각을 담은 뇌와 인체는 넓고, 상상력에는 경계가 없다. 그 세계를 탐구하는 것은 오직 도전하는 사람의 몫이다.

인체의 블랙박스를 푼,
인간 게놈 프로젝트(Human Genome Project)

최근 생명과학 연구의 트렌드를 바꾼 연구는 게놈(유전체)과 관련한 연구다. 의학은 물론 생물학, 농업과 식량, 생태계 보전 연구까지 관련되지 않는 곳이 없다. 게놈 프로젝트에 관해 알아보자.

게놈은 한 생명체가 지닌 유전자 전체를 의미한다. 유전자는 데옥시리보핵산 (DNA)이라는 물질로 이뤄져 있다. DNA는 A, T, G, C의 4가지 염기를 지니고 있으며, 이 4가지 염기(글자)로 구성된 정보 전체(도서관)가 바로 게놈이다. 사람의 전체 유전체는 30억 개의 염기 서열(글자)로 이뤄져 있다. 따라서 생명의 비밀을 담은 설계도로 곧잘 비유된다.

생명과학자들은 DNA를 이해하면 생명체의 비밀을 밝힐 수 있을 거로 생각했다. 그래서 1990년부터 미국 에너지부DOE와 국립 보건원NIH의 주도로 전 세계 연구 기관들이 이 DNA를 해독하기 위해 협력했다. NIH의 프랜시스 콜린스 박사가 주도했고, 민간 부문에서는 크레이그 벤터 박사가 큰 역할을 했다. 13년간 약 3조 원의 비용을 들인 끝에 2003년, 사람의 30억 개의 염기 서열을 처음으로 해독하는 데 성공했다. 컴퓨터 과학자와 생물학자들의 노력으로 최초로 생명체의 비밀을 담고 있는 블랙박스가 해독된 것이다.

하지만 이것은 시작이었다. 최초의 게놈 프로젝트는 몇 사람의 DNA만 분석한 것으로, 사람들 사이의 차이가 어떻게 만들어지는지에 대해서는 여전히 아무것도 알려주지 않았다. 질병을 유발하는 유전인자가 무엇인지, 수명은 어떻게 결정되는지 등도 아직 비밀에 싸여 있었다. 데이터가 너무 적어서 비교 연구를 할 수 없었다.

그 후 DNA를 쉽고 빠르게 비교할 수 있는 '마이크로어레이microarray'라는 기술이 발달해 유전자 연구에 많은 진전이 있었다. 이를 통해 수만 명에 이르는 질병을 가진 집단의 DNA와 정상 집단의 DNA를 비교 분석하는 연구가 이루어졌다. 이런 노력으로 3000여 개에 이르는 유전인자, 즉 어떤 성질(생물학적으로는 '형질'이라고 한다)을 나타내는(생물학적으로는 '발현'이라고 한다) DNA 조합을 발견했으며, 지금도 계속 발견되고 있다.

이런 유전인자 가운데 만약 어떤 병을 유발하는 유전인자가 있다면 어떨까? 그 유전인자가 작동하지 않게 하면 질병을 예방 또는 치료할 수 있지 않을까. 더 나아가 개인별 유전자를 해독하면 개인마다 유전적인 비밀을 알 수 있고, 이를 이용해 개인별 맞춤형 치료도 가능해질 것이다. 예를 들어 당신의 게놈을 분석해 봤더니 남들보다 심장병에 걸릴 확률이 높은 유전인자가 발견됐다고 해보자. 그럼 당신은 심장병을 일으키는 생활 습관을 미리 피할 수 있을 것이다.

이렇게 염기 서열 분석을 통해 개인별 유전체 지도를 만들면, 개인별 질병 치료에 놀라운 일들이 일어난다. 실제로 이런 목적으로 인종별로 1000명 이상의 게놈을 분석해 게놈 지도를 완성한 '1000 게놈 프로젝트'와 '개인 게놈 프로젝트'가 진행됐다. 이것은 처음 '인간 게놈 프로젝트'가 진행될 당시와는 비교되지 않을 정도로, 염기 서열 분석 기술이 발달했기 때문이다. 당시에는 1명분의 게놈을 분석하는 데 13년이 걸렸고 비용도 3조 원이나 들었지만, 불과 15년이 지난 요즘은 겨우 보름 안에 100만 원이라는 싼 가격으로 분석할 수 있다. 빠른 속도로 초대용량의 DNA 서열을 분석해 내는 '차세대 염기 서열 분석 기술' 덕분인데, 컴퓨터 과학의 발달이 생명과학 분야와 결합한 결과다.

한편 우리나라도 이 분야에서 활발한 활동을 하고 있다. 우리나라는 인간 게놈 프로젝트에는 아무런 기여도 하지 못했지만, 차세대 염기 서열 기술을 이용한 개인 게놈 분야에서는 놀랄 만한 성과를 내고 있다. 예를 들어 개인별 게놈을 가장 먼저 분석한 최초의 10명 안에 한국인이 2인이나 포함돼 있다. 기술 발전에 따라 많은 사람의 데이터가 쌓이면 질병의 예측이나 맞춤 의학이 더욱 정교하게 발전할 것이며, 우리나라의 역할도 점점 더 커질 것이다.

What is Engineering?

은행 업무부터 인공지능 비서까지 생활 속의 컴퓨터공학 / 다 똑같은 컴퓨터공학이 아니야! /
미래를 여는 마법, 컴퓨터공학 / 소프트웨어공학 없이 스마트폰 없다! /
미래는 공학과 함께 온다

9장

컴퓨터공학

- 배두환

현대판 마법사의 세계,
컴퓨터공학

바로 앞에 다가가자 "어서 오십시오"라며 인사를 한다. 현금카드를 넣으니 정보를 확인한다. 현금을 찾겠다고 버튼을 누르자 금액을 입력하라는 화면이 나온다. 금액과 비밀번호를 누르자 다시 잠시 몇 가지 확인 절차를 거친 뒤, "현금 인출이 승인됐다"는 말과 함께 입력한 금액이 정확히 나온다. 이 모든 과정이 불과 1~2분에 끝난다.

모두에게 익숙한 현금 자동 지급기ATM 앞에서의 풍경이다. 아주 익숙해 당연한 것 같다. 하지만 생각해 보면 놀랍다. 세상에서 가장 민감하므로 무엇보다 정확해야 할 현금(돈)을 주고받는 과정을 기계로 하고 있기 때문이다. 학교에서 또는 가정에서 몇천 원을 빌리거나 빌려준다고 생각해 보자. 서로 처음 보는 사람에게 함부로 돈을 빌려줄 수 있을까? 서로 믿지 못하면 어림없는 일이다. 만약 빌려주거나 갚는 과정에서 작은 실수가 있다면 사소한 오해부터 다툼, 심지어 큰 범죄까지 무슨 일이 생길지 모른다. 돈을 주고받는 일은 중요하고 어려운 일이다.

그런데 ATM은 이러한 과정을 사람 없이 기계가 대신하고 있다. 전 세계 어디에서나 흔히 보는 풍경이 됐는데, ATM에서 문제가 일어났다는 말은 거의 들어본 적이 없다. 대단한 정확성과 신뢰성 덕분이다. 사람도 믿지 못하는 세상에 기계로 돈거래를 하다니 얼마나 놀라운가.

이것이 가능해진 것은 컴퓨터공학 또는 컴퓨터과학이라는 새로운 학문 덕분이다. 마법처럼 세상의 자동화와 무인화를 이룩하고 있는 분야다.

컴퓨터공학이 벌이는 신비한 마법의 세계를 탐험해 보자. 사람 없이도 정확히 돈이 오가고 거대한 비행기나 우주선이 날며, 도시의 교통이 쉴 새 없이 움직이고 소리 없이 세계의 금융 전쟁이 벌어지고 있다. 마법사의 세계는 환상 소설 속에만 있다고 생각하겠지만, 역설적으로 과학과 공학이 최고로 발달한 세계는 마법사의 세계와 거의 다를 바가 없다. 그 세계에 사용되는 마법의 언어가 바로 컴퓨터공학이다.

은행 업무부터 인공지능 비서까지
생활 속의 컴퓨터공학

오늘날 우리는 깨닫지 못하는 사이에 컴퓨터공학과 함께하고 있다. 컴퓨터공학은 실생활과 밀접하게 관련된 재미있고 실용적인 문제로 가득 차 있다. 간단한 수식 계산을 도와주는 계산기부터 사람의 유전자를 분석하는 거대 프로젝트까지, 학교 앞 문구점에 있는 작은 게임기부터 온 가족이 모여 앉아 우리나라 가수의 미국 공연 동영상을 음성으로 검색하여 감상할 수 있는 스마트TV까지, 컴퓨터는 이제 사실상 우리 생활의 모든 곳에 있다.

다시 ATM의 예로 돌아와 보자. 현금을 찾는 과정은 몇 가지 단계로 구성된다. 현금을 찾고자 금액과 각종 정보(비밀번호 등)를 입력한 뒤 기다리면, ATM 기기는 입력된 정보를 확인하고 통신 케이블을 통해 각 해당 은행의 자료 저장소에 보관된 계좌를 조회한 뒤 현금 인출을 승인한다. 그 결과는 다시 통신 케이블을 통해 되돌아오고, 기계는 다시 찾을 금액만큼 지폐를 세어 사용자에게 준다.

컴퓨터공학은 이 모든 과정에 하나하나 관여한다. 사용자와 ATM 기기 사이에 정보를 주고받는 것을 도와주는 것은 컴퓨터공학의 주요 응용 분야 중 하나인 HCI(인간 - 컴퓨터 상호작용)에 의해 이뤄진다. 입력된 정보를 컴퓨터 네트워크를 통해 은행으로 보낼 때는 다른 사람이 사용자의 정보(아이디와 비밀번호)를 쉽게 볼 수 없도록 암호화하고 해독하는 과정이 들어간다. 각 은행은 고객의 정보를 쉽게 검색하고 수정할 수 있도록 데이터베이스에 저장한다. 이 과정에 적합한 컴퓨터 하드웨어를 만들고, 이 컴퓨터를 제어할 수 있는 운영체제와 응용 프로그램을 만들어야 한다. 프로그래밍언어와 컴파일러가 필요하며, 적합한 자료 구조나 알고리즘도 있어야 한다. 여기에 고객의 요구사항을 분석하고 시험, 관리하는 데 필요한 소프트웨어공학도 필요하다. 이 모든 것이 컴퓨터공학의 영역이다.

다 똑같은
컴퓨터공학이 아니야!

컴퓨터공학은 다양한 세부 분야로 이뤄져 있다. 먼저 컴퓨터 자체에 대해서 이론적으로 또 실제로 연구하는 '컴퓨터 시스템 분야'가 있다. 두 번째는 컴퓨터를 효율적으로 안전하게 사용할 수 있는 프로그램에 대해 연구하는 '소프트웨어 분야'다. 세 번째는 컴퓨터를 사용해 사람들의 삶을 더욱 풍부하게 만들어주는 '응용 분야'다.

1. 컴퓨터 시스템 분야

컴퓨터라는 기계를 구성하는 하드웨어의 구조와 컴퓨터를 사용할 수 있도록 관리하는 운영체제Operating Systems, 방대한 데이터를 관리하고 검색하는 데이터베이스Database Systems, 그리고 컴퓨터와 인터넷을 연결하는 네트워크Computer Networks 등을 연구하는 분야다. 가정에서 사용하는 개인용 컴퓨터뿐만 아니라 엄청나게 큰 자료를 처리하는 슈퍼컴퓨터, 벌처럼 작은 크기의 센서 컴퓨터까지 다양한 크기와 기능을 가진 컴퓨터를 개발하고 연구한다.

요즘 컴퓨터를 이용할 때 가장 큰 불만은 무엇일까? 아마 느린 속도가 가장 먼저 떠오를 것이다. 다시 한 번 손안의 작은 컴퓨터인 스마트폰을 생각해 보자. 애플리케이션을 실행했을 때 너무 느리면 답답하고 짜증이 날 것이다. 컴퓨터를 켤 때(부팅) 시간이 오래 걸리면 아마 안절부절못하며 시계를 쳐다본다. 이렇게 컴퓨터를 사용할 때 답답함을 느끼지 않게 하려면 어떻게 해야 할까.

한 컴퓨터에서 한 번에 하나의 프로그램을 실행하는 것이 아니라 수십 가지 프로그램을 동시에 실행하면 된다. 더 나아가면 한 번에 하나의 컴퓨터만 사용하는 게 아니라 수만 대의 컴퓨터를 동시에 사용하는 연구도 가능하다. 실제로 네이버나 구글과 같은 인터넷 서비스 기업들은 전 세계에서 들어오는 수많은 검색 요청과 많은 양의 데이터를 빠르게 처리하기 위하여 수천, 수만 대의 컴퓨터를 동원하고 있다. 또한, 전 세계 어디에서도 빠른 검색 결과를 제공하기 위해 다양한 컴퓨터 네트워크 기술을 사용하고 있다. 앞으론 우리나라에 있는 내가 전 세계에 있는 친구들과 거리감이 느껴지지 않을 정도로 쾌적한 속도와 화질로 게임과 토론을 할 수도 있을 것이다. 이렇게 컴퓨터의 성능을 향상하는 다양한 문제를 다루는 것이 컴퓨터 시스템 분야의 연구 과제다.

2. 소프트웨어 분야

두 번째인 소프트웨어 분야를 살펴보자. 이 분야는 프로그램의 기초를 이루는 분야다. 컴퓨터가 풀어야 할 문제들을 표현하고 분석하는 이산 수학, 최적의 프로그램을 올바르게 작성할 수 있도록 도와주는 자료 구조, 알고리즘, 프로그래밍언어 등의 분야가 있다.

집에서 학교까지 가는 길을 찾는 문제를 생각해 보자. 여러 길이 있을 것이다. 하지만 안전, 속도, 쾌적함 등을 생각했을 때 좋은 길은 따로 있다. 컴퓨터 프로그램에서도 마찬가지다. 주어진 문제를 해결하는 프로그램은 무수히 많은 방법으로 만들어낼 수 있지만, 같은 답을 준다고 해서 프로그램의 품질이 다 같은 것은 아니다. 프로그램 내부에서 자료를 어떤 구조로 배열했는지, 어떤 알고리즘을 사용했는지, 어떤 프로그래밍언어를 사용했는지에 따라 프로그램의 성능이 판이해질 수 있다. 문제의 성질에 따라 마치 나무처럼 가지를 치는 모양으로 자료가 정리되는 자료 구조가 더 좋을 수도 있고, 그래프 모양의 자료 구조를 사용하는 것이 더 좋을 수도 있다.

또 다른 예로 엄청나게 많은 숫자가 있다고 해보자. 이 숫자들을 크기의 순서대로 줄 세우려고 한다면, 가장 빨리 해결할 수 있는 알고리즘을 사용하는 것이 문제 해결에 가장 유리하다. 만약 중요한 프로그램이 아니라 간단하게 답만 빨리 알아도 되는 문제라면 파이썬^{Python}과 같은 스크립트 언어를 사용해도 된다. 하지만 원자로를 관리하거나 로켓을 쏘아 올리기 위해서라면 이야기가 다르다. 한 번의 실패가 치명적인 문제를 불러일으키므로 신중해야 한다. 따라서 프로그램을 실행하기 전에 프로그램의 안전성을 여러 가지로 검증할 수 있는 더 정교한 프로그래밍언어를 사용해야 한다.

3. 컴퓨터 응용 분야

컴퓨터 응용 분야는 컴퓨터를 사용해 우리의 실생활에 적용할 수 있는 모든 분야다. 컴퓨터 시스템과 프로그램 기술을 바탕으로 하며 프로그램을 더 효율적으로 개발하고 관리하는 소프트웨어공학, 사람이 좀 더 편리하게 컴퓨터를 사용할 수 있도록 연구하는 HCI^{Human} $^{Computer\ Interaction}$,(인간 - 컴퓨터 상호 작용), 전통적으로 사람이 주로 해오던 문제를 컴퓨터를 사용하여 처리하려는 인공지능$^{Artificial\ Intelligence}$ 등을 연구한다. 실제와 매우 비슷한 그림을 만들어내는 영상 처리, 인터넷을 통해 개인의 소중한 정보를 몰래 가져가는 해커들로부터 개인 정보의 유출을 막아내는 정보 보호도 응용 분야의 하나다. 컴퓨터 시대가 지속하는 한 앞으로도 더 다양한 응용 분야가 계속 만들어질 것이다.

컴퓨터공학을 이끈 현대판 마법사들

컴퓨터공학과에서 마법을 자유자재로 다룬다면, 마법을 수행하는 마법사는 어떤 사람들일까? 이 중에는 오늘날의 세계 역사를 다시 쓰는 인물들이 있다. 컴퓨터공학을 이끌었을 뿐 아니라 기업가로서 오늘날 다른 어떤 인물보다 유명하며 영향력 있는 사람들이다. 다른 어떤 분야에서도 이에 필적하는 사람은 없다.

1. 빌 게이츠

세계적인 기업 마이크로소프트사를 설립한 프로그래머이자 기업가. 어렸을 때부터 프로그램 만드는 것을 좋아한 그는 고등학생 시절 학생 성적 관리 프로그램을 만들었고, 다니던 학교에서 실제로 사용했다고 한다. 하버드 대학교에 진학한 후 폴 앨런과 마이크로소프트사를 설립해 개인용 컴퓨터 시대에 가장 기초적인 운영체제인 MS-DOS를 성공하게 시켜서 세계적인 소프트웨어 회사의 경영주가 되었다. 2008년 마이크로소프트사에서 퇴임해 현재는 자신과 부인의 이름을 따서 만든 빌 & 멜린다 게이츠라는 자선 재단을 운영하고 있다. 세계 1, 2위를 다투는 세계적인 갑부기도 하다.

2. 더글러스 엥겔버트 박사

보통 컴퓨터공학을 전공하지 않는 사람들에게는 잘 알려지지 않았지만 초창기 사용하기 어려운 거대한 전자장치에 불과했던 컴퓨터를 오늘날 우리가 익숙한 형태로 혁신을 가져온 인간-컴퓨터 상호작용 분야의 아버지라고 할 수 있다. 우리가 오늘날 매일 사용하는 컴퓨터 마우스를 처음 발명한 사람이다. 1967년 처음 세상에 선보인 마우스는 x축과 y축 좌표를 측정하는 두 개의 금속 바퀴를 나무 상자 밑에 설치한 모습이었다. 또한 이 무렵, 오늘날 웹에서 링크를 클릭하여 원하는 정

최초의 마우스 프로토타입

보로 이동해가는 하이퍼텍스트hypertext 개념을 발명한 사람이다. 이 외에도 원격 공동 작업을 위한 컴퓨터 네트워크 기술들을 개발하였다.

더글러스 엥겔버트 박사의 회사였던 SRIStanford Research Institute에서는 마우스의 발명이 얼마나 중요한 것이었는지 잘 몰랐다고 한다. 애플사는 마우스의 활용 가능성을 일찌감치 깨닫고 단돈 4만 불에 특허 실시권을 얻었다고 한다. 만약 SRI가 마우스 당 1불만이라도 받았다면 어떻게 되었을까?

3. 앨런 튜링

블레리치 공원, 앨런 튜링 조형물

20세기 초에 활약한 영국의 수학자로 논리학, 암호학 등에도 능통했고, 컴퓨터과학의 아버지로 불릴 만큼 컴퓨터 이론 분야에서 큰 업적을 남겼다. 대표적인 업적은 튜링 기계Turing Machine라 불리는 가상의 기계, 튜링은 이를 바탕으로 컴퓨터의 알고리즘을 설명할 수 있는 이론적인 근거를 마련했다. 정보를 읽고 수정하고, 기록된 기호를 정해진 순서에 따라 수행하는 방식으로 모든 알고리즘을 표현하고 설명한다. 이 가상 기계의 무한한 저장 장소는 현재 컴퓨터의 메모리 개념으로, 또 기호를 읽는 장치는 CPUCentral Processing Unit로 비유할 수 있다. 다시 말해 현대 컴퓨터의 기본 구성이 다 담겨 있었다. 튜링 기계는 이후 컴퓨터를 발명하고 알고리즘을 개발하는 데 큰 영향을 미쳤다. 1966년, 튜링을 기리기 위해 튜링 상Turing Award이라는 컴퓨터공학 분야의 노벨상과 같은 상이 생겨났다.

미래를 여는 마법,
컴퓨터공학

컴퓨터공학은 어디에 활용되고 있을까? 먼저 기존에 사람이 직접 하던 작업을 컴퓨터에서 프로그램을 사용하여 자동화하는 데 쓰인다. ATM 기기는 은행원의 작업을 자동화한 예다. 항공기의 자동 운항autopilot 기능과 무인 전투기의 비행 제어 프로그램은 기존에 파일럿의 일을 자동화했다. 음성으로 인터넷 검색을 하고 명령을 내리는 스마트폰 인공지능 비서, 여러 각도에서 촬영한 X-ray 사진이나 초음파 사진을 조합하여 3차원 정보를 재구성하는 의료 영상 기기도 모두 컴퓨터공학의 발달과 함께 현실이 되고 있다.

학문 분야에서도 컴퓨터의 활약은 두드러진다. 컴퓨터를 사용해 수학을 증명하는 일은 이제 수학 분야에서 흔한 일이 됐다. 수학은 학문 중에서도 엄밀성이 가장 필요한 분야다. 컴퓨터공학의 엄밀함은 수학자도 인정하는 셈이다. 디자인 분야도 컴퓨터가 맹활약하는 분야다. 사람이 더 편안하게 사용할 수 있는 도구를 만드는 데 기계인 컴퓨터가 활용된다니 놀랍지만, 건축, 도시계획, 인테리어, 제품 디자인 등에서는 이미 보편적인 일이 됐다. 최근에는 아예 인문학자도 컴퓨터를 활용해 연구하고 있다. 독자들이 페이스북이나 싸이월드, 유튜브 등에 남긴 소식 글이나 친구 관계를 분석하는 일이 컴퓨터를 통해 이뤄지고 있다.

그렇다면 컴퓨터공학은 현재 어떤 새로운 시도를 하고 있을까? 컴퓨터공학의 미래를 점칠 수 있는 흥미로운 연구로는 무엇이 있을지 알아보자.

1. 인공지능을 탄생시킨 체스 프로그램

체스 컴퓨터와 프로그램은 컴퓨터공학과 역사를 같이한다고 할 수 있을 만큼 오랜 시간 동안 연구 개발한 성과로 특히 인공지능의 발전에 커다란 역할을 했다.

18세기부터 체스를 둘 수 있는 기계에 대한 관심이 시작되어 컴퓨터가 생겨난 후인 1957년에 알렉스 번스타인Alex Bernstein에 의해 처음으로 체스를 둘 수 있는 완전한 프로그램이 개발됐다. 이후 체스 프로그램의 개발은 미국과 러시아의 컴퓨터과학 분야, 특히 인공지능 분야의 주도권 싸움이 돼 오랜 기간 연구됐다.

특히 1966년에 시작된 러시아의 이론물리학 연구소인 ITEPMoscow Institute for Theoretical and Experimental Physics의 체스 프로그램과 미국 스탠퍼드 대학교의 코톡-맥카티Kotok-MaCarthy 사이의 컴퓨터 체스 프로그램 대결은 해를 넘겨 1967년까지 약 9개월간 진행되는 등 많은 컴퓨터 공학자들의 큰 관심거리였다. 이러한 인공지능 전문가들 사이의 컴퓨터 체스 프로그램 대결은 1970년에 ACM(Association for Computing Machinery, 세계적인 컴퓨팅 학회로 전 세계의 많은 컴퓨터 과학자 및 컴퓨터 공학자들이 회원으로 참여하고 있다) 북미 컴퓨터 체스 대회로 이어졌다.

1980년에는 세계 마이크로컴퓨터 체스 대회가 처음 개최되었으며, 1981년에는 클레이 블리츠Cray Blitz라는 체스 전문 컴퓨터가 인간 체스 마스터를 토너먼트에서 처음으로 이겼다. 컴퓨터와 체스 세계 챔피언 간의 체스 게임은 지금까지도 계속되고 있으며, 현재는 컴퓨터가 인간 세계 우승자 이상의 체스 실력을 보유한 것으로 인정받고 있다.

한편, 체스와 같은 서양장기보다 훨씬 복잡한 수 싸움이 필요한 바둑은 아직 바둑 챔피언과 싸워서 이긴 프로그램이 없다. 언젠가는 바둑 프로그램이 이세돌과 같은 세계 챔피언과 대국하는 모습을 볼 날이 있을 것으로 기대한다. 그 역할을 이 글을 읽는 독자가 도전한다면 더 좋겠다.

2. 대통령 당선시킨 빅데이터

최근 화두가 된 '빅데이터'는 기존의 데이터를 저장하고 사용하는 컴퓨터 및 소프트웨어로는 활용할 수 없는 크고 많은 데이터와 이를 처리하는 기술(및 시스템)을 함께 일컫는 말이다. 앞으로도 많은 연구 및 개발이 필요하며 새로운 전문가도 많이 필요한 분야다. 실제로 미국의 일리노이 대학교는 약 1억 달러 규모의 연구비를 투입해 빅데이터 연구를 시작할 정도로 관심을 쏟고 있다. 우리나라에서도 관련된 많은 연구가 진행되고 있다.

대표적인 빅데이터 활용 사례는 2008년 미국 대통령 선거다. 버락 오바마 당시 대통령 후보는 엄청난 규모의 유권자 데이터를 확보한 후 이를 분석해 '유권자 맞춤형 선거 전략'을 펼쳤다. 이는 유권자의 성향을 분석한 뒤, 아직 투표할 후보를 선택하지 못한 유권자를 선별하는 방식이었다. 여기에 이들을 예측하는 데 컴퓨터 프로그램을 사용해 선거에 큰 도움을 받았을 뿐 아니라 선거 비용도 줄이는 효과를 봤다.

아마존닷컴사의 경우도 빅데이터를 사업에 연결하여 성공한 대표적인 사례다. 이 회사에서는 고객들의 구매 기록을 저장, 분석해 고객의 관심사를 예측한다. 이러한 예측에 엄청나게 많은 고객 정보가 활용됐으며, 각 고객의 취향에 맞는 상품을 소개하는 사업 전략을 펼쳐 고객으로부터 좋은 반응을 불러일으켰다. 구글 및 페이스북의 맞춤형 광고도 비슷한 맥락이다. 그밖에 구글 사의 구글 번역 프로그램도 수 많은 문장과 이들의 번역 문장을 빅데이터로 저장한 뒤, 유사한 문장을 추론해 나가는 방법을 이용하고 있다.

3. 생물정보학을 발전시킨 인간 게놈 프로젝트

컴퓨터를 사용하여 사람의 인체를 이해하고자 한 연구 프로젝트다. 1989년 미국의 국립 보건원[NIH]에서 생물학과 컴퓨터를 전공한 전문가들을 모아 시작했다. 약 30억 개에 달하는 염기 서열을 전부 해독해 10만 개의 유전자 기능을 알아내고, 유전자의 구조적 특성을 밝혀내 유전자 지도를 완성하는 것이 목표였다. 이듬해인 1990년 미국의 NIH와 에너지부[DOE]의 후원으로 시작돼 2001년 완료됐다. 우리나라는 2000년부터 관심을 두기 시작해 연간 약 100억 원 정도를 투자해 관련 연구를 하고 있다. 순수 컴퓨터 프로젝트는 아니지만, 컴퓨터 공학자의 도움 없이는 유전자 지도를 구할 수 없다는 것만은 분명하다. 관련 연구 분야인 생물정보학[Bioinformatics]은 많은 컴퓨터 전공자들이 관심을 두는 분야 중 하나다.

4. 도시와 에너지 문제 해결도 가능해

컴퓨터공학의 중요성은 미래학자들이 생각하는 미래의 모습에서도 찾아볼 수 있다. 미래학자들은 미래 세계를 주도할 중요한 문제로 도시화, 지구 온난화, 고령화를 들고 있다. 여기에도 컴퓨터공학이 관여한다.

먼저 도시화 문제를 해결하기 위해서는 통신, 상하수도, 교통 등 도시의 기본 인프라가 잘 갖춰져야 하며, 이들을 관리하고 효율적으로 활용하기 위한 컴퓨터 시스템이 필수다. 교통이 막히는 곳을 피해 운전자에게 길을 알려 준다든지, CCTV를 통해 범죄를 예방하고 범죄자를 찾아내는 서비스가 대표적이다.

지구 온난화 문제는 식량문제와 직결된다. 세계 기후를 예측할 수 있는 기후 예측 프로그램을 통해 언제 어느 곳에서 어떤 농사를 어떻게 지을까 하는 문제에 대한 답을 구할 수 있다. 고령화와 관련해서는 건강관리 산업의 성장이 예상된다. 개인 의료 정보의 전산화, 실버 로봇의 활용 등이 컴퓨터 기반 시스템으로 실현될 것이다.

이처럼 미래 세계를 주도할 차세대 산업의 발전에 없어서는 안 될 산업이 컴퓨터 산업이다. 흥미로운 것은 이들 산업의 가장 핵심 요소가 소프트웨어 산업이라는 점이다. 그런데 소프트웨어는 눈에 잘 보이지 않기 때문에 그 중요성을 간과하기 쉽다. 하지만 앞으로 점점 더 컴퓨터공학에서 소프트웨어 관련 산업이 중요해질 것이다. 조금 과장되게 표현한다면 소프트웨어 산업의 성공 없이는 어떤 산업도 성공하기 힘들 것이다. 이미 현실로 드러나고 있다. 바로 스마트폰이다.

소프트웨어공학 없이
스마트폰 없다!

스마트폰이 보편화한 요즘에 스마트폰으로 인터넷 검색을 하거나 게임을 하고 전자메일을 보내고 심지어 문서나 그림 파일을 만드는 게 당연한 일상이 돼 버렸다. 스마트폰을 만드는 애플이나 구글 같은 기업은 세계 최고의 정보 기술[IT] 업체로 꼽히고 있으며 이것 역시 너무나 익숙한 일이다. 애플이나 구글은 둘 다 소프트웨어 분야에서 출발한 회사인데, 이런 회사가 세계 IT 업계의 지형을 바꾸고 있는 모습도 오래전부터 본 듯한 착각을 불러일으킨다.

하지만 그렇지 않다. 소프트웨어 업체가 세계 IT 업계의 판도를 좌지우지하는 일은 불과 10년 전만 해도 전혀 상상할 수 없었다. 당시는 하드웨어를 제작하는 회사들이 10대 IT 기업 순위 상위를 유지하던 때다. 하지만 세상은 불과 몇 년 사이에 갑작스럽고도 놀랍게 애플과 구글의 천하로 바뀌었다.

과거 그 어떤 전쟁보다도 극적이고 역동적으로 변하는 IT 기술. 그 근간에도 컴퓨터공학이 있다. 그리고 여기에는 우리가 간과해 온 아주 중요한 사람들이 있다. 바로 프로그래머.

컴퓨터공학의 초기 목적은 아주 단순한 문제를 빨리 처리하는 것이었다. 예를 들면, 순수 수학이나 과학 계산을 하거나 많은 양의 단순한 업무를 반복적으로 처리하는 것이었다. 그 당시에는 사람의 손으로 계산하던 것을 컴퓨터라는 특별한 기계를 통해 사람보다 빠른 속도로 정확하게 계산하는 게 중요했다. 초기에는 프로그램 개발 비용보다 컴퓨터 하드웨어 자체의 비용이 크게 비쌌다. 컴퓨터는 돈이 많은 사람이나 회사만 소유할 수 있었고 컴퓨터를 활용할 수 있는 분야도 제한적이었다. 값비싼 컴퓨터를 하루 24시간, 1년 365일 쉬지 않고 활용하는 것이 최우선 목표였기 때문에, 하드웨어 비용을 줄이기 위한 연구가 활발히 진행됐다.

반면, 현재는 컴퓨터 기술의 놀라운 변화로 하드웨어의 가격이 매우 낮아졌고, 프로그래머의 인건비가 상대적으로 높아졌다. 이제는 가정

	1980년		1990년		2000년		2010년	
1	IBM	HW	IBM	HW	시스코	HW	애플	HW
2	코닥	HW	히타치	HW	마이크로소프트	SW	마이크로소프트	SW
3	휴렛팩커드	HW	파나소닉	HW	노키아	HW	구글	SW
4	파나소닉	HW	루슨트 테크놀로지	HW	인텔	HW	IBM	SW
5	소니	HW	NEC	SW	오라클	SW	오라클	SW
6	산요	HW	소니	HW	IBM	SW	인텔	HW
7	텍사스 인스트루먼트	HW	코닥	HW	EMC	HW	시스코	HW
8	모토로라	HW	후지쯔	SW	에릭슨	HW	삼성	HW
9	에머슨	HW	샤프	HW	텍사스 인스트루먼트	HW	휴렛팩커드	HW
10	유니시스	SW	산요	HW	루슨트 테크놀로지	HW	퀄컴	HW

시가 총액 기준 세계 10대 IT 산업(1980~2010년), 정보통신산업진흥원 자료

의 개인 컴퓨터 성능이 예전에 회사에서나 소유할 수 있었던 수십억 원의 컴퓨터 성능보다 훨씬 좋아졌다. 사회 전반에 걸쳐 컴퓨터를 사용하지 않는 곳도 거의 없어졌다. 이렇게 컴퓨터의 활용도가 높아지고 응용 분야가 광범위해지자 이제는 다양한 프로그램을 잘 개발할 수 있는 훌륭한 프로그램 개발자가 필요한 시대가 되었다.

앞서 애플과 구글의 사례를 예로 들었지만, 지난 40년간 시가 총액 기준 세계 10대 정보 기술ᴵᵀ 회사들의 순위 변화를 보면, 1980년에 비해서 2010년에는 소프트웨어 기업의 비중이 늘어났음을 알 수 있다. 또 미국에서 조사한 자료를 보면 젊은이들이 가고 싶은 직장 1위에서 4위까지가 모두 소프트웨어 기업일 만큼 컴퓨터공학 분야에서도 특히 소프트웨어 분야의 인기가 높다. 앞으로 발전 가능성이 매우 높은 셈이다. 특히 교육열이 높은 우리나라에서 도전해 볼 만한 분야다.

미래는
공학과 함께 온다

세계 시장은 하드웨어 중심의 제조 산업에서 소프트웨어 중심으로 급격히 변하고 있다. 현재 세계 소프트웨어 시장은 약 1조 달러인데, 이는 반도체 시장의 4배, 휴대전화 시장의 6배 정도로 그 규모가 매우 크다. 또 앞으로 5년간은 연간 5% 수준의 성장이 예상되고 있다. 하드웨어와는 비교할 수 없을 만큼 규모가 크다. 소프트웨어 연구 개발의 중요성을 엿볼 수 있는 대목이다.

삼성전자와 애플의 스마트폰 판매 대수와 이익률을 살펴보면 그 차이는 분명히 드러난다. 2009년도의 자료에 따르면, 삼성전자는 227만 대를 판매하여 42조 1000억 원의 매출을 이룬 반면, 애플은 25만 대를 판매해 17조 9000억 원의 매출을 달성했다. 판매 대수에서는 삼성전자가 무려 9배 정도 앞서 있지만, 이익률에서는 삼성전자는 9.8%에 비해 애플이 28.8%로 3배 가까이 높다. 영업 이익도 애플이 5조 원으로 삼성전자의 4조 1000억 원보다 더 많다. 소프트웨어 중심의 애플이 하드웨어 중심의 삼성전자보다 훨씬 경쟁력이 높은 셈이다.

현재 세계 정보 산업계는 하드웨어 제조 중심에서 소프트웨어 쪽으로 이동하면서 하드웨어와 소프트웨어, 서비스가 함께 결합하는 시대가 됐다. 현재 전 세계는 서비스 시대 또는 지식 서비스 시대로 나아가는 추세. 우리가 시대와 발맞추지 못하고 소프트웨어 역량을 키우지 못한다면 성공적인 서비스 시대를 바라볼 수 없을 것이다. 이 점이 바로 소프트웨어 연구와 개발이 중요한 이유이고, 이러한 소프트웨어의 연구 개발을 주 분야로 하는 컴퓨터공학이 미래에 더 큰 역할을 할 것으로 기대되는 이유다.

What is Engineering?

공기같이 익숙해 오히려 낯선 공학 / 스마트폰 세상도 이제는 구식이다, 5세대 이동통신 /
정보 개념을 바꿀 차세대 인터넷 / 구글과 MS, 아마존을 키운 클라우드 컴퓨팅 /
메모리 반도체의 신화를 시스템 반도체로! 차세대 반도체 / 인간형 로봇 개발 /
일상을 바꾸는 가장 강력한 힘, 전자공학 /
ICT(Information & Communication Technology) 융합 기반 새로운 산업 생태계

10장

전자공학

— 조동호

일상을 바꾸는 가장 **강한 힘**, 전자공학

졸업이 얼마 남지 않은 독자에게 물어보자. 졸업 선물로 무엇을 받고 싶어 할까? 근사한 최신형 스마트폰, 디지털카메라, 태블릿PC, 랩톱……. 남녀를 불문하고 상위권에 들어가 있을 목록이다. 하지만 100년, 아니 수십 년 전만 해도 이것을 선물로 받는다는 것은 꿈에도 꾸지 못했을 제품이다. SF소설이나 영화에서나 구경해 봤을까…….

하지만 이제는 많은 사람이 스마트폰을 쓰고 태블릿PC나 랩톱 보급률도 높다. 디지털카메라를 이용한 사진 촬영은 전 국민적인 여가 활동이 됐다. 무엇이 이런 생활을 가능하게 했을까? 우리 일상을 변화시킨 가장 강력한 힘, 바로 전자공학이다.

공기같이 익숙해
오히려 낯선 공학

이제 전자제품이 없는 일상은 꿈꾸기 어렵다. 태블릿PC처럼 기존에는 없던 새로운 제품도 있지만, 디지털카메라처럼 기존에 존재하던 제품을 전자식으로 새롭게 바꾼 것도 있다. 스마트폰처럼 기존에 있던 제품에 새로운 기능을 추가해 전혀 다른 가치를 창조한 것도 있다. 전자레인지처럼 지극히 기본적인 의식주를 해결하는 기술에도 전자공학이 쓰이고, 인공위성의 자세를 제어하거나 우주선을 원격 통제하는 기술도 전자공학이 맡는다. 자기 공명 영상MRI은 몸의 이상을 빠르고 정확하게 진단하는 의료 기기로 전자공학 기술이 뒷받침되었기에 탄생할 수 있었다.

하지만 너무 익숙하면 오히려 정의를 내리기 어려운 경우도 있다. 전자공학도 그렇다. 위키백과를 보면 전자공학은 '구동력으로써 전력을 이용하는 장치, 시스템 또는 부품을 개발하기 위해, 전자의 운동을 과학적으로 연구하는 공학'이다. 쉽게 이야기하면 전기에너지(전력)와 이를 이용하는 기기, 그리고 전자를 연구하는 학문인 셈이다.

전자공학이 적용되는 대표적인 산업 분야는 크게 정보통신, 컴퓨터, 반도체 산업, 제어 산업으로 나눈다.

(1) 정보통신 산업: 정보 산업 중 네트워크를 통한 정보의 유통을 담당하는 산업으로서 '정보네트워크 산업'이라고도 한다. 전기통신 · 방송 전부와 정보 처리의 일부(온라인 부분)가 포함된다.

(2) 컴퓨터 산업: 정보 산업 중 특히 컴퓨터에 관련하는 제품을 제조 · 판매하는 산업이다.

(3) 반도체 산업: 반도체 재료와 반도체 전자회로 소자를 제작하고 응용하는 분야로서 반도체 소자를 응용한 기기를 만드는 것도 포함된다. 요즘 반도체를 쓰지 않는 전자제품은

드물어서 사실상 전자 산업의 근간이다.

(4) 제어 산업: 자동화의 기초 기술인 계측·자동 제어 및 이에
관련되는 기술의 바탕을 이루는 산업으로 우주, 통신, 환경,
생명 등의 미래 산업 분야의 기반 기술로써 필요성이 더욱
높아지고 있다.

전자공학 각 분야에서 세계적으로 인정받은 인물에 관해 알아보자.
정보통신 분야의 대표적 석학으로는 전자파 현상을 규명한 맥스웰,
무선통신의 선구자 마르코니, 최초로 전화기를 발명한 벨, 정보이론
과 디지털회로 이론의 창시자인 샤논 등이 있고, 컴퓨터 분야의 석학
으로는 컴퓨터를 발명한 폰 노이만, 개인용 컴퓨터 소프트웨어를 개
발하여 컴퓨터의 대중화를 선포한 빌 게이츠가 있다. 반도체 분야의
석학으로는 트랜지스터를 발명하여 전자 소자의 새로운 시대를 연 쇼
클리, 비휘발성 반도체 기억 장치를 개발한 강대원, 집적회로를 발명
하여 마이크로일렉트로닉스가 가능하게 한 킬비, 집적회로 설계의 선
구자인 무어 등이 있으며 제어 분야 석학으로는 전자 유도 현상과 전
기분해 법칙을 발견한 패러데이, 나이퀴스트 간격을 제안한 통신공학
자이면서 피드백 증폭기의 안전성을 판단하는 나이퀴스트 판정 조건
이론을 완성한 나이퀴스트 등이 있다.

세부 분야	이름	주요 공적
정보통신	맥스웰 (1831~ 1879년, 영국)	• 1861년 삼원색의 혼합으로 모든 색을 표현할 수 있다는 것을 응용하여 컬러 사진 제작 • 1864년 전자파 방정식을 만들었으며, 빛과 전자파의 파동은 같다는 것을 증명 • 1874년 쿨롱의 법칙을 쿨롱보다 효과적으로 증명
	마르코니 (1874~ 1937년, 이탈리 아)	• 1899년 무선 통신기를 이용해 영국에서 등대선 조난 구제에 처음으로 성공 • 1901년 대서양을 사이에 두고 행한 통신에 성공. 무선을 각종 통신에 실용화 • 1907년 유럽과 미국 사이의 공공 통신 사업 시작 • 1909년 브라운과 함께 노벨 물리학상 수상
	벨 (1847~ 1922년, 미국)	• 1875년 최초의 자석식 전화기를 발명 • 1877년 '벨 전화 회사'를 설립 • 1880년 《사이언스》를 창간
	샤논 (1916년~ 2001년, 미국)	• 1948년 「통신의 수학적 이론」 논문 발표 • 1949년 「보안 시스템의 통신에 관한 이론」 발표 • 1950년 인공지능 체스 알고리즘의 기반인 「체스를 두는 컴퓨터 프로그램」 논문 발표
컴퓨터	폰 노이만 (1903~ 1957년, 미국)	• 1942년 '맨해튼 계획'에 참여, 컴퓨터 프로그램 내장 방식을 「전자계산기의 이론 설계 서론」에 발표 • 1944년 기상연구용 컴퓨터 고속도 전자계산기(MANIAC)의 연구·제작과 수치해석에 기여한 공로로 페르미(Fermi)상 수상 • 1949년 에드박(EDVAC; Electronic Discrete Variable Automatic Computer)이라는 새로운 개념의 컴퓨터 발명
	빌 게이츠 (1955년~ 현재, 미국)	• 1975년 마이크로소프트사 설립 및 개인용 컴퓨터 소프트웨어 개발 • 2000년 빌 앤드 멜린다 게이츠 재단 설립 • 2005년 영국 명예 KBE훈장, 외국인 대상 명예 훈장 수상

	쇼클리 (1910~ 1989년, 미국)	• 1955년 쇼클리 반도체 연구소(Shockley Semiconductor Laboratory)설립 • 1956년 P · N 접합의 전자론적 연구 등 전자 연구에 이바지한 공로로 노벨 물리학상 수상
반도체	강대원 (1931~ 1992년, 한국)	• 1960년 트랜지스터(MOSFET) 최초로 개발 • 1967년 부상 갑문형 비휘발성 반도체 기억장치 (Floating Gate non–volatile semiconductor memory)를 최초로 개발 • 2009년 미국 상무부 산하 특허청의 발명가 명예의 전당 (National Inventors Hall of Fame)에 오름
	킬비 (1923~ 2005년, 미국)	• 1959년 반도체 공정을 이용한 집적회로 발명 • 1982년 토머스 에디슨, 헨리 포드와 나란히 발명가 명예의 전당에 등재 • 2000년 고속 트랜지스터와 레이저 다이오드, 집적회로(IC) 등을 개발하여 현대 정보 기술(IT)의 토대를 마련한 공로로 2000년도 노벨 물리학상 수상
	무어 (1929년~ 현재, 미국)	• 1965년 집적회로 설계의 선구자로 《일렉트로닉스》 매거진의 기사에 무어의 법칙을 발표 • 1968년 인텔 공동 창립 • 2001년 캘텍에 6억 달러 기부, 캘텍 무어 실험실 설립
제어	패러데이 (1791~ 1867년, 영국)	• 1831년 전자 유도 현상 발견 • 1833년 전기분해 법칙 발견 • 1844년 빛의 편향면이 자계에 의해 회전한다는 패러데이 효과 발견
	나이퀴스트 (1889~ 1976년, 미국)	• 1928년 '나이퀴스트 간격' 개념 창안 • 1932년 '나이퀴스트 판정 조건' 이론 완성

다음부터는 주요한 최근 이슈가 되고 있는 주요한 전자공학 프로젝트를 살펴보겠다. 일상에서 만날 수 있는 거의 모든 문명의 이기를 포함하며, 대단히 첨단을 달리는 분야다. 전자공학의 주요 최신 성과를 통해 진정한 첨단 공학의 맛을 느낄 수 있을 것이다.

스마트폰 세상도 이제는 구식이다, 5세대 이동통신

2018년 강원도 평창에서 열릴 동계올림픽을 상상해 보자. 우리가 모르는 세상이 펼쳐질 예정이다.

선수단, 기자단, 관람객들이 인천 국제공항을 통해 입국한다. 그런 데 이상하다. 여권 없이도 신분을 확인하고 있다. 스마트 기기, 홍채·안면 인식을 이용한 개인 인증 덕분이다.

입국자들에게는 개인 식별이 가능한 단말기가 별도로 지급된다. 개 인별 맞춤형 단말기는 방문객이 경기장과 숙박 시설을 더욱 쉽게 찾 아갈 수 있도록 돕는다. 이동하는 버스나 고속 열차 안에서 초고속 무 선 인터넷망에 접속할 수도 있다. 3D 홀로그램을 활용해 대회 일정과 경기장 정보가 실시간으로 제공된다.

개인 식별 정보를 바탕으로 소셜 네트워크를 구성하는 동계올림픽 용 소셜 네트워크 서비스SNS도 있다. 관심사가 비슷한 사람끼리 네트 워크를 형성하고 정보를 공유한다. 경기장에서는 같은 나라 사람끼리 즉석에서 네트워크를 형성해 실시간 소셜 응원을 펼친다. 외국인은

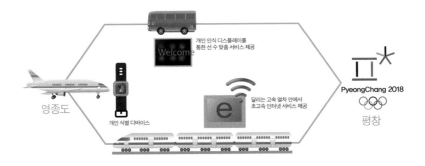

자국어로 번역된 경기 및 선수 정보 서비스를 받는다. 경기장이나 관광 명소에서는 미리 설치된 소형 기지국을 통해 서비스를 이용한다. 방문객이 소지한 단말기와 기지국이 서로 통신하며 정밀한 위치 기반 정보 서비스를 제공한다. 시청자를 위한 실시간 경기 시청 서비스도 있다. 시청자들이 경기장에 있는 듯한 착각을 불러일으킬 수 있는 실감 서비스다.

VIP석에 앉아 있는 것 같은 실감 서비스, 경기장에서 뛰는 선수와 비슷한 느낌이 들 수 있는 다차원 시청각 정보 서비스, 경기장과 유사한 온도나 습도 환경을 집에서 체감할 수 있는 기상 환경 재연 서비스 등도 가능하다. 지식 통신 인프라를 통해 외국 선수단과 관광객들에게 우리나라를 체험할 수 있는 정보도 전달한다. 사용자가 이동하는 장소에 맞춰 우리나라의 국가 지명도를 높일 수 있는 관광 정보를 계속해서 제공한다.

위와 같은 시나리오는 5세대 이동통신 시스템을 활용한 지식 통신의 예다. 5세대 이동통신 시스템은 현재 쓰고 있는 4세대 이동통신 시스템의 1000배의 용량을 지원하는 빠른 이동통신이다. 에너지 효율을 극대화하며 1조 개의 사물들이 무선 네트워크에 연결돼 모든 사물이 지능을 갖는 이동통신 환경을 구축할 수 있다. 지금보다 더 넓은 주파수 대역을 효율적으로 활용할 수 있고, 수많은 안테나 사이의 효과적인 신호 처리가 가능하다. 이를 통해 모든 사물이 통신 기능과 센싱(감지기) 기능, 정보 처리 기능을 가진다. 지금은 첨단이라고 생각하는 스마트폰도 5세대 이동통신에 비하면 구식이다. 사물이 지능을 갖는 네트워크는 사람 중심의 스마트폰 네트워크와는 비교할 수 없는 지식 세상을 펼칠 것이기 때문이다.

예를 들어보자. 기존의 애플리케이션(앱) 중심의 이동통신 생태계는 그저 프로그램 생태계였다. 하지만 5세대 이동통신에서는 '지식' 스토어로 진화할 것이다. 즉 이제는 프로그램이 아니라 인간이 필요로 하는 지식 자체를 제공하는 단계가 되는 것이다. 이것은 막대한 양의 콘텐츠가 모이면 그 자체에서 새로운 의미와 지식을 형성할 수 있기 때문이다. 마치 뇌세포가 모여서 뇌가 되면 '생각'이 탄생하는 것과 같은 이치다.

그러면 사람들 사이의 교류를 넘어 사람과 사물이 교감하는 세상이 된다. 대용량의 클라우드 서버와 사용자 중심의 자율 네트워크가 유기적으로 연동되고, 인간이 필요로 하는 다양한 콘텐츠에서 지식이 끊임없이 가공되고 생산된다. 우리의 일상에서 모든 사물이 끊임없이

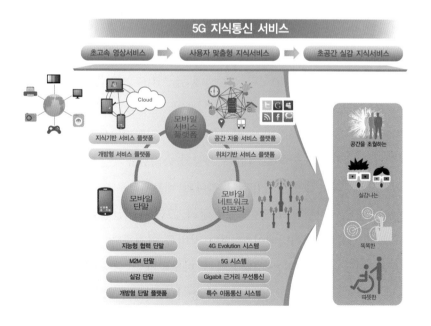

사용자 중심의 데이터를 생성하고, 우리가 필요로 하는 정보를 제공하며 우리의 일상을 돕는다. 마치 하나의 유기체처럼 말이다.

실제로 5세대 이동통신 시스템은 신경조직 같은 그물망을 통해서 연결될 것이며, 다양한 경험과 사고를 기반으로 지식을 제공하거나, 주변 상황에 빠르게 적응할 것이다. 이는 우리 인간의 신경망의 특성과 유사하다.

정보 개념을 바꿀
차세대 인터넷

폭증하는 인터넷 트래픽(정보량) 및 다양한 서비스 요구를 만족하게 하기 위해 인터넷망을 고속화하고, 용량을 늘리는 일은 대단히 중요하다. 또 서비스 품질 보장Quality of Service: QoS도 필수다. 이런 문제를 모두 해결한 차세대 인터넷망이 전자공학의 주요한 연구 과제다.

차세대 인터넷은 다양한 서비스를 제공할 수 있어야 한다. 또 여러 단말장치들을 이용해 언제나 인터넷에 접근할 수 있어야 한다.

실제 개발 사례를 보자. 그리드Grid는 미국 시카고 대학교 컴퓨터공학과 교수인 이언 포스터가 창시한 차세대 인터넷망으로, 연결된 모든 컴퓨터의 계산 능력을 결합해 가상의 슈퍼컴퓨터를 이룬다. 또 지리적으로 멀리 떨어진 컴퓨터를 하나의 네트워크로 연결한다. 한 번에 한 곳에만 연결할 수 있는 웹과 달리, 그리드는 신경조직처럼 세계 곳곳의 컴퓨터, 데이터베이스, 첨단 장비를 연결한다. 그리드에 연결할 수 있는 첨단 장비는 생명공학BT, 나노공학NT, 환경공학ET을 지원하는 가속기, 열 분석기, 전자현미경 등이다. CAVE(신종 가상현실 디스

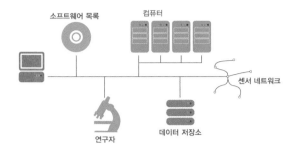

소프트웨어 목록　　컴퓨터

센서 네트워크

연구자　　데이터 저장소

플레이 장치)와 같은 차세대 IT 애플리케이션도 다룰 수 있다.

그리드 컴퓨팅은 최근 활발히 연구가 진행되고 있는 분산 병렬 컴퓨팅의 한 분야다. 원거리통신망WAN, Wide Area Network으로 연결된 서로 다른 기종의 컴퓨터들을 묶어 가상의 대용량 고성능 컴퓨터를 구성하여 고도의 연산 작업 혹은 대용량 정보 처리를 수행한다. 대용량 데이터에 대한 연산을 작은 소규모 연산들로 나누어 작은 여러 대의 컴퓨터로 분산시켜 수행하는 셈이다. 그래서 개인 컴퓨터로 다른 장비나 컴퓨터를 원격 조정할 수도 있다.

현재 그리드 프로젝트는 1998년 처음 등장해 미국, 유럽, 일본 등이 상용화 목표로 진행 중이다. 미국은 인간 게놈 지도 프로젝트와 지진 예측 분석 사업 등을, 유럽 연합EU은 연구 시험망 TEN-155, 유럽 데이터 그리드(기초 과학 연구용) 그리고 유로 그리드(산업 기술 연구용) 등을 추진하고 있다.

그리드 컴퓨팅은 미국에 있는 대부분의 컴퓨터에서 중앙처리장치가 할당된 작업에 평균 25%의 시간밖에 활용하지 못한다는 사실에 착안했다. 그리드 컴퓨팅은 기업이 초고속 인터넷 접속을 통해 원거리의 컴퓨터를 쉽게 연결하고, 엄청난 양의 데이터를 다룰 수 있기 전까지는 불가능했다.

그리드 컴퓨팅은 네트워크에 연결된 수많은, 사용되지 않고 있는 자원들(예를 들면 데스크톱 컴퓨터의 CPU, 디스크 저장 장치 등)을 활용함으로써 대규모 연산이 필요할 때 강한 기능을 발휘한다. 재정 문제와 같은 금융 과학부터 유전체 분석, 지진 시뮬레이션, 기후 변화 모델링과 같은 자연과학 문제 해결에 이르기까지 매우 복잡한 연산이 필요한 문제를 해결할 수 있다.

구글과 MS, 아마존을 키운 클라우드 컴퓨팅

클라우드는 이용자의 모든 정보를 인터넷상의 서버에 저장하고, 이 정보를 각종 IT 기기를 통하여 언제 어디서든 이용할 수 있다는 개념이다. 마치 구름 cloud과 같이 무형의 형태로 존재하는 하드웨어와 소프트웨어를 자신이 필요한 만큼 빌려 쓰고 이에 대한 사용요금을 지급하는 방식의 컴퓨팅 서비스다. 서로 다른 물리적인 위치에 존재하는 컴퓨팅 자원을 가상화 기술로 통합하기 때문에 가능하다.

클라우드 컴퓨팅을 도입하면 기업 또는 개인은 컴퓨터 시스템을 유지·보수·관리하기 위해 쓰는 비용과 서버를 구매하거나 설치하는 비용, 소프트웨어를 구매하는 비용 등 엄청난 비용과 시간, 인력을 줄일 수 있다. 에너지도 절감할 수 있다. 또 PC에 자료를 보관할 경우 하드 디스크 장애 등으로 자료가 손실될 수도 있지만, 클라우드 컴퓨팅 환경에서는 외부 서버에 자료가 저장되기 때문에 안전하게 자료를 보관할 수 있고, 저장 공간의 제약도 극복할 수 있다. 무엇보다 언제 어디서든 자신이 작업한 문서 등을 열람·수정할 수 있다는 점이 강점이다. 물론 서버가 해킹당할 경우 개인 정보가 유출될 수 있고, 서버 장애가 발생하면 자료 이용이 불가능하다는 단점도 있다.

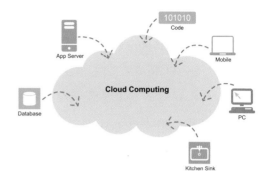

요즘은 구글, 네이버, 다음 등의 포털에서 구축한 클라우드 컴퓨팅 환경을 통하여 태블릿PC나 스마트폰 등 휴대용 IT 기기로 손쉽게 각종 서비스를 사용할 수 있게 됐는데, 이용 편리성이 높고 산업적 파급효과가 커서 차세대 인터넷 서비스로 주목받고 있다.

메모리 반도체의 신화를 시스템 반도체로!
차세대 반도체

우리나라 반도체 산업은 1982년 이후 국가 경제를 주도하고 있다. 2012년의 경우 세계 IT 및 반도체 산업의 회복과 메모리 가격 상승으로 우리나라 총 수출액 중 반도체 수출이 차지하는 비중은 9.1%였다. 이는 2010년부터 진행된 모바일 인터넷 기반의 스마트폰 등 스마트 기기들이 급속히 보급되면서 수요가 급상승했기 때문이다.

범부처적 반도체 연구 개발 국책 사업인 '메모리 개발 사업'을 추진하면서 우리나라의 반도체 신화가 시작됐다. 반도체 메모리 기술의 자립화가 이뤄졌고, 세계 D램 시장점유율 1위를 달성하는 발판을 마련했기 때문이다. 이후 D램으로 축적된 기술과 실무 경험을 바탕으로

플래시 메모리 등 차세대 메모리 분야에도 성공적으로 진출했다. 현재 우리나라는 메모리 반도체에서 최강국이다.

하지만 문제도 있다. 반도체 업체는 매년 30% 이상의 D램 가격 하락을 미세 공정을 통한 원가 절감으로 극복해왔다. 하지만 이런 미세 공정도 30나노(nm)급까지는 별 무리 없이 진행할 수 있었지만 20nm급으로 진입하면서 어려움을 겪었다. 기술 난이도가 확 높아진 것이다. 공정 중 오차가 발생해서는 안 됐고, 미세화 공정에 따른 비용도 증가했다. 가공해야 할 단위 공정 수는 늘어났다. 또 새로운 공정 도입도 필요한데, 이는 곧 막대한 투자로 이어졌다.

해답은 차세대 반도체다. 차세대 반도체는 기존 메모리 반도체와 데이터 저장 방식이 다른 반도체다. D램과 낸드플래시는 반도체 내부에 축적된 전하의 유무에 따라 0과 1로 구분하여 디지털 정보(데이터)를 저장한다. 하지만 차세대 반도체는 저항 크기에 따라 0과 1을 구분한다. 저항이 작아서 전류가 잘 흐르면 1로, 저항이 커서 전류가 잘 흐르지 않으면 0으로 계산된다. 이 방법은 기존 메모리가 해결하기 어려웠던 10nm 이하 공정 개발까지 가능하다.

메모리 반도체를 저전력·고효용으로 업그레이드한 차세대 반도체도 떠오르고 있다. 향후 2~3년 후엔 일부 차세대 반도체가 상용화될 전망이다. 차세대 반도체 상용화 관건은 기존 반도체보다 원가 경쟁력이 뛰어나고, 신뢰성이 있느냐. 차세대 메모리는 저항 소자를 활용하므로 사용 환경과 조건에 따라 예상치 못한 문제가 발생할 수 있다. 하지만 현재 전망으로는 해결책이 있으며, 조금씩 시장을 확대해 나갈 것으로 예상하고 있다.

현재 우리나라는 메모리 반도체 분야는 세계 최고 수준이지만, 고부

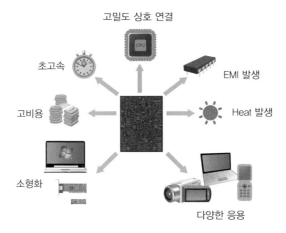

가가치를 내는 시스템 반도체까지 포함한 종합적인 반도체 분야에서는 아니다. 메모리 산업의 주도권은 더욱 강화하고, 열악한 시스템 반도체 산업의 경쟁력은 높이기 위해 노력하고 있으며, 스마트폰이 보편화 되면서 그 성과가 나타나고 있다.

인간형
로봇 개발

로봇 산업은 60년대 산업용 로봇을 시작으로 급속도로 발전하였으며 현재는 휴머노이드, 서비스 로봇 등의 다양한 지능 로봇을 제작하기에 이르렀다. 그에 따라 시장 규모도 폭발적으로 확대되고 있으며, 2020년에는 자동차 시장과 비슷한 5,000억 달러 규모로 성장할 것으로 예측하고 있다. 세계 1위 로봇 강국인 일본은 대기업 주도로 개인 서비스 로봇·제조업 로봇 중심으로 연구 개발이 활성화되어 있고, 세계 2위 로봇 기술 강국인 미국은 군사, 우주 등의 전문 서비스 로봇과 인공지능 로봇 등에서 시장을 주도하고 있다.

우리나라는 2000년대에 차세대 10대 성장 동력 산업의 하나로 지능형 로봇을 선정했고, 세계적인 로봇 공학 기술 강국으로, 산업용 로봇 보급 대수에서 미국, 일본, 독일에 이어 세계 4위다. 또한, 새로운 지능형 로봇 분야에서 세계 3대 강국을 목표로 대학, 연구소, 기업, 정부가 적극적으로 기술 개발에 매진하고 있다. 특히 우리나라는 그동안 개발된 기술을 기반으로 새로운 지능형 로봇이 등장하기에 좋은 환경을 갖추고 있다. 반도체와 정보통신 기술을 기반으로 로봇 강국이며 각종 국내외 로봇 대회에서 우리나라가 세계적인 기술 수준을 꾸준히 유지하고 있다.

지능형 로봇이라 함은 사람처럼 시각, 청각 또는 촉각과 같은 감각을 통해 외부의 정보를 입력받아 스스로 판단해 그 결과에 맞게 적절한 행동을 하는 로봇을 지칭한다. 지능형 로봇은 크게 산업용 자동화 로봇과 개인 가정용 서비스 로봇으로 구분되며 개인 가정용 서비스 로봇은 수행 목적에 따라 오락, 교육, 방범, 청소, 의료 로봇 등으로 구분되는데, 지능형 로봇의 비전인 삶의 질 향상, 인간 고립화 및 고령화 사회 대응, 정보화 사회 대응을 달성하기 위해서 다양한 서비스 로봇이 개발되고 있으며, 이를 위해 제어 기술, 운동 기술, 감각 기술 등의 요소 기술이 개발되고 있다.

인간형 로봇의 눈 기능은 컴퓨터 시각 기술로, 팔과 다리의 기능은 기구 설계와 정밀 제어 기술로, 뇌의 기능은 인공지능 응용 기술로, 대화 기능은 음성인식과 학습 기술로, 협동 작업 기능은 다개체 제어 기술 등으로 구현한다. 인간형 로봇 공학 기술은 이처럼 사람의 다양한 능력 개발을 기술 목표로 하므로 각 분야의 최첨단 기술을 필요로 한다. 앞으로 나노공학, 생명공학 등의 더 많은 첨단 기술이 로봇에 접목 될 것이며 그 응용 분야도 가정, 의료, 국방, 사무실, 공공 작업, 특수 임무 등으로 다양하며 이미 많은 분야에서 실용화 연구를 수행하고 있다. 지능과 감성을 가진 새로운 개체로서 인간형 로봇의 기술적 발전은 계속될 것이며 인간과 로봇이 함께 어울려 사는 인류사의 새로운 패러다임이 우리 앞에 다가오고 있다.

21세기는 RT Robot Technology의 시대라고 예측하고 있다. 1990년에서 2000년에 이르기까지 정보통신 기술IT 및 바이오 기술BT이 주목 받고 발전해 왔다면, 2010년 이후로 로봇 기술이 그 자리를 차지할 것이라는 전망이 속속 나오고 있다. 과거에 자동차 기술이 그러했듯이 로봇 기술은 전자, 전산, 기계 등의 기초 학문에 바탕을 두고 IT, BT, NT 등을 통합하고 융합하는 기술이다. 21세기에 로봇 기술, 특히 지능형 로봇 기술에서 우위를 선점하는 국가가 미래 산업을 주도하게 될 것이다.

인간형 로봇개발

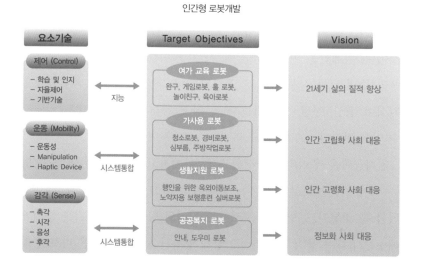

일상을 바꾸는 가장 강력한 힘, 전자공학

오늘날 우리는 인공위성을 이용해 지구 모든 곳의 소식을 생생히 접할 수 있고, 컴퓨터와 인터넷망을 통해 세계 각국에서 흘러나오는 정보와 소식들을 언제, 어디서나 신속하게 얻을 수 있다. 이른바 지식 창조 사회다. 또 이동통신의 발전으로 어느 장소에서도 원하는 사람과 통화하는 것도 가능해졌다. 우리가 매일 사용하는 교통수단인 자동차와 철도 역시 각종 전자 장비의 발달로 더욱 안전하고 편안한 서비스를 제공하고 있다.

전자공학의 발전으로 현재까지의 편리한 생활을 넘어, SF영화 속의 한 장면이 현실화되는 날도 멀지 않았다. 전자공학 분야에서 현재 이슈가 되는 5세대 이동통신, 차세대 인터넷, 클라우드 컴퓨팅, 차세대 반도체 기술의 발달에 따라 우리가 꿈꾸던 사회는 점점 더 가까워지고 있다.

특히 우리나라가 이런 기술을 세계 최초로 개발해 원천 기술과 플랫폼 기술을 확보할 수 있다면 국가적으로 한 번 더 도약할 수 있을 것이다. 경제만을 이야기하는 게 아니다. 이렇게 확보한 기술을 통해 우리 주변 모든 사물이 서로 연결되는 환경을 구현하고, 자율적으로 지식이 생성, 전달, 가공되는 지식 창조 통신 서비스 시대도 앞당길 수 있을 것이다.

전자공학은 우리의 일상생활과 늘 함께하고 있다. 지금 내 손에 있는 스마트폰, 눈으로 보는 디스플레이, 손끝으로 두드리는 태블릿PC, 지갑 속 교통카드, 안전을 지켜주는 거리의 방범 카메라, 귀를 즐겁게 해주는 휴대용 음악 기기와 4D 입체 영화관 등 전자공학은 바로 우리의 피부와 시선이 닿는 곳에 있다. 안전과 건강, 즐거움, 행복을 위한 그곳에 전자공학이 있다. 전자공학은 우리의 일상을 바꾸는 힘이다. 그것도 가장 가까이에서, 가장 강력하게.

전자공학이 세계적으로 가장 치열하게 경쟁하는 분야이며, 조금만 방심해도 순식간에 순위가 뒤바뀌는 첨단 분야인 데에는 이유가 있다. 우리 일상과 가장 밀접하기 때문이다. 그 일상을 뒤바꿀 손길을 기다린다. 바로 독자의 손길이다.

ICT(Information & Communication Technology) 융합 기반 새로운 산업 생태계

21세기 전자공학 기술이 의료·진단기기, 자동차, 철도, 로봇, 센서 네트워크, 에너지 시스템 등의 다양한 영역에 융합되어 기존 산업의 부가가치를 높일 뿐만 아니라 생명공학[BT]·나노 기술[NT]과의 융합을 통하여 발전하고 있다. 또한, 반도체 기술은 초고속화, 대용량화, 고성능화, 저전력화, 다기능화를 달성하는 신개념의 소재 및 소자와 융합되어 부품 산업의 중심 역할을 담당할 것이다.

오늘날 우리의 환경은 스마트 혁명 시대가 되면서 기기-콘텐츠-서비스 결합 수준이 경쟁력을 좌우하게 되었고, IT 융합 신제품이 확산하면서 관련 핵심 부품, 신규 서비스 등의 신수요가 높아지고 있다. 또한, 클라우드, 3D 콘텐츠, 가상·증강현실 등의 융합 신산업이 고성장하고 있으며 재난 방지 대응, 삶의 질 개선, 국민 편익 증대 등을 위해 지능 사회 인프라가 구축되고 있다. 세계 최고 수준의 ICT 기술과 융합 산업 핵심 기술 확보를 위해 미래 시장 선도형 ICT 기술 개발에 주력하고 있으며, ICT와 타 산업 융합을 촉진하는 국가적 정책을 추진하여 새로운 제품 및 서비스에 대한 새로운 부가가치를 창출하고 있다. 또한, 상상력과 창의력을 다양하게 발현하여 혁신적 성과를 창출하는 창조형 ICT 기반 미래 산업과 국민의 삶의 질 향상을 실현하는 ICT 기반 미래 안전 복지 서비스 창출을 추진하고 있다.

전자공학은 우리의 일상생활과 늘 함께하고 있고, 우리가 현재 직면하고 있는 안전과 건강, 그리고 환경과 에너지 문제 등을 해결해 가면서, 더 풍요로운 인간의 삶을 위해 계속 발전해 나갈 것이다.

 우리나라의 반도체 비전

우리나라는 반도체 산업의 균형적인 발전을 위해 국가 차원에서 시스템 반도체 R&D 사업을 추진하고 있다. 메모리 중심의 반도체 산업 구조에서 탈피하고 시스템 반도체 시장에 진입하기 위해서다. 이를 위한 초기 성장 기반을 마쳤다. 그 내용을 살펴보자.

가장 주목하고 있는 것은 모바일용 AP다. 스마트폰의 중앙처리장치로 쓰이는 스마트 반도체다. 두 번째는 LDI라는 디스플레이 구동 칩이다. 전반적인 디스플레이 산업의 강세를 의식한 결과다. 세 번째는 세계 최고 기술의 500만 화소 CIS 카메라 이미지 센서다. 이 역시 기술력을 확보했다.

현재 우리나라 시스템 반도체 세계 시장점유율(2012년)은 5.4%를 기록해 세계 4위이다. 또한' 고성능 복합 프로세서 및 자동차 반도체의 국내 최초 개발과 주요 장비/재료의 국산화를 진행 중이다. 앞으로는 검출 센서 칩, 그래픽 프로세서 칩, 전원관리 칩, 차량용 이미지 센서칩을 개발해 상용화할 계획이다.

전자공학에서 배우는 과목들

1. 학사 과정

시스템, 소자 및 전자기기, 컴퓨터 및 SoC의 영역에서 다양한 전기 및 전자 분야의 과목을 수강할 수 있으며, 이론과 실험을 통해 전공 분야의 확고한 지식을 익힐 수 있다. 시스템 분야는 신호 처리, 디지털 시스템, 아날로그 및 디지털 통신, 컴퓨터 네트워킹, 제어 시스템, 광통신 등의 이론을 배운다. 나노 소자 및 전자기 분야는 반도체, 나노, 광, 초고주파 및 에너지에 관한 필수적인 이론 및 소자 응용을 익힌다.

또 컴퓨터 및 SoC 분야는 컴퓨터 구조, 프로그래밍, 시스템 LSI 설계와 컴퓨터를 이용한 설계 자동화를 위한 소프트웨어 이론을 습득한다. 특히 실험실습을 강조하여 아날로그 회로, 디지털 시스템 등 분야별 응용 시스템을 직접 설계하고 구현해 본다.

2. 석·박사 과정

Connectivity 와 Networked Intelligence 그룹은 정보통신 네트워크, 정보통신 소프트웨어 설계, 네트워킹 기법 및 응용, 전화망과 인터넷 전화망, 데이터 통신, 확률 과정, 검파 이론, 통신 이론, 이동통신 시스템, 통신망 해석, 대기이론, 부호이론, 정보이론, 통신망의 최적화, 음성 처리, 영상 처리, 통신 신호 처리, 통계학적 신호 처리, 패턴 인식, 컴퓨터 비전, 신경 회로망, 의료영상 시스템 등의 과목을 연구한다. 미래 소자 그룹에서는 반도체 소자 및 공정, CMOS 회로설계, 소자시뮬레이터 개발, 바이오 소자, 에너지 소자, 신개념 나노 소자, 반도체 레이저, 적외선 감지 소자, 안테나, 레이더, 초대용량 광통신망, 광가입자망, 광소자, 각종 센서, 마이크로웨이브 회로 설계, 이동통신 시스템 송수신기 구현을 배운다. 뇌 및 스마트 시스템 그룹에서는 제어 시스템 설계, 로봇 지능화 및 시스템 설계, 산업 자동화 시스템, 전력 변환 회로, 전동기 구동 시스템, 컴퓨터 구조, 시스템 모델링, 시스템 프로그래밍, 인공지능, 신경 회로망 컴퓨터, VLSI설계, 설계 최적화 및 캐드^{CAD} 도구 개발, 브레인 IT$^{Brain\ IT}$ 등을 배울 수 있다.

What is Engineering?

교통공학이란 무엇인가? / 도시와 사회의 역사를 이끈 현대적인 교통 /
철도, 해상 및 항공교통 세계를 넓히다 / 기존의 교통공학은 혁신을 필요로 한다! /
새로운 미래가 온다 '녹색교통공학' / 생명을 구하는 안전부터 '스스로 움직이는 차'까지 /
미래 사회에서의 녹색 교통 산업의 전망과 발전 /
미래를 설계하는 트랜스포머적 발상, 카이스트 녹색교통대학원

11장

녹색교통공학

– 서인수

SF 속 미래 도시를 꿈꾼다면?
녹색교통공학

인기 영화 시리즈 「트랜스포머」를 좋아했던 관객이라면 교통공학에 주의를 기울이자. 오늘날 도시가 품고 있는 문제를 해결할 획기적인 트랜스포머 기술을 실현하는 학문이니까.

도심의 길가에 길게 늘어선 자동차 행렬을 본 사람들은 종종 의문을 품는다. '왜 주차 문제를 해결하지 못할까?' 도심의 도로가 긴 주차장으로 변하는 것은 기본적으로 주차 공간이 부족하기 때문이다. 따라서 공간을 더 확보하거나 자동차 수를 줄여서 해결할 수 있다. 이마저도 안 되면 자동차 크기를 줄이면 조금이나마 해결할 수 있다. 주차 문제는 공간과 자동차 대수, 크기의 함수이기 때문이다. 가장 근본적인 해결 방법이지만, 문제는 적용하기가 쉽지 않다는 점이다. 공간을 무한정 만들 수 없고, 자동차 사용을 무작정 억제할 수도 없다. 그렇다고 해결할 다른 방법은 딱히 떠오르지 않는다.

그런데 발상을 바꿔 보면 어떨까? 대형 마트에 가본 사람이라면 쇼핑 카트의 '변신'을 안다. 물건이 한가득 실리는 커다란 카트는 사용하지 않을 때면 착착 접혀 다른 카트 사이로 쏙 들어가 포개진다. 공

간을 차지하지 않을 뿐더러, 이동시키기도 편리하다. 가끔 수십 개의 카트가 서로 포개어 접힌 채 열차처럼 길게 이동하는 모습을 보면 경이롭기까지 하다.

쇼핑 카트가 좁은 마트에서 '주차' 문제를 일으키지 않는 것은 카트 한 쪽을 접히도록 만든 간단한 아이디어 덕분이다. 이 아이디어를 자동차에 적용할 수는 없을까? 자동차를 사용하지 않을 때는 접어서 다른 차들과 함께 포개어 놓고, 사용할 때는 다시 원래 형태로 바꾸는 식이다. 장난스럽다고 생각할지 모르지만, 카이스트에서 실제로 하고 있는 연구다. 차량을 작게 만들어 차지하는 공간을 줄이고, 차체를 강하지만 가벼운 재료로 만든다. 그 뒤 접어서 보관할 수 있게 설계하면 작게 변신하는 자동차를 만들 수 있다.

여기서 끝이 아니다. 요즘 활발하게 연구 중인 전기 자동차 기술을 접목시키면 최근 전 세계적으로 문제가 되는 온실가스 배출량도 획기적으로 줄일 수 있다. 하드웨어 외에 소프트웨어도 혁신할 수 있다. 마트의 쇼핑 카트는 필요할 때 빌려 쓰고 지정된 장소에 반납하는 공용 자산이다. 이와 비슷하게 교통에서도 차량 공유 체제^{Car Sharing} 서비스와 연계할 수 있다. 꼭 내 차가 아니더라도, 필요할 때 언제 어디서 나 차를 빌려 쓰고 반납할 수 있는 세상이 열린다.

주차 문제? 공간만 줄인다고 될 일이 아니다. 차량 보유를 언제까지 나 억제할 수는 없으며, 대중교통을 쓰자는 캠페인에도 한계가 있다. 이럴 때 꼭 필요한 것이 트랜스포머적 발상과 기술이다. 내 차를 갖지 않아도 내 차처럼 차를 쓸 수 있는 새로운 서비스를 제안하고, 이를 실현시킬 기술을 개발하며 과감하게 형태를 변형하거나 어울리지 않 는 것을 접목하는 아이디어가 핵심이다. 그리고 그 핵심에 새로운 녹 색교통공학이 있다.

카이스트의 녹색교통대학원은 바로 이런 발상을 현실로 만드는 곳 이다. 도시계획이나 교통공학을 공부하고 연구하는 학과는 국내에도 여럿 있고, 세계적으로도 드물지 않다. 그런데 대부분의 교통공학과 는 문제를 해결하기 위해 도로를 잘 설계하거나 교통 법규, 행정 절차 를 최적화하는 데 주력한다. 주차 문제를 해결하기 위해 주차장을 늘 리거나 차를 통제하는 방법을 연구하는 것과 비슷하다. 물론 이 방식 은 문제의 근원을 해결하는 핵심적인 해법으로써 중요하다. 카이스트 녹색교통대학원은 이 해법을 연구한다. 교통수단은 더욱 안전하고, 환경에 미치는 영향을 최소화하며, 장애자나 고령자에게도 쉽게 사용 될 수 있도록 기술이 혁신되어야 한다. 이를 위해서는 발상을 바꾼 첨 단 아이디어도 필요하고, 이를 실현하는 첨단 차량 기술 및 교통 인프 라를 포함한 통합적인 운영 기술을 합친 신교통 시스템을 연구해야 한다. 이러한 통합 학문의 기회가 있는 곳이 녹색교통대학원인 셈이 다. 현재 우리 대학원의 석·박사 과정 학생들은 전기전자, 기계, 건설 환경 및 재료, 기술경영, 산업공학 등의 학사 출신들이 신교통 시스템 기술에 대한 융합 연구를 수행하고 있다.

교통공학이란
무엇인가?

미래를 그린 SF영화를 생각해 보자. 영화 속에서 도시의 풍경을 결정짓는 가장 독특한 대상은 무엇일까. 마천루나 첨단 전광판? 아니다. 바로 하늘을 나는 자동차나 공중 도로, 우주로 향하는 철도나 미니 항공기이다. 이들은 모두 교통이다. 우리의 미래를 결정하는 것 중 하나가 바로 교통인 셈이다. 그런데 문득 궁금해진다. 교통의 정의는 무엇일까?

교통은 사람이나 짐 등을 이동 수단을 이용해 나르는 것을 의미한다. 교통은 과거에도 중요했지만, 최근 도시 사이, 국가 사이에 사람과 사물의 이동량이 늘어나면서 미래 사회와 도시를 만들기 위해 해결해야 할 핵심적인 주제가 되고 있다. 학교나 직장에 가는 사람은 누구나 집 문 앞을 나서면서부터 도시 교통의 한가운데에 들어선다. 도보나 자전거, 자동차 또는 버스 등의 대중교통이 모두 교통이다. 여행을 가도 열차나 비행기, 배 모두 교통수단이다. 교통은 인간의 가장 기본적인 욕구인 이동을 가능하게 하는 가장 중요하고 기본적이며 삶과 밀접한 대상인 것이다.

교통은 이렇게 중요하지만, 안타깝게도 현실의 도시는 교통이 원활하지 못하다. 늘 체증에 시달리고, 사고 위험에 노출돼 있으며 환경오염의 원인이기도 하다. 따라서 교통 문제를 해결할 학문이 중요해졌다. 바로 교통공학이다. 교통공학은 미래 도시와 사회의 핵심인 교통

문제를 해결하기 위해 자연과학적 원리와 방법을 응용하는 기술을 연구하는 학문으로, 미래를 앞당기고 모두의 현실을 바꾸는 데에 가장 앞장서고 있다.

교통공학에서는 교통과 관련한 모든 것을 연구한다. 항공기나 철도 차량, 자동차, 선박 등의 교통수단은 물론, 도로나 공항, 철도, 항만 등의 시설, 교통을 통제하는 관제나 안전을 책임지는 보안, 교통계획 등도 연구 대상이다.

최근에는 교통의 정의와 범위가 더 넓어지고, 교통공학이 포괄하는 분야도 커지고 있다. 미국에는 교통부Department of Transportation, DOT가 따로 있는데, 여기에서는 교통을 도로 교통, 해양 교통, 철도 교통, 항공 교통, 대중교통, 자전거 및 보행자 교통 시설의 7가지로 구분하고 있다. 대중교통, 자전거 및 보행이 별도의 주요 교통 분야로 독립해 있는 점이 이색적이다. 이것은 교통이 점점 공공의 목적을 만족시키는 쪽으로 바뀌고 있다는 뜻이다. 우리나라에서도 최근 택시를 대중교통에 포함시킬 것인지 논의가 진행되고 있고, 2013년에는 자전거를 대중교통에 포함시키자는 의견이 검토되고 있다. 교통공학도 도로를 설계하고 자동차 수요를 예측하는 전통적인 역할에서 벗어나, 교통 문제 자체를 해결하기 위해 보다 폭넓은 연구를 하는 학문이 되고 있다.

도시와 사회의 역사를 이끈 현대적인 교통

앞서 말했듯 모두가 집 문 앞을 나서는 순간 거대한 교통 시스템의 일부에 들어서기 때문에, 교통은 너무나 당연히 늘 거기 그대로 있었던 것으로 생각한다. 하지만 그렇지 않다. 지금 우리가 늘 마주치는 자동차와 관련 기술은 겨우 200여 년 전인 1700년대 중후반~1800년대 초반에 등장했다. 수소 내연기관과 증기기관이 만들어졌고, 발명가는 특허까지 받았다. 이것을 응용한 탈것은 그 이후에 발명됐다. 현대적인 교통은 여기서 시작되었다고 할 수 있겠다.

　자동차의 역사를 간략하게 살펴보자. 최초의 자동차는 1768년 프랑스의 니콜라스 퀴뇨가 만든 증기자동차이다. 바퀴가 3개 달린 삼륜 차량으로, 차량 앞에 증기를 발생시킬 수 있는 큰 보일러가 있었다. 요즘 방을 데우는 보일러를 우마차 앞에 달고 있다고 생각하면 된다. 보일러 크기가 꽤 컸지만 이 자동차는 속도가 매우 느려서 사람이 걷는 속도인 시속 3~5km 정도로 움직였다. 왜 타는지 알 수 없는 느리고 불편한 자동차였지만, 이런 도전이 있었기에 자동차는 이후 교통 분야의 최강자가 될 수 있었다. 200여 년 뒤 자동차는 최고 속도가 시속 431km에 이르는 슈퍼카로 발전했기 때문이다. 작은 시작이었지만 분명 위대한 도전이었다. 한 가지 재미있는 사실은 퀴뇨의 자동차는 사상 최초의 자동차인 동시에 최초로 자동차 사고를 낸 차라는 점이다. 현대적인 자동차는 탄생하는 순간부터 '교통사고'라는 어두운 면을 함께 지닌 것이다.

　현대적 교통의 탄생이 200여 년 전이라는 주장에 대해 이런 반론도 나올 수 있다. 내연기관과 증기기관 이전에도 탈것은 있었고 나름의 교통 체계를 형성했다는 주장이다. 고고학자들에 따르면, 지금부터 7000년 전에도 원판 모양의 바퀴가 있었다. 바퀴를 단 탈것의 흔적만 해도 6000년 전까지 거슬러 올라간다. 500여 년 전인 1482년에는 발명가이자 미술가인 레오나르도 다 빈치가 태엽으로 움직이는 자동차를 만들었다. 하지만 이때의 자동차나 탈것은 현대 교통에 들지 않는다. 가장 큰 이유가 바로 동력원의 차이이다. 1700년대까지 바퀴를 회전시키는 동력원은 거의 다 인간 아니면 소, 말 등의 가축이었다. 다 빈치의 태엽 자동차도 결국 사람의 힘으로 감은 태엽의 힘에 의존했다. 이에 반해 1800년대 이후로는 화석연료를 태워서 얻는 힘이 주요 동력원이 됐고, 이는 교통 자체의 개념을 바꿨다. 그래서 현대 교통은 이때를 시작으로 삼는다.

 ## 교통을 혁신시킨 무인 항공 기술

현대적 교통을 획기적으로 바꾼 또 다른 계기는 1918년 미국에서 나타났다. 바로 무인 기술이다. 미국의 발명가 겸 자동차 엔지니어인 찰스 케터링Charles Kettering은 제1차 세계대전이 일어나자 미국 육군의 요청에 따라 무인 항공기를 연구했다.

그 결과 1918년에 최초의 군사용 무인 항공기를 시험 비행할 수 있었다. 국방부의 프로젝트로 비밀리에 오하이오 주에서 연구 개발이 진행되었는데, 시험 비행 중 근처의 옥수수 밭에 자주 추락하였다. 항공기는 거푸 추락을 하였고, 결국 실험은 실패하였다. 당시 주민들은 잔해에서 비행사가 발견되지 않아 크게 놀랐는데, 미국은 보안을 위해 비행사가 탈출했다고 거짓말 했다고 한다. 하지만 당시 미국에는 아직 낙하산을 이용한 탈출 기술이 없었다. 비록 처음에는 실패였지만, 시행착오를 겪은 이때의 연구 결과는 1980년대 미국의 순항 미사일로 이어졌고, 2000년대 무인 항공기 기술의 기본이 됐다.

한편 케터링은 자동차 분야에서도 큰 업적을 남겼다. 1900년대 초에 그는 자동차 분야에서만 186개의 특허를 얻으며 그때까지 원시적인 형태를 벗어나지 못하고 있던 자동차를 혁신했다. 그가 만든 발명품 중에는 오늘날까지 쓰이는 부품의 원형도 있다. 대표적인 예가 엔진을 점화해 동력을 시작하게 하는 엔진스타터다.

철도, 해상 및 항공교통
세계를 넓히다

교통 시스템에는 철도, 해상 및 항공교통도 포함된다. 철도의 역사는 약 500년 전부터 시작됐다. 주로 광산에서 석탄이나 자갈 등을 강가로 옮길 목적으로 만들어 사용했다. 철도 차량도 증기기관과 함께 급격히 발전을 했다. 증기기관이라는 동력 기관이 교통 분야에 미친 영향력은 그만큼 넓고 컸다.

현재 우리가 활용하고 있는 현대적인 철도는 1820년대에 영국에서 만들어졌다. 제임스 와트 James Watt 가 증기기관을 개량한 증기기관차가 그 시초이다. 18세기 중엽부터 시작된 영국 산업혁명의 중심에는 증기기관이 있었고, 그 증기기관 활용의 시발점이 바로 철도 차량이었던 셈이다. 도시와 삶의 풍경, 역사를 완전히 바꾸는 게 바로 교통이라는 사실을 다시 한 번 증명해 주고 있다.

도시 철도는 도시가 형성된 이후에 건설됐다. 따라서 지상보다는 지하에 건설하는 경우가 많았다. 그래서 흔히 '지하철 subway'이라는 명칭으로도 통한다. 최초의 지하철 역시 1863년 영국 런던에서 시작됐다. 하지만 증기기관차를 이용했기에 석탄 냄새와 그을음 등이 많이 발생했고, 지하에서는 환기가 잘 되지 않아 이용하기 대단히 불쾌한 수준이었다. 도시철도는 전기에너지가 발명돼 철도 차량을 전기로 운행하면서 비로소 대중화됐다. 증기에서 전기로 동력원이 변화하자 교통문제 하나가 새롭게 해결된 것이다.

도시 철도는 또 다른 부분에서 변화를 불러왔다. 당시에는 전기에너지의 저장이 용이하지 않았다. 따라서 상시로 전기에너지를 공급받을 수 있는 펜토그래프와 전력 공급선을 함께 준비해야 했다. 철도 차

교통시스템의 역사

연도	내용	연도	내용
1662	마차를 이용한 대중교통	1908	자동차 대량생산 (Henry Ford)
1807	수소 가스 내연 기관	1918	폭격 무인 항공기 Kettering Bug
1814	최초의 현실적 증기기관차	1939	최초의 제트 엔진
1816	최초의 자전거	1942	V2 로켓, 무인 초음속 폭격기
1825	증기 객차	1947	인간 최초 초음속 비행
1852	Elisha Otis의 근대 형태 엘리베이터 발명	1955	최초의 핵 잠수함, USS Nautilus
1862	가솔린 엔진 자동차 탄생	1957	Sputnik, 최초의 궤도 위성
1867	오토바이 발명	1969	Boeing 747 첫 비행 인간 최초 달 착륙
1868	기차 압축공기 브레이크 발명		
1880	Siemens가 최초의 전기 엘리베이터 발명	1976	최초의 상업용 초음속 여객기
1896	Coney Island에 최초의 에스컬레이터 설치	1980	토마호크 크루즈 미사일
1897	전기 자전거 최초의 증기 터빈 선박	1981	최초의 우주왕복선 비행
		2001	자율 균형 유지 개인용 이동수단 Segway
1900	최초의 비행선	2004	최초의 민간 우주선 SpaceShipOne
1903	최초의 전기 구동 비행기		최초의 자기 부상 열차 개통(Shanghai)

자동차 발전의 역사

연도	내용	연도	내용
B.C. 3200	나무 바퀴 차량 (중동)	1908	포드의 T 시리즈 양산
1768	최초의 증기 자동차 (Cugnot, France)	1912	Cadillac의 전기모터 시동장치 Peugeot의 4-valves per cylinder
1828	전기 마차	1914	모든 차체 철 사용
1835	최초의 DC 전기 모터 차량 (미국)	1921	유압 보조 브레이크
1859	충전가능한 이차전지 납축전지 발명 (미국)	1929	Cadillac의 동기결합식 트랜스미션 오일 정제를 위한 합성 탄화수소 탄생
1876	4-stroke 석탄 엔진 (Otto)	1930	멀티 실린더 엔진, 높은 압축 비
1885	휘발유 내연기관 3륜 오토바이 제작차량에 배터리 탑재, 코일, 불꽃 점화(Benz)	1948	전 휠 독립식 공/유압 현가장치 (Citroen) 레이디얼 타이어 (Michelin)
1886	최초의 4-wheel motor 자동차(Daimler)	1959	횡 탑재 엔진 전륜 차량
1888	공기 충전 타이어(Dunlop)	1960	반구형 연소실, 오버헤드 캠샤프트, 터보
1897	택시에 첫 상업 EV 적용 (뉴욕)	1970	연료 분사기 (Bosch)
1898	최초의 전륜 독립 현가장치	1972	Safety Tyres (Dunlop)
1889	마찰 클러치와 스프링 기어 변속기발명	1980	Quattro (Audi), CVT, 트랙션 컨트롤
1890	디젤 엔진 발명 (Diesel, German)	1983	실린더 당 4개 밸브양산 (Toyota)
1898	Driveshaft, 체인과 벨트를 대체 (Renault)	1990	과급기, 가변 밸브 타이밍, 배기 가스 규제, 휘발유 직접분사, 커먼레일 직접분사식 디젤 엔진 인기
1902	드럼 브레이크(Renault)	1999	능동 차체 제어 (Mercedes)

량의 발전은 철도 인프라의 발전으로 이어졌다. 이렇게 전기에너지를 사용하는 철도 기술이 꾸준히 발전한 결과 오늘날에는 KTX에도 사용할 정도로 발전했다.

해상 교통의 기원은 정확히 알기 어렵지만, 기원전 약 3000년 경 통나무, 갈잎 등을 엮어 만든 뗏목 등의 형태로서 사용되는 것에서 시작했다고 추정하고 있다. 즉, 오늘날과 비교하면 배라는 개념보다는 부유물이라는 표현이 더 적절할 것이다. 기원후 점차적으로 선박이라는 형태로 가공되며 꾸준한 발전이 이루어졌다. 이러한 선박을 움직이는 힘은 인력 혹은 자연적인 물의 흐름에서 나왔다. 돛을 발명하여 선박에 장착함에 따라 돛을 단 배를 의미하는 돛단배의 형태로 발전하였고, 13세기부터 노와 돛을 혼용해서 사용하는 초기 형태에서 인력을 사용하지 않는 형태로 변화하였다. 돛을 단 선박은 18세기에 이르기까지 꾸준히 발전을 거듭하였으며, 이 과정에서 1492년 콜럼버스의 신항로 개척, 1522년 마젤란의 세계 일주, 1729년 제임스 쿡의 태평양 탐험 등 역사적 사건이 일어났다. 18세기에 이르러 증기를 활용한 증기 선박이 미국의 발명가인 로버트 풀턴[Robert Fulton]에 의해 개발되었다. 이후 20세기 중반에 원자력 잠수함인 노틸러스호가 북극에 도달하는 등 발전을 거듭하여 오늘날 해상 교통 형태의 윤곽이 드러났다. 이러한 해상 교통은 항공기 운행이 활성화되기 전까지 대표적인 국제 교통수단으로서 활용되었다.

해상운송과 물류 교통은 아주 밀접한 관계라고 할 수 있다. 대외교역이 GDP의 중요한 부분인 우리나라의 물류는 규모 면에서 세계 10위권에 있으며, 컨테이너 관련 해운 회사 20대 기업에 국내 기업이 두 개나 등재되어 있는 규모이다. 컨테이너는 1950년대 미군이 군사용으로 물건을 이동하는 수단을 항공 – 해운 – 철도 – 트럭으로 연계하여 대량으로, 국제적으로 그리고 재사용이 가능하도록 한 물건 운반 수단의 혁신으로 볼 수 있다. 컨테이너 선박의 대형화와 이층 구조의 컨테이너 철도 등은 물류 부문의 기술 혁신이라고 할 수 있다.

이번엔 항공기의 역사를 짧게 살펴보자. 사람이 탈 수 있는 최초의 비행체는 1783년 파리에서 조셉 몽골피에 Joseph Montgolfier 형제가 개발한 열기구였다. 장 프랑수아와 Jean-François Pilâtre de Rozier 와 로랑 달랑 François Laurent d'Arlandes 은 이 열기구를 타고 8km를 이동했다. 기구는 자유자재로 조종할 수 없다는 면에서 온전한 비행체라고 부르기 어려웠다. 공기보다 무겁지만 비행이 가능하며 조종이 가능한 실질적인 비행기는 1903년 라이트 형제가 개발한 라이트 플라이어 Wright Flyer 였다.

라이트 플라이어에서 시작된 항공기는 계속 발전해 우주선으로 이어졌다. 제2차 세계대전 중 참가국들은 장거리 미사일을 비롯해 우주선과 비행기 개발에 박차를 가했다. 전쟁이 끝난 후에는 상당한 성과가 쌓이게 됐고, 이렇게 얻은 값진 항공 기술을 토대로 처음으로 제트엔진을 적용한 상업적 항공기 운항사가 탄생했다.

이렇게 시작한 항공교통은 불과 반세기가 지난 지금 국제 교통의 독보적인 지위를 차지하고 있다. 항공교통은 지속적으로 발전을 이루었고 21세기에 이르러서는 조종사 없이 원격으로 비행하는 무인 항공기까지 나타났다. 현재 몇몇 무인 항공기가 군사 목적으로 운행되는 등 끊임없이 발전하고 있다.

증기기관이 바꾼 뉴욕 교통의 판도

오늘날 많은 사람의 상상력을 사로잡고 있는 도시 미국 뉴욕. 많은 사람들이 뉴요커의 삶을 동경하며 예술가와 작가, 금융가로 가득한 이 도시의 세련된 모습을 그린다. 그런데 이 도시의 성장 과정에도 교통이 큰 영향을 미쳤다는 사실을 아는 사람은 많지 않다.

1817년, 미국 오대호 중 하나인 이리 호^{Lake Erie}와 미국 뉴욕이 연결되는 운하 건설이 추진됐다. 이 운하의 건설은 당시 뉴욕 시장이었던 듀잇 클린턴이 법안 발의를 하면서 시작되었고 1825년 완공됐다. 당시 세계는 운하 건설 기술을 이집트의 피라미드 건설에 견줄 만한 공학적인 혁신으로 받아들였다. 뉴욕의 이 운하는 1800년대 초반 미국 동북부 교통 시스템의 혁신을 가져 왔다. 기존에는 말과 마차를 이용하는 수준이었지만, 이제는 배를 통해 사람과 물건을 대량으로 편하게 나를 수 있게 된 것이다. 하지만 불과 3년 뒤인 1828년 모든 게 바뀌었다. 이 해에 처음 도입돼 1930~1960년 사이 본격적으로 대중화된 증기기관차 때문이었다. 이제 운하는 짧은 주도권을 완전히 잃어버렸고, 미국은 증기기관차 시대로 돌입했다. 말과 마차에 의존하던 미국의 수송 체계가 운하를 거쳐 철도로 이동한 사례이다.

1900년 미국의 뉴욕 시에 교통으로 인한 환경문제가 있었다면 믿어지겠는가? 이때 뉴욕 시 환경오염의 주범은 말이었다. 250만 톤의 말똥과, 6만 갤런의 말 오줌 그리고 1만 5000마리의 말이 죽어서 길에 버려졌는데, 이를 해결하기 위한 교통수단이 바로 자동차였다. 당시에 증기차, 전기차 및 가솔린 차량은 비슷한 비율로 도로에 운행되고 있었다.

재미있는 것은, 이후 세계의 주요 도시에서 철도마저 1950~1960년대에 대량으로 제조된 자동차와 새로운 제트 비행기로 대체됐다는 사실이다. 하지만 최근에는 고속철도와 자기 부상 열차 등이 속도의 한계를 돌파하면서 대중교통과 물류를 중심으로 하는 새로운 교통 시스템이 주류로 떠오르고 있다.

기존의 교통공학은
혁신을 필요로 한다!

이렇게 교통은 도시와 산업 그리고 근대의 발전과 함께했다. 교통공학은 이러한 교통을 보다 효율적이고 편리하게 만들기 위해 생겨난 학문이다. 교통 자체를 연구하는 '교통학Transportation Studies'은 1950년을 전후하여 미국과 유럽을 중심으로 생겨나기 시작했다.

초기에는 자연과학적인 연구 방법에 치중하는 특징을 보였다. 특히 도로의 계획, 설계, 유지를 다루는 도로공학Highway Engineering이 그 핵심이었고, 교통공학도 여기에 기반해 탄생했다. 미국의 전통 교통공학으로부터 많은 영향을 받은 한국의 교통공학 역시 이런 특징을 그대로 이어받았다. 문제는 이 때문에 교통 문제를 도로 등 교통 시설과 관련된 기술로만 해결하려 하고, 사회, 정치적인 면을 반영하지 못한다는 점이다.

최근에는 이러한 단점을 해결하기 위해 두 가지 변화가 일어나고 있다. 첫 번째 변화는 '접근access'을 중요시한다는 점이다. 기존의 교통공학에서는 통행 속도 등으로 표현되는 '이동성 mobility'을 중시했다. 교통을 차량의 이동 효율로만 바라본 것이다. 예를 들면 통행 속도를 개선하기 위해 도로를 얼마나 넓히거나 건설해야 하는지 연구했다. 이 글 맨 앞에 예로 든 주차 문제의 해법과 비슷하다.

이에 반해 '접근은 재화나 서비스, 활동을 획득할 기회를 제공한다'는 점을 중시하는 교통공학의 새로운 관점이다. 이에 따르면 교통은 '국민의 편안한 교통 생활을 추구하기 위한 종합적 기술'로 새로 정의할 수 있다. 사람의 활동에 초점을 맞춘 정의이다.

두 번째 변화는 '지속 가능 교통'을 중시한다는 점이다. 환경문제와 저출산 및 고령화 사회로의 진입, 교통사고 그리고 인구가 도심으로 집중한 결과인 거대도시(메가시티)의 확산 등 현대사회의 문제를 교통으로 풀어 보자는 것이다.

이를 위해서는 발상의 전환이 필요하다. 현재의 교통공학은 도로공학을 기초로 발전했기 때문에 태생적으로 자동차와 도로 위주의 교통체계가 만들어졌다. 그런데 역설적으로 이 때문에 현대적 교통은 자동차 운행과 이를 통한 수송에 지나치게 많이 의존하게 됐다. 그 결과 온실가스라는 이산화탄소를 과도하게 배출하게 됐고, 기후 변화마저 초래했다. 세계 에너지 총사용량 중 약 20%는 교통 부문에서 소비된다는 조사 결과가 있을 정도이다.

또 퀴뇨가 만든 최초의 증기 자동차가 그랬듯 교통의 발전은 교통사고라는 어두운 면도 동시에 안고 태어났다. 지금 현재도 교통사고로 목숨을 잃는 사상자는 발생하고 있다. 특히 우리나라는 이 부분에서는 전혀 선진국이 아니다. 경찰청 통계자료에 따르면 2012년 기준으로 우리나라의 자동차 수는 약 1887만 대에 이르고 있으며, 교통사고 사망자 수는 5392명으로 나타났다. 이는 OECD 32개국 중 최하위 수준이다. 교통수단별 사망자 유형 면에서 보행자 사망률이 37.6%로 최고 수준을 나타내고 있으며, 노인 교통사고 사망자 수는 OECD 평균의 약 3배에 달한다. 도로 교통이 보행자의 안전까지 위협하고 있는 것이다.

교통에서의 지속 가능성은 앞서 소개한 두 가지 문제, 즉 교통사고와 기후 변화의 위협을 해결한다는 뜻이다. 좁은 의미에서는 인간의 편리를 위해 발전한 교통이 도리어 인간의 생명을 위협하는 일을 근본적으로 방지하는 것이며, 넓은 의미로는 인류의 생존을 위협하는 환경오염, 자원 부족에 대안을 제시하는 일이다.

국민에게 새로운 교통 경험을 제공하는 접근 그리고 현대사회의 문제를 해결하는 지속 가능성을 중시한 새로운 교통공학을 우리는 '녹색교통공학'이라고 부른다. 그렇다면 녹색교통공학은 어떤 학문일까?

새로운 미래가 온다
'녹색교통공학'

전기 자동차, 하이브리드 자동차, 수소 자동차. 이제 시장 진입을 눈앞에 두고 있는 차세대 자동차들이다. 이들은 미래의 녹색교통공학을 실현시킬 유력한 후보이다. 녹색교통공학은 기계공학, 전기 및 전자공학, 토목공학, 에너지공학, 전산학 등 인접 학문과의 협력을 통해 미래 도시를 완전히 바꿔 놓을 새로운 교통수단을 연구하고 있다.

현재의 교통공학은 도로 설계라는 소극적인 역할에만 머무르지 않는다. 첨단 교통수단을 도입하기 위한 연구, 도시 전체를 원활하게 움직이게 하는 다양한 분야의 연구가 한데 이뤄진다. 여기에는 교통류 분석이나 도로 설계 같은 이공계 지식 외에 교통 경제, 교통 정책, 교통법, 교통 행정, 교통 복지, 교통 심리 등 인문학적 지식도 포함된다. 통신, 나노, 바이오 기술, IT, 환경, 에너지, 물류 분야 등 다른 분야의 기술도 중요하다.

녹색 교통과 관련된 몇 가지 기술을 알아보자. 먼저 이 글 가장 앞에서 소개한 접이식 자동차와 차량 공유 체계가 있다. 개인 소유의 자동차 없이도 언제 어디서든 자유로이 차량을 이용할 수 있다면, 굳이 차량을 구매할 필요성이 없을 것이라는 아이디어에서 나온 생각이다.

차량이 적어져 막힘없이 운행할 수 있고, 이에 따라 운행 시간이 줄어들면서 탄소 발생량도 적어진다. 차량이 작아지니 자유롭게 집 바로 앞 또는 심지어 안으로도 들어갈 수 있게 된다.

두 번째는 환승이 편리한 대중교통 체계이다. 대중교통은 종류에 따라 권장 이동 거리와 수송 인원이 다르다. 따라서 이동 거리에 따라 각기 다른 차량의 활용을 권장하는 것으로도 효율적인 교통 체계를 만들 수 있다. 그러기 위해서는 환승이 편리해야 하고, 사람들이 접근하기가 편리해야 한다.

세 번째는 친환경 차량 기술이다. 앞서 소개한 전기 자동차나 수소 자동차, 하이브리드 자동차는 동력원의 효율을 향상시키는 대체 기술이다. 특히 가까운 거리나 먼 거리에 각각 최고의 효율성을 발휘할 수 있도록 개발하고 대중교통과도 연계하면 더욱 좋다. 예를 들면 집 앞에서 자전거로 큰길로 가고, 전기 자동차로 가까운 터미널까지 이동한 뒤 고속버스를 이용하는 식이다.

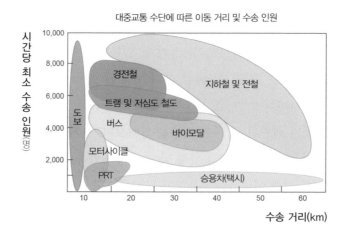

대중교통 수단에 따른 이동 거리 및 수송 인원

네 번째는 물류 효율화이다. 친환경 에너지의 사용 및 교통 정체를 최소화하여 효과적으로 물류를 관리하는 것이다. 물류는 하루에 이동하게 될 이동 경로가 일정 부분 정해져 있어, 물류 특성에 따른 효과적인 교통 운영이 일반 차량에 비해 용이하다. 또한 상시적으로 같은 경로를 운행하기 때문에, 물류 차량을 일정 경로의 정보를 얻기 위한 수단으로도 활용할 수 있다. 이를 통해 교통정보를 수집할 수 있는 수단으로서 활용하는 것 또한 가능하다.

더욱 상세한 예를 소개해 보자. 2009년에 카이스트가 개발한 주행 중 충전 기술을 적용한 전기 버스가 있다. 이는 대단히 획기적인 교통 기술의 혁신이다. 전기 자동차 하면 가장 먼저 떠오르는 것은 충전이다. 전기를 충전해야만 움직일 수 있는데, 현재로서는 충전지 기술만으로 먼 거리를 움직이기엔 부족하다. 그렇다고 충전지 자체의 크기를 마냥 키울 수도 없다. 여기에서도 다시 한 번 트랜스포머적 아이디어의 전환이 있었다. 전기를 꼭 '플러그를 꽂아' 충전할 필요가 없게 만들었다. 대신 무선으로 전력을 전송하는 방식을 연구했다.

무선 전력 전송 방식은 자기장에 의해 전기를 무선으로 전송하는 획기적인 방식이다. 실생활에서 쓸 수 있는 무선 전력 전송에는 두 가지 방식이 있다. 자기 유도 방식, 자기 공진 방식이다. 이 두 가지 방식은 장단점이 각기 다르다. 자기 유도 방식은 효율 문제로 1cm 이내에서 쓰기는 유리하지만 그 이상 떨어졌을 경우에는 전력 전송이 거의 불가능하다. 반대로 자기 공진 방식은 약간 복잡하지만 먼 거리에서도 전력을 전송할 수 있다. 둘 중 무엇을 선택하면 좋을까? 당연히 둘 다 적절한 응용 분야가 있다. 카이스트에서는 자기 공진 기술을 획기적으로 개선한 '공진 상태에서의 자기장 형상화 기술Shape Magnetic Field in

Resonance: SMFIR'이라는 신기술을 개발했다. 특히 카이스트는 SMFIR 기술을 바탕으로 차체가 지면으로부터 20cm 떨어진 상황에서 차량을 운행할 수 있는 대용량 전력을 높은 효율(최대 85%)로 전송하는 데 성공했고, 계속해서 성능을 높이는 연구를 하고 있다.

생명을 구하는 안전부터
'스스로 움직이는 차'까지

우리나라는 도로 교통의 5대 과제를 선정해 실현하기 위해 노력 중이다. 안전 보장, 물류 효율 증대, 도로 및 대중교통 이용 증대, 환경 개선, 복지 교통 서비스가 그것이다. 그중 첫 번째로 꼽히는 것은 안전한 이동성Safe Mobility이다. Safe Mobility란 최첨단 융·복합 기술을 차량에 적용해 교통사고가 발생하는 상황 자체를 없애고, 이를 통해 사망자를 없앤다는 목표를 갖고 있다.

이를 위해서는 차량의 안전성을 극대화하는 것이 중요하다. 안전벨트, 에어백, 차체 섀시의 충격 분산 구조 등 기존의 충돌 안전 기술도 큰 역할을 한다. 하지만 사고 자체가 발생하지 않도록 운전자에게 정보를 제공하거나, 경우에 따라서 차량이 스스로 제어해 사고를 회피하는 기술을 도입하면 어떨까? 대표적인 기술이 브레이크 잠김 방지 장치Anti-lock Braking System ABS, 구동 제어 시스템Traction Control System: TCS 그리고 ABS와 TCS를 통합 제어하는 전자식 주행 안전성 프로그램ESP, Electronic Stability Program 이다. 최근에는 이런 신기술들의 비중이 더 커지고 있다.

이런 기술이 최근 각광 받는 이유는 안전이라는 목적뿐 아니라, 현

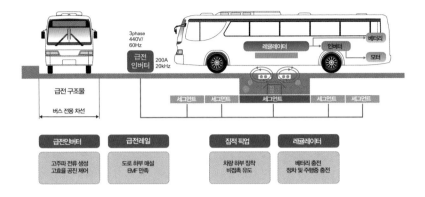

급전인버터 / 급전레일 / 집적 픽업 / 레귤레이터

급전인버터	급전레일		집적 픽업	레귤레이터
고주파 전류 생성 고효율 공진 제어	도로 하부 매설 EMF 만족		차량 하부 장착 비접촉 유도	베터리 충전 정차 및 주행중 충전

카이스트의 SMFIR를 적용한 무선 전력 전송

대 차량 기술이 지향하는 최종 단계인 '자율 주행'을 달성하기 위해 꼭 갖춰야 하는 기술이기 때문이다. 자율 주행이란 무엇일까?

2020년 이후로 예상되는 도로 위의 변화를 한번 상상해 보자. 교통 정보 센터로부터 실시간 교통정보를 받는다. 이를 바탕으로 교차로 등 사각 지역에서 일어날 수 있는 돌발 상황이나 교통 혼잡 정보를 차량이 미리 알아차리고 자동으로 대처해 준다. 기상 상태 등 날씨 변화에 따라 적절한 운전 속도를 추천해 주기도 한다. 차량끼리 적정 간격을 스스로 유지하며 서로 속도를 조율해 운행을 한다. 인공위성을 이용한 위치 정보 시스템GNSS, Global Navigation Satellite System 의 도움을 받아 목적지까지의 경로를 전달받고, 그에 따라 최단 시간 내에 이동한다. 최근에는 스마트폰 등 스마트 장비와 연결해 다양한 정보 통신 기술 및 서비스와의 융합도 꾀하고 있다. 과연 얼마나 많은 변화가 앞으로 일어날지 아무도 모른다.

두 번째는 도로 및 대중교통 이용의 증대를 뜻하는 효율적인 교통 운영Smart Mobility 기술이다. 예를 들어 차량 '군집 주행'이 연구되고 있다. 군집 주행이란, 앞차 혹은 뒤차와 실시간으로 통신하며 정지와 감속을 알아서 하는 주행이다. 차량 사이의 통신을 통해 운전자가 따로 안전거리를 확보하지 않아도 되기 때문에, 안전거리 확보를 위해 포기할 수밖에 없었던 기존의 도로 공간을 더 효율적으로 사용할 수 있다.

또 교통 신호 정보를 미리 받은 뒤 신호에 걸리지 않도록 차가 스스로 서행과 가속을 할 수도 있다. 출발지에서 도착지까지 단 한 번도 정차하지 않고 운행할 수 있어, 도로에서 낭비되는 시간과 공회전으로 소모되는 에너지가 최소화될 것이다. 정체에 따른 손실 역시 줄어들 것이다.

세 번째는 교통 약자를 위한 복지 교통 체계 확보이다. 현재 우리나라는 급격한 고령화를 겪고 있으며, 임신부·장애인·어린이 모두가 편리하고 안전하게 이용할 수 있는 복지 교통에 대한 수요가 증가하고 있는 실정이다. 또한, 농어촌 지역에서는 인구 감소에 따라 대중교통의 수요가 감소하고 있기 때문에, 대중교통 이용 수요에 탄력적으로 대응하는 교통 약자를 위한 맞춤형 특별 교통수단을 마련하여 복지 교통 체계를 구축하고 모든 국민의 이동성을 보장할 수 있도록 발전되어야 한다.

네 번째는 환경오염을 최소화하는 친환경 교통이다. 도로 교통 관련 온실가스를 획기적으로 감축하기 위한 친환경 도로 교통수단, 교통 운영 체계 및 교통 정책 등을 포함하는 수요자 중심의 교통 시스템으로써 기후 변화에 능동적으로 대처하고 국민 건강 증진과 쾌적하고 행복한 삶을 위한 미래 교통 환경을 바탕으로 지속 가능한 발전을 이루는 것이다.

마지막으로 물류의 효율화로서, 물류의 친환경화 및 효율화를 위해 물류 차량에 사용되는 에너지를 친환경 에너지로 대체하고, 효과적인 운송을 통해 물류 과정을 계획하는 것이다. 이를 통해 물류에 소비되는 비용을 최소화하고, 더 나아가 낭비되는 에너지를 최소화하며, 오염물질의 배출을 최소화함으로써 녹색 교통 환경을 구축하는 것이다.

미래 사회에서의
녹색 교통 산업의 전망과 발전

미래 교통에는 다양한 기술의 융합이 핵심이다. 녹색 교통 시스템 구축에 있어서 다양한 전공이 어우러진 연구 개발을 통해 미래 지속 가능 교통 기술을 개발하는 방향으로 발전해 갈 것으로 전망되고 있다. 석유 자원 고갈 및 지구온난화에 대응하는 친환경 에너지의 활용, 각종 전자장치와 융합된 첨단 안전 차량, 누구나 이용하기 편리한 교통 체계 구축 등 기존 기계 중심의 차량에서 다양한 공학이 어우러진 로봇과도 같이 변화하는 것이다.

이러한 기술의 이동에 있어서 세계 선진국과의 기술 경쟁은 중요하다. 다양한 공학이 어우러지는 교통으로 발전함에 따라 기존에 존재하던 지식이 점차적으로 개편되고 있기 때문이다. 녹색 교통은 새로운 시장을 창출할 것이며, 융합된 기술은 새로운 형태의 사업 모델을 도출하여 기술 시장의 판도가 변화할 것이라 예측된다. 이러한 새로운 기술 시장에 대해 녹색 교통에 핵심이 될 융합 기술에 대한 특허 및 표준 확보를 위하여 교통 선진국이 치열한 경쟁을 할 것으로 예상한다. 산업에서의 원천 기술과 지적 재산을 확보하여 세계 기술을 선도해야 한다. 친환경 기술로의 패러다임 변화는 새로운 국가 경쟁력을 갖출 수 있는 훌륭한 기회이며, 원천성과 실용성을 결합한 기술로 발전할 것으로 전망된다. 또한, 새로운 기술의 발전에 따라 새로운 형태의 사업 모델도 창출될 것이다. 대표적인 예로, 카 쉐어링과 같은 새로운 형태의 서비스를 들 수 있다. 그뿐만 아니라 친환경 교통수단의 핵심 부품 및 유지 보수 서비스 등 다양한 사업이 새로이 창출되고 발전할 것이다. 이를 위해서는 다학제적 융합 기술의 발전을 주도할 수 있는 인력 양성이 무엇보다도 중요하다. 현재는 녹색 교통의 도입기에 해당하므로 개발이 과거 어느 때보다도 중요한 시기이다. 미래 기술의 주역이 될 녹색 교통 분야의 인재 양성을 통해 세계 교통 선진국과 경쟁하고, 더 나아가 국가 기술 경쟁력을 바탕으로 위상을 고취시키는 방향으로 녹색교통이 활성화될 것으로 전망된다.

미래를 설계하는 트랜스포머적 발상, 카이스트 녹색교통대학원

현재 우리 세대가 미래의 교통에 바라는 것은 무엇일까? 안전, 편의성, 지속 가능성이다. 여기에는 현 시대를 살아가는 모든 인류가 교통 체계를 활용함에 부족함이 없기를 바라는 마음과, 교통 발전의 이면에 존재하는 사고의 위협으로부터 안전할 수 있기를 바라는 마음 그리고 미래의 후손들에게 물려줄 환경이 지금처럼 풍요롭기를 바라는 마음이 담겨 있다.

이를 위해 우리는 미래 녹색 교통이라는 대안을 제시했다. 자연과 공존하는 교통, 사고 없는 교통 체계가 그 구체적인 모습이다. 이런 목표를 달성하기 위해 무엇보다 요구되는 것은 미래 녹색 교통을 이해하고, 이를 실현하기 위해 노력하는 우수한 전문 인력이다.

2011년 개원한 카이스트 녹색교통대학원은 기존의 교통공학 커리큘럼을 벗어나 다학제간 융합을 시도하며 연구와 인력 양성이라는 두 가지 임무를 충실히 수행하고 있다. 교통 시스템을 구성하는 교통수단과 교통 시설을 개발하거나 운영하는 방법을 연구하고 있으며 관련 인력을 양성하고 있다.

녹색교통대학원의 노력으로 모든 인류가 안전성, 편의성, 친환경성이 어우러진 지속 가능한 교통을 누리는 날이 올 수 있을까? 현 시대를 살아가는 인류뿐만 아니라 미래 세대에게도 귀중한 선물이 될 질문을 던져 본다.

배기가스가 없으면서도 자동으로 주차하고, 운전 중에 다른 일을 할 수 있는 자율 주행 자동차 시스템, 충돌하기 전에 차량 스스로 사고를 피하거나 멈추는 차량 제어 시스템, 나의 목적지까지 잘 이동하여 주는 맞춤형 교통 시스템 등 단순한 아이디어로부터 복잡한 시스템의 설계, 분석, 예측까지 녹색교통대학원에서는 미래 교통 시스템 분야의 창의적이며 열정을 바칠 수 있는 인재를 양성하고자 한다. 또한 2013년에는 국토교통부로부터 철도 고급 인력 양성 기관으로 지정받아, 미래 철도 기술의 혁신을 연구하고 이에 필요한 고급 인력 양성을 수행하고 있다.

What is Engineering?

공학 원조는 따로 있다 / 아름다운 현수교의 기적, 토목공학 /
우주와 교감하는 도시를 짓는다, 건축공학 / 생태적인 미래 삶을 설계한다, 환경공학 /
빼어난 건축가와 건설 공학자의 작품은 여행자를 사로잡는다 / 세계를 감동시킨 건설공학 작품들 /
건축가, 구조 공학자, 환경학자를 꿈꾼다면? / 당신의 손으로 신화를 빚어라!

12장

건설 및
환경공학

— 김진근, 박희경, 한지연

'공학 원조'의 자존심,
건설 및 환경공학

비행기를 타 본 경험이 있다면, 비행 중 창밖으로 본 풍경을 떠올려 보자. 하얀 구름 아래로 무엇이 보일까. 녹색의 산, 은색으로 빛나는 바다 그리고 그 나머지 것은 건물과 도로, 정돈된 강, 다리일 것이다. 눈에 보이는 모든 것에서 산과 바다를 빼 보자. 모두 사람이 손을 댄 시설이나 구조물이다. 자잘한 공산품이나 기계는 보이지 않는다. 5km 상공에서 눈에 보이는 모든 것은 사람이 '건설'한 것이다. 끊임없이 풍화시키고 무너뜨리는 거센 자연의 비바람을 이기고 자연에 동화된 인간 기술의 찬란한 승리물이다.

공학 원조는
따로 있다!

건설공학은 공학의 원조이다. 건설공학 외의 모든 공학은 산업혁명 이후에 시작됐지만, 건설공학 즉 토목공학과 건축공학은 인류 역사와 함께 시작됐다. 생각해 보라. 집 없이 인류가 어떻게 생존할 수 있을까? 물을 건너거나 막는 다리 또는 댐 없이 어떻게 문명이 탄생할 수 있을까? 도시 없이 어떻게 문화가 나타날 수 있을까?

우리말로 토목공학이라는 것은 본래 서구에서 시민공학Civil Engineering 이라고 하는데, 이 용어는 군사 목적으로 도로나 교량 등을 설치하는 것을 군사공학Military Engineering이라고 하는 것에 반해, 일상적으로 시민들이 생활의 편리를 위해 시설물을 설치하는 것을 시민공학Civil Engineering이라고 하는 데서 유래하였다. 그러다가 산업혁명 이후에 기계공학, 전기공학 등이 토목공학에서 분리되어 독립된 학문 분야가 되었다. 하지만 아직도 다른 분야에 속하지 않는 공학은 건설공학에서 다루고 있다.

환경공학은 건설공학에 포함되기도 하지만, 최근 생활환경이 심각한 수준으로 나빠지자 독립된 분야로 분류되기도 한다. 넓은 의미로는 자연환경의 보전을 위한 학문을 의미하며, 좁은 의미로는 인류 활동에 동반되는 공해나 재해 방지 대책을 수립하는 학문이다. 환경공학은 최근 환경 시대를 맞아 정의도 범위도 복잡하고 넓어지는 경향이 있다. 미국 토목학회에서는 환경공학을 '안전한 물을 공급하고 하·폐수를 적절히 처리하며, 수질·토양·대기를 보존하고 관리하는 학문, 소음 공해를 관리하고 각 영역에 대한 위해성 평가를 연구하는 학문'으로 정의한다. 더욱 넓게는 환경에 관한 국가 정책이나 국제 협약을 수립하는 일, 협약 집행에 관한 법규나 영향을 평가하는 일까지 포함하기도 한다.

건설 및 환경공학은 공학 중에서 가장 인간 생활과 밀접한 관계를 갖는 학문이다. 응용학문으로서 미래는 다른 공학 분야에서 개발된 기술들을 융·복합해 삶의 질을 높일 수 있도록 응용함으로써, 건설공학 본래의 모습인 융합 공학 분야로 발전하고 있다. 인간 삶의 가치를 높이는 21세기형 고급 공학인 셈이다.

아름다운 현수교의 기적, 토목공학

인류가 만든 공학적 성과물 가운데 가장 오랫동안 연구된 것은 무엇일까? 대표적인 대상물이 다리이다. 다리는 인류가 통행에 장애가 되는 바다, 강, 하천 또는 계곡을 통과하기 위해, 또는 농사에 필요한 물을 공급하기 위하여 지었다. 정착 문화가 시작되는 신석기 시대에 초보적인 형태의 다리가 탄생했다. 통나무 다리가 대표적이다. 하지만 이후 재료의 발전과 기술 문명의 발달로 지금과 같은 복잡하면서도 거대한 교량 구조물이 탄생했다.

대한 토목학회가 출간한 『한국 토목사』에 따르면 다리는 통나무 다리나 나무 넝쿨을 이용한 현수교와 같은 기초적인 교량에서 시작했다. 이후 메소포타미아와 이집트 지역을 중심으로 인류 문명이 발생하면서 석재 아치교가 등장했다. 기원전 1~2세기에는 화려한 로마 문명을 바탕으로 이탈리아의 아우구스투스 교와 물을 공급하기 위한 프랑스의 가르 교 등 크고 작은 아치교가 건설됐다.

이후 중세를 거쳐 르네상스의 영향을 받으며 미적·구조적으로 큰 변화를 겪었다. 특히 트러스Truss 구조가 발명됐고, 건축 재료로서 강재가 쓰이기 시작했으며, 산업혁명의 영향을 받아 변화가 가속화됐다. 프랑스의 아비뇽 교, 영국의 구 런던Old London 교, 프랑스의 베치오 교, 이탈리아의 리알토 교 등이 이 시기를 대표하는 다리이다.

가르 교   금문교

산업혁명 이후 교량 기술은 크게 발전하여 다양한 구조 시스템인 트러스교, 아치교, 심지어 현수교까지도 채택하였다. 먼저 단철 대신 강이 사용되기 시작했는데, 이 때문에 다리의 구조와 규모는 다시 한 번 큰 변화를 거쳤다. 19세기 초 하우^Howe 트러스가 발명되고 대규모 철도망이 구축되면서 이 형식의 다리 건설이 급증했다. 그리고 스코틀랜드의 스페이 강 아치교는 이 시기를 대표하는 최초의 현대적인 철재 아치교이다. 19세기 후반에 강재 생산의 주산지인 미국 피츠버그에서는 강판재를 사용한 현수교가 건설되기도 하였다.

20세기에 접어들자 자동차가 등장하여 수많은 도로용 다리가 등장했다. 고강도의 강재와, 철근콘크리트라는 혁명적인 재료가 개발돼 강교와 현수교가 본격적으로 건설될 수 있게 됐다. 앰바사도르 교, 조지 워싱턴 교, 시드니 하버 교, 금문교 등이 대표적인 긴 다리(장대 교량)이다.

1960년대에는 현수교 형식의 다리가 기술적으로 큰 진전을 보였다. 30년 동안 금문교가 가지고 있던 최대 경간(다리 기둥 사이의 거리) 기록을 뉴욕항을 가로지르는 베라자노내로우 교가 깨뜨린 것이다. 이다리의 기둥 사이는 거리가 무려 1,299m나 됐다.

이에 앞서 1950년대 중반 이후, 현수교의 수직 케이블 대신 주탑에서 경사진 직선 케이블을 내려서 상부 구조를 매다는 공법이 개발됐다. 그 방법으로 만든 다리가 바로 사장교^{Cable Stayed Bridge}이다. 1958년 구서독의 뒤셀도르프에 건설된 장대 교에서 최초로 시도됐는데, 중앙 경간이 260m였다. 이후 다리는 사장교와 현수교를 중심으로 콘크리트 박스 교 등 엄청난 양적·질적 증가세를 보이며 발전했다. 산업화와 과학기술의 발전, 컴퓨터의 등장, 새로운 소재 및 장비의 개발 등에 힘입은 결과였다. 현재 세계 최대 사장교는 중앙 경간 890m의 일본의 타타라(多多羅) 교이며, 세계 최대의 현수교는 중앙 경간이 1990m에 이르는 일본의 아카시(明石) 대교이다.

우리나라는 기원전 37년 『고구려 본기』에 '어별교'라는 이름이 등장해 그 이전부터 이미 다리를 건설하였다는 것을 짐작할 수 있다. 기록상으로는 최초의 다리인 신라의 평양주대교가 413년 뒤에 건설됐다. 통일신라 시대에는 연화교, 칠보교 등이 건설됐다.

그 후 고려와 조선을 거치며 개성의 선죽교, 서울의 수표교와 살곶이다리(濟盤橋) 등 다양한 형태의 다리들이 건설됐다. 하지만 그 당시에는 서양 문물을 접할 기회가 적어 유럽 등에서 나타난 여러 형식의 교량은 건설되지 않았다.

우리나라의 다리 건설 기술이 근대화된 것은 20세기 초

아카시 대교

부터이다. 일본의 기술 이전을 통해 1900년 한강 철교가, 1911년 압록강 철교, 1934년 부산 영도교, 1936년 서울 광진교 등이 건설됐다.

본격적인 현대적 다리는 6·25 전쟁이 끝난 후 등장했다. 특히 한강에 교량 건설의 필요성이 제기되면서 다양한 형식의 많은 장대 교량이 건설됐다. 지금은 장대 교량 건설 기술 분야의 국제적인 선두 주자를 목표로 우리나라 정부는 경간 3km의 장경 간 교량 건설 기술을 연구하는 초장대 교량 사업단을 구성했다.

다리는 토목공학의 여러 분야 중 가장 전통적이면서 큰 발전을 겪은 분야이다. 하지만 토목공학은 20세기에 들어오면서 지반공학, 교통공학, 수공학, 위생공학(환경공학) 등 많은 분야가 새로 생겨났으며, 구조공학 이상으로 기술적, 학문적으로 크게 발전하고 있다. 또한, 다른 공학 분야를 모두 아우르는 새로운 융합 학문 분야로 거듭나고 있다.

우주와 교감하는 도시를 짓는다, 건축공학

서양 고대 문명기에는 인간 삶의 바탕인 땅을 지배하는 신이나 우주와의 교감이 도시가 탄생하고 발전하는 주요한 계기였다. 도시를 보호할 수 있는 군주가 중요해졌을 때는 신전과 궁전이 주로 지어졌고, 성직자나 군주의 무덤도 기념비적으로 거대하게 지어졌다. 고대 이집트의 피라미드나 그리스의 파르테논 신전, 로마의 판테온 신전 등이 대표적이다.

기반 시설도 많아졌다. 고대 그리스에서는 극장, 옥외 경기장, 체육관 등 도시를 형성하는 다양한 건축물들이 지어졌다. 고대 로마는 정복으

파르테논 신전

로 넓어진 영토를 연결하기 위해 도로와 수로, 하수 시설을 지었다.

이후 찾아온 중세 시대에는 공학 발전이 거의 이루어지지 않은 암흑기였다. 하지만 비잔티움과 로마네스크 양식이라는 걸출한 건축 양식이 발전했고, 특히 공학과 기술이 종교적 이상과 어우러져 절정을 이룬 고딕 양식이 발전했다. 첨두아치, 리브볼트, 플라잉 버트레스, 스테인드글라스의 창과 얇은 벽 등 구조와 미를 동시에 표현하는 특징들이 고딕 양식의 대표적 요소들이다. 프랑스의 생드니 성당, 노트르담 성당, 샤르트르 성당 등이 고딕 양식을 그대로 반영했다.

16세기에는 '재생'이라는 의미인 르네상스 시대가 도래했다. 화약, 인쇄술 등 신기술이 발명되고 금융 산업이 발달했으며, 신대륙 발견과 탐험이 유행했다. 상업이 성장하기도 했다. 새로운 지식과 기술이 발전하자 고전적인 가치에 대한 관심이 늘어나고, 합리성과 균형, 조화, 원근법 등의 수학적 원칙이 새삼 주목 받았다. 인간의 존엄성에 대한 관심도 높아져 갔다. 예술과 공학 분야에도 이런 경향이 반영돼 개성이 뚜렷하고 재능이 탁월한 다양한 천재적 예술가와 건축가들이 출현했다. 후대에 많은 영감을 준 로마 템피에토를 지은 도나토 브라만테, 역사성과 예술성이 뛰어난 바티칸 성 베드로 성당을 지은 미켈란젤로, 후대 사람들이 즐겨 모방한 이탈리아 빌라 로툰다를 지은 안드레아 팔라디오 등이 대표적이다.

이후 유럽 건축은 바로크, 신고전주의, 산업혁명, 국제주의 등의 다양한 시대와 양식들을 거쳐 현재에는 개개 건축가들의 개성과 실험 정신이 드러나는 다양한 형태와 양식들이 공존하고 있다.

우리나라도 여러 시대를 거쳐 다양한 건축이 존재했다. 근대 이전에는 목재, 흙, 돌, 벽돌, 기와 등을 재료로 하고, 기능적 필요 외에도 풍수지리, 불교, 유교, 음양오행 등의 영향을 받아 건축물을 지었다. 자연을 삶의 일부로 생각하고 자연과의 조화를 이루고자 하는 성향도 강했다. 그래서 건축을 할 때 자연적인 지형을 이용하거나 자연을 건축 공간 내부로 끌어들이는 독특한 양식을 선보였다.

구조적으로는 한국 건축의 대표적 구조재인 목재의 특징을 살린 '공포 양식'이 발달했다. 공포 구성에 따라 봉정사 극락전, 부석사 무량수전 등의 주심포 양식, 서울 숭례문, 불국사 극락전 등의 다포식 양식 등이 나타났다. 목재뿐 아니라 석재를 이용한 건축물도 많았다. 특히 18세기 말에 거중기 등의 새로운 기계를 이용해 지은 수원 화성은 조선 정조 시대의 과학기술과 문화 역량을 한껏 드러낸 사례이다.

조선 시대 이후 한국 건축은 콘크리트, 철 등 새로운 재료의 등장과 서구 문화의 영향을 받아 현대적으로 변했다. 오늘날에는 디지털 등 다양한 기술의 발전과 함께 건축가의 다양한 개성이 공존하고 있다.

부석사 무량수전   수원 화성

앞으로는 컴퓨터를 활용해 다양한 형태를 실험하려는 시도가 늘어날 것이다. 이는 건축가의 상상력을 더욱 촉진시킬 것이다. 친환경 건축물 역시 새로운 주목을 받을 것이다. 각 지역과 문화의 특성을 살리기 위한 연구도 활발히 진행될 것이다. 이를 통해 전통을 보존하면서도 새로운 시대의 필요성에 딱 맞는 우리만의 독자적인 건축이 발전할 것이다.

생태적인 미래 삶을 설계한다,
환경공학

환경공학은 자연과학으로 환경문제를 이해하고 해결하는 공학이다. 처음엔 상하수도 공학 등 위생 문제를 해결하기 위한 '위생공학Sanitary Engineering'에서 시작했다. 인류의 평균수명을 늘린 가장 중요한 발명이 항생제나 약이 아니라, 상하수도 시설이라는 이야기는 잘 알려져 있다. 바로 그 위생공학이 환경공학의 모태이다.

환경공학이라는 말은 1960년대부터 쓰였다. 우리나라는 1960년대 후반부터 연구를 했지만, 본격적인 발전은 1970년대 후반부터 이뤄졌다. 1960년대 후반기에는 아직 환경오염도 심하지 않았기 때문이다. 1970년대 후반에 들어서야 환경오염 처리 기술을 중심으로 환경공학의 필요성이 높아졌다.

청계천 복원 전(위), 청계천 복원 후(아래)

환경공학은 여러 차례에 걸쳐 패러다임이 변했다. 1970년부터 1990년대까지는 오염 물질을 사후 처리하기 위한 환경 기술이 주로 연구됐다. 하지만 1990년대부터는 오염을 사전에 예방하는 기술이 대세가 됐다. 이제 2000년대가 되면서는 환경 보건, 생태 보전 및 복원 기술이 각광 받고 있다.

UN은 지구가 기후 변화와 해수면 상승, 물 부족, 생물종, 멸종, 해충 창궐, 전염병 확산, 폭염, 홍수, 가뭄 등 심각한 재해를 겪을 것이라고 지속적으로 경고를 하고 있다. 사막화와 산성비, 오존층 파괴와 같은 환경문제도 점점 심해지고 있다.

미래의 환경공학은 자원 소비를 최소화하고 현재의 환경을 보존하며, 인류의 삶의 질 향상을 위한 학문으로 발전될 것이다. 그리고 친환경 에너지 기술, 수자원 확보 기술, 에코 타운 조성 기술, 통합적 환경 관리 시스템, 정보화 기술 등에 초점을 맞출 예정이다. 미국 공학 한림원은 미래 환경이 나아가야 할 방향으로 "지속 가능성, 건강 증진, 행복한 삶, 위험 취약성 감소"라고 발표한 바 있으며, 세부적으로는 "탄소 격리, 안정적 물 공급, 질소 순환 관리, 도시 기반 시설의 재건 및 개선"을 미래에 적극적으로 도전할 과제로 선정하기도 했다.

　유럽에서도 프랑스, 독일, 영국, 네덜란드를 중심으로 상하수도와 폐기물 분야에서 현재 가장 활발한 사업이 진행되고 있다. 그중 자원을 재순환하는 데 중점을 두는 재생에너지 에코 타운 건설 연구는 소비재 사용을 최소화하고 삶의 질은 최고로 높이는 생태적인 삶을 약속하고 있다.

빼어난 건축가와 건설 공학자의 작품은 여행자를 사로잡는다

　이제부터는 빼어난 토목 공학자나 건축가, 환경학자의 업적을 알아보자. 금세 눈치채겠지만, 뛰어난 건축가, 건설 공학자와 환경학자의 흔적과 업적은 그 자체로 유명한 명소가 되며 관광지가 된다. 건축이나 구조물, 환경에 관심이 있는 독자라면 지금부터 나오는 유명 건설 공학자의 이름과 함께 건축물, 구조물을 잘 기억해 두자. 모두가 '작품'으로 인정받고 있으며, 이들만 순례해도 가치 있는 세계 여행이 될 것이다.

• 레오나르도 다 빈치(Leonardo Da Vinci)

　중세의 가장 재능 있는 예술가이다. 1482년에 작성한 자기소개서를 보면, 스스로에 대해 '전쟁 때는 적군이 점령한 성의 해자(垓字)에서 물을 빼고 성벽 밑을 팔 능력이 있으며, 평화 시에는 건축 설계, 건설, 조각, 회화 등에도 만족할 만한 능력을 발휘할 수 있다'고 쓸 정도로 뛰어난 건설 기술자였다. 그는 구조물이 하중에 저항하는 방식에 관심이 많았다. 그래서 기둥, 보, 철망, 트러스 및 아치의 강도에 관한 실험을 했다.

• 비트루비우스(Marcus Vitruvius Pollio)

로마의 황제 시저를 도와 급류인 라인 강에 길이 300m의 목구각교를 설치했다. 아우구스투스 황제를 위해서 건물은 안전하고 유용하며 아름다워야 한다는 내용의 책을 집필하기도 했다.

• 존 스미턴(John Smeaton)

1768년 처음으로 시민공학Civil Engineering이라는 말을 사용했다. 세계 최초로 1759년 완공한 콘크리트 구조물인 에디스톤 등대를 건설했다. 또 최초로 기술자회The Smeatonian Society of Civil Engineers를 설립했다.

• 다산 정약용(丁若鏞)

정조 18년(1794년)에 착수해 20년에 완공한 수원 화성의 설계 및 시공에 큰 공헌을 한 우리나라에서 가장 뛰어난 건설 기술자 중 한 사람이었다.

• 안토니오 가우디(Antonio Gaudi y Cornet)

스페인의 바르셀로나는 가우디가 만든 도시라고 할 정도로 독창적인 건축물들이 도시 곳곳

사그라다 파밀리아 성당

에 있다. 특히 현재도 계속 건설되고 있는 '사그라다 파밀리아 성당'
의 건설 감독을 맡아 했으며, 죽을 때까지 40여 년을 그 성당 건설에
몰두했다.

• 프랭크 로이드 라이트(Frank Lloyd Wright)

낙수장

미국 위스콘신 주에서 태어났으며
복고적인 양식의 사용을 거부하고 수
평선의 강조, 자유로운 형태, 공간적인
유동성, 자연과의 융합을 표현하는 유
기적 디자인 등을 융합해 전에는 존재
하지 않았던 독창적 건축 세계를 열었
다. 대표적 작품으로는 로비하우스(시
카고), 낙수장(펜실베이니아), 구겐하임
미술관(뉴욕), 존슨 왁스 사옥(위스콘신) 등이 있다.

• 르 코르뷔지에(Le Corbusier)

스위스 태생의 프랑스 건축가로 건축물뿐만 아니라, 도시 규모에서

롱상 성당

도시문제를 이해하고 이에 대응하는
해결책을 제시했다. 또 이런 건축물
에 표현되는 여러 가지 이론들로도 유
명하다. 대표적인 이론은 건축의 다섯
가지 요소(필로티, 자유로운 입면, 열린
평면, 띠 유리창, 옥상 정원), 모듈러Modular,
도미노 주택, 인구밀도와 교통 체계에

관한 내용이 처음으로 거론된 도시계획 등이다. 대표적 작품으로는 여행 장소로도 유명한 빌라 사보아(프랑스), 유니떼 다비타시옹(프랑스), 롱샹 성당(프랑스), 인도의 샹디가르 도시계획 등이 있다.

• 미스 반 데르 로에(Mies van der Rohe)

독일 건축가로, 장식을 절제하면서 세련된 멋을 추구했다. 그의 건축 개념을 잘 표현한 "적은 것이 더 많은 것이다Less is more"와 "신은 상세에 존재한다God is in the details"라는 말로도 유명하다. 미국 시카고에 정착한 이후로 강철 뼈대와 유리로 된 건축물을 처음으로 시도했으며, 미국뿐 아니라 오늘날 현대 도시에서 흔히 볼 수 있는 철과 유리로 구성된 건축물에 큰 영향력을 행사하고 있다. 대표적 작품은 바르셀로나 국제 전시회를 위한 독일 파빌리온, 시카고 일리노이 공과대학의 크라운 홀, 시그램 빌딩 등이 있다.

• 구스타프 에펠(Gustave Eiffel)

프랑스의 교량 기술자로, 1879년 설계한 자유의 여신상(뉴욕)의 내부 구조체의 응력을 해석한 것으로 유명하다. 1884년 당시 가장 긴 경간인 165m 고가 아치 철도교를 세웠다. 또 파리 만국박람회를 기념하기 위한 312m 높이의 에펠탑을 파리에 세웠다.

에펠탑

• 하디 크로스(Hardy Cross)

컴퓨터가 발명되기 전에 복잡한 구조물을 해석할 수 있는 기법인

'모멘트 분배법'을 1930년에 이미 제시한 위대한 공학자이다. 컴퓨터가 일상화되지 않은 1980년 이전까지 공학자들은 거의 모든 대형 구조물을 이 방법에 의해 해석하고 설계했다.

• 유진 프레시네(Eugene Freyssinet)

프랑스의 공학자로, 현재 콘크리트 다리와 건축 구조물에 널리 사용되는 프리스트레스트 콘크리트 개념을 최초로 제시했다. 이 덕분에 콘크리트는 장경 간 구조물과 평판 및 막 구조물에도 사용할 수 있게 됐다.

• 네르비(Pier Luigi Nervi)

이탈리아에서 태어난 네르비는 공학과 건축미를 결합시킨 근대의 공학자이자 건축가이다. 구조 자체의 고유미를 믿는 사람으로서 거대한 개방 공간을 갖는 우아한 건물을 설계했다. 로마의 플로렌스 스타리움은 자유 곡선 형태인 공학의 명쾌함과 아름다움을 겸비한 건축물로 유명하다.

• 파주르 칸(Fazlur Khan)

동파키스탄에서 태어나 미국에서 활동한 건축구조 기술자. 현대 고층 빌딩의 구조 시스템 개념을 확립했다. 고층 빌딩 설계의 주 본산인 시카고 S.O.M에서 일하면서 당시 최고층인 시카고 시어스 타워(110층)에 멀티 튜브 시스템을 적용했고, 고층 빌딩에 경량 콘크리트를 사용했으며 철근 콘크리트 구조도 제안했다.

• 조세프 스트라우스(Joseph B. Strauss)

미국의 교량 기술자이다. 샌프란시스코 금문교의 기사장으로서 교각의 높이와 주경간 길이 모두에서 세계 최고 기록을 세웠다. 또 유명한 도개교(열리는 다리)를 많이 설계했고 관련 기술을 개발했다.

• 칼 테르쟈키(Karl Terzaghi)

건설공학 중에서 지반공학의 모체인 토질역학의 창시자이며, 위대한 교육자였다. 지반공학 분야에서 뛰어난 학문적 업적을 남겼을 뿐만 아니라 댐, 터널, 항만 구조물 등 지반공학 기술의 발전에도 많은 업적을 남겼다.

• 레이첼 루이스 칼슨(Rachel Louise Carson)

20세기에 가장 큰 영향력을 끼친 책 중 하나인 『침묵의 봄』을 쓴 작가이다. 무분별한 살충제 사용으로 파괴되는 야생 생물계의 모습을 적나라하게 공개했다. 언론의 비난과 이 책의 출판을 막으려는 화학업계의 거센 방해에도 불구하고, 환경문제에 대한 새로운 대중적 인식을 이끌어 내며 정부의 정책을 변화시켰고, 환경 운동을 가속화시키기도 했다. 이 책이 촉발한 환경오염 논쟁은 미국에서 1969년 국가환경 정책법을 만드는 계기가 됐고, 이후 전 세계적인 환경 운동으로 확산돼 마침내 1992년 리우 회담까지 이어지는 성과를 낳았다.

• 스티븐 헨리 슈나이더(Stephen H. Schneider)

인공 배기가스가 지구 온난화를 발생시켜 지구의 기후를 위협한다고 세계에 경고했으며, 지구 온난화로 발생할 수 있는 결과를 예측하기 위한 수학적 모형을 개발했다. 또한 과학적 배경 지식이 거의 없는 사람도 기후학을 이해할 수 있도록 400건이 넘는 글을 발표했다. 환경문제 해결에 대한 공로를 인정받아 2007년에는 엘 고어 미국 전 부통령과 함께 노벨 평화상을 수상했다.

• 레스터 브라운(Lester Brown)

2000년《워싱턴포스트》가 세계에서 가장 영향력 있는 학자로 선정한 환경과학자. 미국 워싱턴 소재 환경 연구 기관 '월드워치연구소'의 설립자이자, 미국 워싱턴 DC에 본부를 두고 있는 비영리 학제 간 연구 기관인 '지구 정책 연구소'의 소장이다. 1986년 유엔 환경 상을 수상했으며, 1995년에는 세계 인명사전에서 뽑은 '가장 위대한 미국인 50인'에 선정됐다.

• 노먼 마이어스(Norman Myers)

그는 자원 희소성을 안보에 대한 위협으로 파악한 최초의 학자이다. 열대우림의 파괴가 야생 동식물 종자의 대량 절멸을 가져올 뿐만 아니라 해당 지역의 공동체를 해체해 정치적 · 사회적 불안정을 초래할 것이라고 주장했다. 1994년 저서『가장 중요한 원천』에서는 열대우림을 보호하지 못하면 인류의 미래가 위협받을 것이라고 다시 한 번 주장했다. 1993년에 펴낸『궁극적 안보』는 정치적 안정성에 환경이 중요함을 알린 탁월한 책으로 평가 받는다. 1995년에 유엔 환경 상을 받았고, 2007년에는 미국《타임》에 환경 영웅으로 선정되기도 했다.

세계를 감동시킨
건설공학 작품들

'예술은 길고 인생은 짧다'라는 말이 있다. 건축가 필립 존슨이 한 말이다. 위대한 건축가 및 건설 기술자들은 고인이 되었지만 그들이 만든 작품은 아직도 우리 곁에 남아 있다. 이런 유적들은 이제 우리 인류 문화의 일부가 됐다. 인간은 항상 '좀 더 높게', '좀 더 길게', '좀 더 넓게', '좀 더 빠르게'를 추구하여 왔다. 건설공학 분야 역시 이러한 인간의 욕망에 따라 발전해 왔다. 옛날에는 인간보다는 신이나 죽은 사람에 대한 경외심이 커서 신전이나 종교 건축물 또는 무덤이 중요했다. 또 적을 방어하기 위해 성곽이나 성채 구조물을 짓는 것도 중요한 프로젝트였다. 하지만 근대에 오면서 살아 있는 사람의 생활을 향상시키는 구조물인 왕궁, 체육 시설, 기념탑, 교량 등의 구조물이 건설 분야의 주요한 프로젝트가 됐다.

1. 신전 또는 종교 건축물

중세 이전에는 대개 신전과 무덤이 가장 큰 프로젝트였다. 대표적인 예로, 그리스 시대의 파르테논 신전, 고대 로마 시대의 판테온 신전, 미켈란젤로의 유명한 벽화와 조각품이 유명한 성 바티칸 성당, 캄보디아의 앙코르와트, 이슬람과 천주교의 유적이 얽혀 있는 코르도바의 메스퀴타^{Mezquita} 사원 그리고 우리나라의 불국사와 같은 사찰 건축물이 있다.

2. 무덤

세계 7대 불가사의의 하나인 이집트의 피라미드는 대표적 무덤 구조물이다. 인류 역사상 가장 위대한 프로젝트 중의 하나로, 아직도 그 건설 방법이 미지

피라미드

로 남아 있다. 인도 무굴 제국의 샤 자한 왕이 아내의 무덤으로 만든 타지마할 역시 매우 아름다워 지금도 방문객이 줄을 잇고 있다.

3. 성곽, 성채

피라미드와 함께 인류가 만든 가장 큰 역사적 프로젝트로는 중국의 만리장성이 손꼽힌다. 만리장성은 진나라 시대의 북방 민족의 침입을 막기 위해 만들어졌다. 이외에 유럽을 중심으로 다양한 성채와 요새가 있으며, 우리나라에도 수원 화성 등 여러 성곽이 있다.

타지마할

4. 궁궐

살아 있는 사람을 위한 주거 시설 가운데 대형 프로젝트로는 주로 왕궁과 체육 시설이 있다. 중국의 자금성, 프랑스의 베르사유 궁전, 우리나라의 경복궁 등 다수의 대형 왕궁이 있다. 대형 체육 시설로는

로마 시대의 콜로세움이 대표적이다.

5. 교량, 수로

계곡이나 강, 바다를 가로지르는 교량은 어느 시대에나 강력한 도전 과제였고 대형 프로젝트였다. 농사를 위한 수로인 프랑스의 퐁 뒤 가르 교는 1세기경에 건설되었고 아직도 건재함을 자랑한다. 스페인의 세고비아에도 1000년이 넘는 수로 교량이 있다. 또한 사람들은 늘 자연을 극복하는 긴 다리를 추구해 왔다. 이런 장대 교량을 가능하게 한 것은 강재의 개발이

건설 당시 인천대교 모습

다. 1930년대의 금문교를 시작으로 수많은 대형 현수교가 건설됐다. 우리나라도 최근에 인천대교, 이순신대교 등 거대한 교량을 건설했고 지금도 건설하고 있다.

6. 고층 빌딩

인간의 욕망 중 하나는 건물을 보다 높게 건설하고자 하는 것이다. 1km 높이의 건축물을 목표로 지금도 각국은 경쟁하고 있다. 100층을 초과하는 초고층 빌딩으로는 엠파이어스테이트 빌딩(뉴욕)이 유명하다. 1930년대에 13개월이라는 짧은 기

버즈 칼리파

간에 102층까지 건설되었다. 1960년대에는 시카고를 중심으로 새로운 구조 시스템을 적용한 시어스 타워, 존 핸콕 빌딩 등이 건설됐다. 현재는 두바이의 버즈칼리파가 최고층으로, 164층 800m에 이른다. 우리나라도 지금 잠실에 123층의 롯데월드 빌딩을 건설하고 있다.

7. 탑

행사나 사람을 기념하기 위해 건설되는 탑 구조물도 그 시대의 기술을 나타내는 대표적인 도전적 구조물이다. 300m가 넘는 최초의 구조물인 에펠탑, 콘크리트로서 최고의 높이 기록을 세운(당시 기준) 토론토의 시엔CN 타워 그리고 강재와 프리스트레스트 콘크리트를 병용한 세인트루이스의 게이트웨이Gate way 아치 등이 대표적인 대형 구조물이다.

8. 터널

산이나 바다를 서로 연결하기 위한 터널도 매우 큰 프로젝트이다. 도버해협을 가로지르는 런던-파리 도버해협 터널을 비롯해 알프스 산맥을 지나가는 57km의 고타드 베이스 터널은 2017년 완공 예정이다. 우리나라도 부산 가덕도와 거제도를 연결하는 침매 터널, 죽령을 관통하는 터널 등 10km가 넘는 터널이 건설되었다.

9. 도시

인류 역사상 많은 도시가 생겨나고 사라졌지만, 유적으로서 페루의 마추픽추와 이탈리아의 폼페이는 당대의 삶과 도시의 규모를 유추할 수 있게 한다. 도시는 보통 시간의 흐름에 따라 자연스럽게 성장하여 왔지만 최근에는 미리 계획된 대형 도시를 건설하는 프로젝트도 나타나고 있다. 우리나라

마추픽추

의 경우에도 1990년대 초반 5대 신도시를 건설했고, 브라질, 호주, 말레이시아 등 많은 나라에서도 새로운 도시를 건설했다.

10. 탄소 제로 도시와 도심 재생

아랍에미리트는 아부다비 인근 약 6.5km² 면적에 2016년 완공을 목표로 220억 달러를 투입하여 마스다르 시티라는 탄소 제로 도시를 조성하고 있다. 2008년 시작된 이 프로젝트는 아부다비 정부 소유 회사인 무바달라사의 자회사인 ADFEC$^{The Abu Dhabi Future Energy Company}$가 개발했다. 마스다르 시티는 '석유 이후의 시대$^{post-oil Era}$'를 슬로건으로 내걸고 온실가스(탄소), 쓰레기, 자동차가 없는 3무(無) 도시 건설 프로젝트이다. 도시 내 탄소 배출량 0^{zero}을 목표로, 주택은 새로운 절연재를 개발·사용하여 에너지 효율을 높이고, 자연 냉난방을 이용해 에어컨을 사용하지 않도록 건설한다. 또한 물, 폐기물 등의 재이용 기술 및 시스템을 개발하고 생물 다양성을 보존하며, 대중교통 시설을 이용하고 자전거와 도보를 유도할 수 있는 교통 정책을 세웠다. 태양 및 수소에너지를 중심으로 하는 에너지 생산 체계를 구축해 100% 신재생

마스다르 시티 축소 모델

에너지 공급을 목표로 한다.

국내의 대형 프로젝트로는 도시 재생 Urban Renaissance이 있다. 이 프로젝트는 '기존의 쇠퇴된 도시를 재활성화하고, 도시 공간 구조 기능을 재편하며, 이를 통해 신·구도시 사이의 균형 있는 발전을 이루고, 낙후된 도시의 재생을 통해 경쟁력을 향상시키고, 삶의 질 향상을 위한 지속 가능한 도시 발전 모델의 확립'을 목표로 한다. 국토교통부의 주관 아래 2007년에 시작하여 2014년에 종료될 예정이다. 도시 재생 사업의 시범 사업 구역은 전주시 완산구 일대이며, 2012년부터 2014년까지 총 3년간 그린 단지 시스템을 적용해 도시 농업 시설, 그린 박스 시스템, 우수 재이용 시설, 태양광 에너지 시설, 생활 안전 시스템, 녹색 교육 프로그램 등의 녹색 도시 재생 사업을 지속적으로 추진하고 있다.

건축가, 구조 공학자, 환경학자를 꿈꾼다면?

그럼 지금까지 설명한 내용을 토대로 건설공학이 크게 어떤 분야로 나뉘고 어떤 공부를 하는지 알아보자. 건설공학은 역사가 오래된 만큼 대단히 성격이 다른 일들이 한 분야에 모여 있다. 이 말은 자신이 적성을 발휘할 선택지가 그만큼 다양하다는 뜻이다. 그리고 모든 분야를 통합할 수 있는 시스템공학을 다루는 공학 분야로서 앞으로 융합 학문 분야를 주도할 수 있는 학문이다.

(1) 계획 및 설계 분야: 건축물, 도시 및 사회 기반 시설물(교량, 터널 등)을 설계할 때 요구되는 계획론, 설계론을 배운다. 공간 구성 및 경관 계획 기법, 캐드CAD(컴퓨터 이용 설계), 건물, 도시, 사회 기반 시설물의 관리 기법, 경제성 분석, 역사 등을 배운다.

(2) 구조공학 분야: 건물과 사회 기반 구조물의 구조 시스템, 구조 해석 및 해석 기법을 개발한다. 사용하는 재료의 특성을 고려한 설계법을 연구하고, 유지, 관리, 보수, 보강법 등을 다룬다. 최근에는 새로운 친환경 건설 재료 개발과 IT 기술을 접목한 '유지 관리 기법Health Monitoring Technique 등이 중요하게 다루어지고 있다.

(3) 지반공학 분야: 흙과 암석 재료의 공학적 거동에 관한 토질역학 및 암반역학을 기초로 배운다. 지진이나 진동에 대해 다루는 지반동역학을 연구하며, 구조물을 설치할 때 기본이 되도록 땅을 관리하는 기초, 사면 안정, 연약 지반 등을 다룬다. 터널 및 지하 공간 창출은 요즘 주목 받는 분야이다. 탄성파 및 전자기파를 이용해 지구 내부를 탐구하는 지구 물리 탐사 기법, 재생에너지의 미래를 책임질 지열 에너지, 해양 풍력 발전, 이산화탄소 지중 저장, 동해 가스 하이드레이트로 등도 이 분야에서 다룬다. 최근에는 대형 '다이나믹 지오센트리퓨지(원심 시험기)' 시설을 이용해 지반을 정밀하게 모사하는 기술과, 생명공학 기술을 접목한 '바이오 소일Bio-Soil' 기술에도 관심이 높아지고 있다.

(4) 도시, 교통공학 분야: 지속 가능한 지능형 도시를 구성하는 요소를 분석하고 설계한다. 일명 스마트 도시이다. 이를 위해 도시계획, 교통공학, 지능형 교통 시스템, 교통경제학, 지속 가능 지반 시설 시스템공학, 스마트 교통 시스템, 교통 시스템 및 데이터 분석, 항공교통 등 다양한 주제를 다룬다.

(5) 환경공학 분야: 자연과학의 기초 이론을 바탕으로 대기, 수질, 폐기물, 토양, 해양 등의 오염이나 소음 및 진동 공해 등의 환경문제를 해결하기 위해 연구하고 있다. 세계적으로 이슈가 되고 있는 온실가스 저감 기술이나 대체에너지 생산에서부터 매일 먹는 수돗물 정수까지 다양한 지식을 습득할 수 있다.

당신의 손으로
신화를 빚어라!

건설 및 환경공학 분야는 우리의 생활 터전과 환경을 제공하는 학문이다. 따라서 우리 삶의 질이 향상되는 것을 피부로 바로 느낄 수 있는 분야이다. 이제 우리나라도 곧 1인당 국민소득 3만 달러 시대에 도래할 것이다. 우리가 살고 있는 시설물에 대한 기준도 달라질 것이다. 경제성뿐만 아니라 보다 기술적으로 또 미적으로 우수한 건축물이나 다리를 요구하는 움직임이 많아질 것이다. 건설공학 분야는 제조업이 아니기 때문에, 다른 공학 분야와 다르게 그 시대와 사회의 수준에 따라 기술을 발휘할 수 있는 여지가 달라진다. 이제는 우리 사회가 건설공학의 다양하고 섬세하며 아름다운 건설 기술을 요청할 단계이다.

환경공학은 건강한 자연을 지키고 인류의 삶의 질을 향상시키기 위해, 인류 활동에 의한 오염으로부터 환경을 보호하고 이를 지속적으로 보존해 나가기 위한 학문이다. 환경공학은 최근 '생산과 소비' 개념을 벗어나 '예방과 보존' 개념을 추구하고 있다. 인류를 위한 이타적인 기술을 개발해 삶의 질을 높이는 것이다. 이렇게 건설공학과 환경공학은 고품격 삶의 질을 만족시키는 기술로 계속해서 탈바꿈하고 있다.

우리 인간의 생활과 가장 밀접한 공학으로서, 건설공학의 역할은 늘 현재를 산다. 그리고 그 현재는 미래에 신화가 된다. 우리 세대에 우리의 삶 향상을 위해 이 시대의 건설·환경 기술자가 건설한 구조물은 수천 년 후의 미래에는 인류의 이정표가 될 것이다.

What is Engineering?

재료는 어디에나 있다 / '공학 분야의 경영학' 신소재공학 /
불은 인류가 발견한 최초의 가공 기술 /
근대적인 재료 연구를 낳은 화학과 물리학 /
대표적인 신소재공학 / 미래를 지배할 신소재의 세계로

13장

신소재공학

– 김도경

아담과 이브의 **나뭇잎**에서
탄소 나노 튜브까지,
신소재공학

인류가 최초로 이용한 재료는 무엇일까? 수업 시간에 '석기시대, 청동기시대, 철기시대'라는 구분법도 배웠다. 그렇다면 인류가 만든 최초의 도구인 석기를 만든 재료인 돌이 인류가 이용한 첫 재료일까? 다른 가능성을 제기해 보자. 에덴 동산에서 추방된 아담과 이브가 신체의 중요 부위를 가리기 위해 사용한 나뭇잎이 있다. 어쩌면 나뭇잎이 돌보다 앞선 재료일지도 모른다.

농담 같지만 중요한 이야기다. 인류는 세상을 살아가면서 '이것은 무엇으로 만들어졌을까?'라고 끊임없이 물었다. 이 질문은 생존에 필수적이었다. 자연의 재료에는 먹을 수 있는 것이 있는가 하면, 먹을 수 없는 것도 있었다. 추위나 더위를 막아주는 집의 재료가 있었고, 20세기에야 발명된 각종 전자제품처럼 첨단 기기를 작동시키는 것도 있었다.

재료가 있기 때문에 세상 모든 것들이 형체를 지닌 채 존재하고 기능을 발휘할 수 있었다. 자연 역시 마찬가지다. 나뭇잎 역시 나름의 재료로 이뤄져 있고, 고유의 형태를 갖고 기능을 발휘한다. 나뭇잎은 다시 어떤 다른 용도의 사물에 재료로 이용될 수 있다. 아담과 이브는, 이런 나뭇잎을 이용해 몸을 가리는 용도, 즉 옷의 재료로 활용한 사례가 아닐까?

재료는
어디에나 있다

재료는 사물이 사용되는 조건에 맞는 특성을 갖춰야 한다. 예를 들어 안경이나 창문은 '투명하고 쉽게 깨지지 않아야 한다'는 조건을 만족해야 한다. 전선은 전류가 잘 흘러야 한다. 고속 여객기의 본체는 비행 속도 마하 12~25에서 1800℃ 이상의 높은 온도를 견딜 수 있어야 한다. 아담과 이브가 몸을 가리기 위해서는 불투명한 재료가 필요하다. 나뭇잎이 유리처럼 투명했다면 아마 몸을 가리는 데 쓰지 않았을 것이다.

휴대전화가 갑자기 폭발했다는 뉴스가 종종 나온다. 휴대전화의 에너지 공급원으로 사용되는 리튬 이온 전지 안의 전해질 물질이 불안정해서 일어나는 사고다. 전해질은 휴대전화 전지를 이루는 중요한 재료다. 또한 휴대성을 위해 오래가고 가벼워야 한다. 하지만 사고가 종종 일어났다는 점은 이 재료에 가장 필요한 성질이 안정성이라는 사실을 보여준다. 안정적이면서도 가볍고 오래가는 재료는 어떻게 만들 수 있을까. 이런 문제를 해결해 주는 학문이 바로 신소재공학이다.

신소재공학은 산업 기술이 발달하면서 요구되는 새롭고 특수한 용도에 적합한 성질을 갖는 새로운(新) 재료를 개발하고 연구하는 학문이다. 신소재공학을 바탕으로 한 첨단 신소재는 우리 일상생활 곳곳

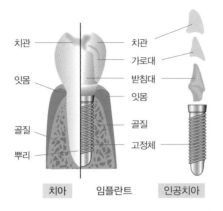

치관 — 치관
가로대
잇몸 — 받침대
잇몸
골질 — 골질
뿌리 — 고정체

치아   임플란트   인공치아

인공 심장

에 스며들어 있다. 안경테나 브래지어 와이어는 큰 힘을 가해 변형이 돼도, 뜨거운 물에 잠시 담갔다 빼면 원래의 모습을 되찾을 수 있다. 이것은 형상기억 합금이라는 신소재 덕분이다. 썩은 치아를 치료하거나 새로운 치아로 바꾸는 데 사용되는 인공치아나, 사고로 부러진 뼈와 손상된 장기를 대체하는 인공장기 역시 생체 신소재를 개발한 덕에 탄생할 수 있었다.

자동차는 첨단 재료 기술의 집합체다. 사고가 났을 때 에어백이 작동할지를 판단하는 가속도 센서를 비롯해 목적지까지의 최단 거리를 알려주는 인공위성 위치 측정 시스템GPS, 화석연료를 대체하기 위해 사용하는 충전 시스템 등에 다양한 신소재가 활용된다. 현대사회의 필수품인 컴퓨터나 휴대전화가 엄청난 속도로 발전해 소위 '스마트 시대'가 된 것도 신소재공학의 덕분이다. 매끈하면서도 투명한 디스플레이 화면, 떨어뜨려도 깨지지 않는 재질, 오래가는 전지가 재료 없이 어떻게 가능할까?

'공학 분야의 경영학'
신소재공학

　신소재공학은 단순히 조건에 맞는 새로운 신소재를 설계하거나 개발하는 학문이 아니다. 재료(소재)의 본질을 밝히고 이해하는 학문이다. 신소재공학은 영어로 '재료과학 및 공학Material Science and Engineering'이라고 쓴다. 공학 분야에서는 유일하게 '과학'이라는 단어가 들어간다. 산업에 적용하는 공학적 측면과 원리를 이해하는 과학적 측면이 중요하다는 뜻이다.

　이것은 소재가 나타내는 다양한 특성을 미시적, 거시적으로 이해해야 새로운 특성을 나타내는 신소재를 개발할 수 있기 때문이다. 예를 들어, 반도체에 쓰이는 소재를 연구하는 재료공학자는 반도체가 무엇이고 어떻게 작동하는지를 알아야 한다. 재료 지식을 위해 전자, 전기, 컴퓨터공학에 관해 해박하게 알아야 한다.

　그래서 신소재공학과에 입학한 학생들이 가장 먼저 금속, 세라믹, 고분자 등의 다양한 소재의 특성을 배우고, 그 특성을 발현시키는 데 바탕이 되는 내부 현상을 배운다. 양자론, 통계역학, 열역학, 반응속도론, 결정학 등의 기초 학문도 공부한다. 달리 말하면, 신소재공학은 이런 여러 학문을 연결해 주는 다리 역할을 한다. 신소재공학은 만물을 이루는 다양한 재료에 관심을 두기 때문에 거의 모든 공학 분야와 관련이 된다. 그래서 흔히 신소재공학을 '공학 분야의 경영학'으로 비유하기도 한다.

불은 인류가 발견한
최초의 가공 기술

　인류는 존재하는 순간부터 재료를 사용했다. 인류 문명은 재료가 발전함에 따라 함께 발전해 왔다. 선사시대의 인류가 사용했던 재료는 자연으로부터 얻을 수 있는 돌, 나무, 뼈와 가죽 등이었을 것이다. 인간은 이런 재료를 이용해 짐승을 사냥하고 열매를 채집해 삶을 이어 나갔다. 이를 통해 인간은 다른 동물과 다를 것 없는 생활에서 벗어나 처음으로 문명을 만들어나가기 시작했다.

　재료의 가공이 가능해진 것은 불을 발견하고부터다. 인류가 불을 사용하기 시작한 것은 최소 50만 년 전으로 거슬러 올라간다. 중국 베이징 근처에서 동굴이 발견되었는데, 인류가 살았던 흔적과 함께 불을 피운 흔적이 있었다. 이 동굴이 약 50만 년 전의 유적이다. 하지만 학자들은 인간이 처음으로 불을 발견한 것은 이보다 100만 년은 앞서 있었을 것으로 추측하고 있다.

　불의 사용은 인류 생활에 많은 변화를 가져왔다. 불에 익힌 음식은 날음식보다 맛이 좋을 뿐만 아니라 소화도 잘됐다. 영양분의 섭취를 도왔고, 뇌의 발달을 촉진했다. 불은 또 혹독한 추위나 사나운 짐승의 공격으로부터 목숨을 지켜주는 역할을 했다. 이런 변화 가운데 가장 눈여겨볼 것이 바로 여러 가지 도구의 제작이다. 불을 이용해 만든 인류 최초의 도구는 흙으로 빚은 그릇을 불에 넣어 구운 토기다. 토기는 진흙만으로 빚은 그릇보다 훨씬 더 단단해 잘 깨지지 않았다. 『로빈슨 크루소의 모험』이라는 소설에는 무인도에 간 로빈슨 크루소가 우연히 불에 들어간 흙덩어리가 단단해지는 현상을 발견하고 토기를 만들어 사용하는 장면이 나온다. 이런 방법은 수만 년이 지난 오늘날에도 그

릇이나 도자기 제작 등 다양한 곳에 쓰이고 있다. 이 기술은 '소결Sintering'이라는 어엿한 재료공학 분야로, 지금도 많은 연구가 진행되고 있다.

불을 이용한 토기에서 알 수 있는 사실은, 불이 소재의 '성질'을 바꿀 수 있다는 점이다. 토기라는 도구를 만

강원도 문암리 고성 유적지에서 발견된 토기

들 때 진흙은 재료다. 그런데 단순히 진흙으로만 빚으면 그릇으로 사용할 수 없다. 하지만 진흙을 빚어서 불에 넣어두면 단단해져서 비로소 그릇으로 사용할 수 있게 된다. 여기서 '단단하다'는 것은 토기가 가져야 하는 성질이다. 다시 말해 불을 이용한 열처리가 진흙이라는 재료의 성질을 바꾼 것이다.

이런 사실을 깨달은 인류는 또 다른 새로운 탐구로 돌입했다. 어떤 진흙을 사용할까, 얼마나 불에 넣어두었다가 식혀야 할까, 더욱 복잡한 그릇을 만들기 위해서는 어떻게 해야 할까 등이다. 이를 해결하기 위한 노력이 바로 오늘날의 재료공학 또는 신소재공학의 시초다. 이와 같은 인류의 꾸준한 탐구 덕분에 청동기시대를 거쳐 철기시대가 도래할 수 있었다. 재료공학적인 탐구는 점차 다양하고 새로운 재료를 발견하게 했고, 문명 발전의 원동력이 됐다.

근대적인 재료 연구를 낳은 화학과 물리학

철이 새로운 소재로 발견된 뒤, 재료 분야는 오랜 시간 동안 대장장

이나 수공업자들이 연구했다. 하지만 주로 경험에 의존했기 때문에 획기적인 진전이 없고 발전도 더뎠다. 그러다 재료를 과학적으로 이해하려는 시도가 19세기에 들어와 화학의 등장과 함께 시작됐다.

화학의 발전에서 빼놓을 수 없는 것이 바로 연금술사다. 연금술사는 여러 가지 금속을 녹이고 섞어가면서 금을 만들고자 했던 사람들이다. 그런데 금이라는 것은 하나의 원소로 구성돼 있기 때문에 아무리 다양한 금속을 섞어도 만들 수 없다. 그런 사실을 알지 못했던 당시의 연금술사들은 무수한 실험을 했는데, 덕분에 금 대신 다양한 화학물질을 만들어내고 또 재료와 화학이 함께 발전하는 데 큰 공을 세웠다. 우리가 매우 잘 아는 황산이나 염산도 연금술사들이 처음 만들었다.

물리학이 발달하면서 화학과 더불어 재료과학이 발전할 수 있는 계기가 생겼다. 이 시기에 개발된 수많은 기술과 노하우는 혁신적인 산업 발달의 발판이 되었다.

재료과학은 20세기에 들어서는 이전과는 비교할 수 없을 정도로 빠르게 발전했다. 화학과 물리학 등의 기초과학의 발전과 전자현미경의 등장과 같은 분석 기술의 향상 덕분이다. 재료의 구조와 특성에 대한 이해가 깊어지자 발전 속도도 빨라졌다. 다양한 재료에 대한 수많은 연구 결과가 보고되고, 이를 바탕으로 재료공학은 하나의 학문으로 발전됐다. 재료공학은 화학과 물리학과 같이 인류가 발전시켜온 여러 가지 지식이 한데 모여 이뤄진 것이다. 재료공학을 바탕으로 인류는 필요로 하는 물질을 처음부터 완전히 새롭게 만들어 내는 지식과 기술을 손에 넣을 수 있었다. 이로부터 자연스럽게 전통적인 소재와는 전혀 다르고 새로운 특성을 갖는 신소재에 관심이 두기 시작했다.

대표적인 신소재공학

1. 초전도체

20세기에 개발된 대표적인 신소재 중 하나는 바로 초전도체다. 초전도체의 기반이 되는 물리적 현상을 초전도 현상이라고 한다. 어떤 물질을 일정한 온도까지 냉각시켰을 때 전기 저항이 0이 되는 현상이다. 이런 초전도 현상을 보이는 소재가 바로 초전도체인데, 내부에 자기장이 들어갈 수 없고 내부에 있던 자기장도 밖으로 밀어내는 성질을 가진다. 이 때문에 자석 위에 떠오를 수 있는 '자기 부상 현상'도 나타난다.

초전도 현상은 1911년 네덜란드 레이던 대학교의 물리학자 카멜린 오네스가 발견했다. 오네스 교수는 극저온에서 사용할 수 있는 온도계를 만들기 위해 여러 가지 실험을 했다. 그러던 중 수은을 액화 헬륨으로 냉각시킬 때 4.2K(-268.8℃)에서 전기저항이 0이 되는 현상을 발견했다. 이후 많은 학자가 초전도체와 초전도 현상을 연구하고 있다. 실용화될 경우 전기 분야에 큰 혁신을 불러일으킬 수 있기 때문이다. 초전도체를 이용해 전선을 만든다고 해보자. 저항이 없으니 전선으로부터의 전력 손실이 사라진다. 낮은 전압으로도 멀리까지 보낼 수 있다는 점도 경제적으로 큰 장점이다. 자기 부상 열차가 현실화될 수 있다.

현재 초전도체 실용화에 가장 큰 걸림돌은 저항이 0이 되는 임계온

자석 위에 떠있는 초전도체

도다. 아직은 영하 백 수십 ℃ 정도에서만 가능하다. 계속 연구 중이지만 실용화하기에는 지나치게 낮은 게 사실이다.

2. 생체 재료공학과 인공장기

어떤 사람이 위암 말기 판정을 받았다고 하자. 이 사람의 생명을 유지할 수 있는 방법은 약물치료나 항암 치료뿐이다. 하지만 이러한 치료도 이 사람의 죽음을 막을 순 없을 것이다. 이 사람을 살릴 수 있는 다른 방법은 없을까. 답은 있다. 바로 암세포로 얼룩진 위를 다른 것으로 대체하는 것이다. 그런데 어떻게 가능할까?

기존에는 손상된 장기를 바꾸려면 다른 사람의 장기를 이식받아야만 했다. 하지만 이럴 때 장기를 제공할 사람이 있어야 한다. 이건 수량에 한계가 있다는 뜻이다. 그런데 만약 인공장기를 만들어 대체할 수 있다면 어떨까? 인류의 건강한 삶뿐만 아니라 생명 연장의 꿈을 실현해 줄 수 있는 돌파구가 될 것이다.

그런데 이런 인공장기를 개발할 때 가장 중요한 요소가 바로 생체 재료를 개발하는 일이다. 인공장기를 만드는 생체 재료는 체내에 이식됐을 때 거부 반응이 없으면서도, 실제 장기와 같은 기능을 수행해야 한다. 또 장기간 인체 안에서 부식되거나 분해되지 않아야 한다. 현재 인공치아를 비롯해 인공 혈관, 인공 뼈 등 많은 인공장기들이 개발돼 실제로 사용되고 있다. 하지만 아직은 한계가 많다. 더욱 나은 생체 재료 개발을 위한 연구가 필요하다.

3. 에너지공학

전 세계 에너지 소비의 80% 이상을 차지하는 화석연료가 고갈될 위험에 빠졌다는 이야기가 더는 낯설지 않다. 화석연료를 쓸 때 나오는 부산물인 이산화탄소는 기후 변화를 일으키고 있다. 최근 측정된 지구 온도는 지속적으로 상승 중이며, 특히 남반구에서 가장 큰 빙하로 알려진 웁살라Upsala 빙하는 현재 거의 모두 호수로 바뀌었을 정도다.

해결책은 간단하다. 화석연료를 사용하지 않으면 된다. 그런데 어떻게 가능할까. 대체에너지다. 원자력, 바이오, 바람, 지열, 해양, 파도, 태양전지, 리튬 이온 전지를 대신 이용하면 된다. 하지만 모든 대안이 똑같이 실용할 수 있지는 않다. 가장 강력한 대안으로 꼽히는 것은 원자력 에너지이며 현재에도 전체 에너지의 약 3%를 공급하고 있다. 하지만 방사능 등 잠재된 위험성이 크다는 문제가 있다. 이 때문에 현재 미국, 독일 등의 많은 선진국에서는 기존의 원자력 발전소 외에 추가

지구 온난화로 인해 호수가 되어버린 웁살라 빙하

건설을 보류하고 있다. 그 밖에도 바이오, 바람, 지열, 해양, 파도를 이용하는 방법이 있지만, 아직은 그 효율이 매우 낮을 뿐만 아니라 실제로 적용하는 일이 어렵다는 단점이 있다.

그렇다면 방법이 없는 걸까? 대체에너지 가운데 남은 방법들이 최근 주목받고 있다. 태양전지, 리튬 이온 전지 같은 에너지 소자 Energy device다. 이들은 효율이 높고 실생활에 적용하기가 쉬워 에너지 문제를 해결할 수 있는 가장 효과적인 대안으로써 큰 주목을 받고 있다. 연구도 많이 되어 상용화 단계까지 이른 것도 많다. 실제로 주변에서 건물에 설치된 태양전지 패널을 종종 볼 수 있을 정도다. 생활 필수품이 되어버린 휴대전화 또는 노트북 등에서 사용하는 전지도 대부분 리튬 이온 전지다. 최근에는 심지어 도로에서 엔진과 리튬 이온 전지가 함께 사용되는 하이브리드 자동차도 쉽게 볼 수 있다.

이런 에너지 소자의 성공 뒤에는 신소재공학이 있다. 빛을 전기에너지로 직접 바꾸는 소자인 태양전지는 가능한 많은 양의 빛을 흡수해 많은 양의 전자를 생성시킬 수 있는 물질을 사용해야 한다. 또 리튬 이온의 이동을 통해 전기에너지를 얻는 리튬 이온 전지의 경우, 많은 양의 리튬 이온을 주고받을 수 있는 전극 물질이 필요하다. 리튬 이온이 안정적이고 효율적으로 이동할 수 있게 돕는 전해질도 꼭 필요하다. 모두 신소재의 몫이다.

휴대전화에 사용되는 리튬 이온 전지

에너지 소자와 관련된 연구를 살펴보면 새로운 소재를 개발하거나 기존 소재의 특성을 향상하려는 연구가 많다. 현재 국가 차원에서도 막대한 지원을 하고 있으며, 다양하고 규모가 큰 프로젝트도 많다. 앞으로도 에너지 소자를 발전시키는 데에 신소재공학의 활약은 더 커질 것이다.

4. 나노 기술

최근 반도체 기술 기반의 전자 산업은 급격한 발전을 이뤘고, 그 덕분에 인류의 삶은 보다 효율적이고 편리해질 수 있었다. 이런 발전은 나노 기술에 의해 전자소자 성능이 높아지고 고속화와 고집적화가 이뤄졌기 때문에 가능했다. 그렇다면 여기서 말하는 나노 기술이란 무엇일까.

나노 기술Nanotechnology이란 나노미터 단위에서 물질을 합성하고 조립, 제어하며 혹은 그 성질을 측정 및 규명하는 기술을 말한다. 나노Nano는 그리스 어로 난쟁이란 뜻으로써, 10억 분의 1(10^{-9})을 나타내는 접두어다. 따라서 1nm(나노미터)는 10억 분의 1m를 나타낸다.

1959년 미국의 노벨 물리학자 수상자인 리처드 파인만 교수는 미국 물리학회에서 '극미 세계의 아득한 가능성'이라는 제목으로 강연했다. 그는 이 강연에서 "바닥에는 많은 공간이 있다There is plenty room at the bottom"라는 말로 나노미터(nm) 세계의 무한한 가능성을 이야기했다. 여기에서 나노 기술의 역사가 시작됐다. 많은 과학자들이 인간의 눈으로 볼 수도 없고 생각하기도 힘든 나노 세계에 큰 관심을 가지기 시작했고, 1981년 주사 터널링 현미경이 개발되면서 연구는 날개를 달았다.

IBM 연구소의 하인리히 로러와 게르트 비니히에 의해 개발된 주사 터널링 현미경은 기존의 전자현미경보다 10배 높은 해상도를 바탕으로 원자 단위에서의 여러 가지 현상을 밝힐 수 있게 했다. 특히 1990

년 IBM 연구원들이 주사 터널링 현미경을 이용해 제논^{Xenon} 원자 35개를 하나씩 옮겨 니켈 기판 위에 'IBM'이라는 글자를 새기는 데 성공했다. 이는 주사 터널링 현미경으로 단순히 나노 세계를 들여다보는 능력뿐만 아니라 나노 세계를 직접 '조작'할 수 있다는 점을 세상에 널리 알리는 계기였다.

최초로 나노 기술의 개념을 제시한 리처드 파인만

보통 나노 소재^{Nanomaterial}라고 하면 1~100nm의 크기를 갖는 입자를 말한다. 물질이 이렇게 나노미터 수준으로 작아지게 되면 큰 물체를 이룰 때와는 전혀 다른 전기적, 광학적, 자기적 특성을 나타낸다. 이는 표면에 존재하는 원자의 비율 때문이다. 물질의 크기가 클 때에는 표면에 위치하는 원자의 비율이 무시할 만큼 작아서 이들에 의한 영향은 무시할 수 있다. 내부 원자들에 의한 특성만 드러나는 것이다. 하지만 나노미터 크기의 수준에서는 내부 원자보다 표면 원자가 차지하는 비율이 커지게 된다. 표면 원자의 에너지 상태에 따른 특성들을 더는 무시하지 못한다. 그리고 이 때문에 다양한 특성 변화가 나타난다. 예를 들면 일반적으로 노란색인 금은 나노 세계에서 붉은색을 띠고, 자성이 없는 니켈은 자성을 갖게 된다. 아까 진흙 그릇을 불에 구워 토기로 만든 사례를 이야기했다. 성질을 변화시키기 위해

제논(Xenon) 원자로 새긴 'IBM' 글자

열처리라는 과정을 겪어야 했다. 그런데 나노 기술에서 물질은 그저 작게만 하여도 전혀 다른 성질을 띤다!

물질을 나노 구조로 만드는 이런 나노 구조화는 다양한 특성 변화를 일으키는 새로운 신소재 개발 방법이다. 기존 재료를 작게 만들어 새로운 특성을 갖게 한 뒤 이를 분석하고, 다양한 분야에 적용하는 연구가 최근 활발히 진행되고 있다. 예를 들어 리튬 이온 전지에서 나노 입자로 구성된 전극을 사용하면, 표면적이 엄청나게 늘어나 많은 양의 리튬 이온이 빠르게 들어가고 빠져나올 수 있어서 성능이 크게 높아진다. 태양전지 중 하나인 염료 감응형 태양전지에 나노 입자로 이뤄진 광 전극을 사용하면 효율이 높아진다. 입자 표면에 많은 양의 염료를 사용할 수 있어 에너지 변환 효율이 높아지기 때문이다.

이 밖에도 다양한 물질의 나노 입자는 실제 생활에 적용되어 사용되고 있다. 은^{Ag} 나노 입자는 특유의 살균 및 항균 효과를 바탕으로 발냄새 제거제, 여드름 전용 비누, 칫솔, 유아용품 등에 광범위하게 사용되고 있고, 최근에는 전자 잉크에 적용되기도 하고, 열에 약한 소재에 활용되고 있다.

지금까지 개발된 다양한 나노 소재 중에 가장 많은 관심을 받은 것은 탄소 나노 튜브$^{Carbon nanotube}$다. 탄소 나노 튜브는 1991년 일본전 기회사^{NEC} 부설 연구소의 이지마 박사가 발견했다. 전기 방전을 할 때 흑연 음극에 만들어진 탄소 덩어리를 투과 전자현미경으로 분석하는 과정에서 처음 발견했다.

탄소 나노 튜브는 2차원 구조의 흑연^{Graphite} 면을 튜브 모양으로 말아서, 양쪽 끝은 탄소 원자 60개로 이뤄진 공 모양의 구조인 C_{60} '풀러린'의 반쪽(반구)으로 막은 구조다. 지름은 약 $1 \sim 20nm$다. 탄소 나노 튜브가 이상적인 섬유 신소재로 여겨지는 이유는 극단적인 물리적, 전기적 특성을 지니고 있기 때문이다. 구리보다 높은 전기 전도성과 다이아몬드보다 높은 열 전도성을 가지고 있다. 또 탄소 원자와 탄소 원자 사이의 강한 결합에 의해 인장

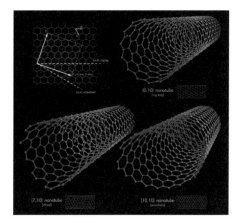

탄소 나노 튜브의 모습

강도(늘리는 힘에 견디는 정도)가 고강도 합금보다 20배 이상 우수하다. 이와 같은 우수한 특성으로 인해 탄소 나노 튜브는 복합 재료의 강화재, 다이오드나 트랜지스터의 단위 소자, 디스플레이의 전계 방출원 등 다양한 분야에 응용할 수 있다.

미래를 지배할
신소재의 세계로

미래는 어떤 모습일까? 하늘을 나는 자동차나 기상천외한 로봇이 정말 등장할까. 이런 상상 속의 미래가 현실이 되기 위해 무엇보다 필요한 것이 신소재다. 우리가 영화나 만화, 소설 등을 통해 접할 수 있는 상상 속의 미래에서 인류는 신소재를 이용해 다양하고 새로운 생활을 하는 것으로 묘사된다.

영화 「터미네이터 2」에는 인조 합금으로 이루어진 액체 금속 인간

인 T-1000이 등장한다. T-1000은 외부 환경에 의해 변형돼도 금세 다시 본래 모습을 되찾을 수 있다. 「퍼스트 어벤저」라는 영화에서 주인공 캡틴 아메리카는 어떠한 외부 충격에도 견딜 수 있는 비브라니움Vibranium이라는 금속으로 된 방패를 주 무기로 사용한다. 「토탈리콜 2012」에서는 초전도체의 자기 부상 원리를 이용해 하늘을 날아다니는 최첨단 미래형 자동차인 호버카가 등장한다.

인류를 더욱 새롭고 혁신적인 세상으로 이끌어갈 이런 새로운 패러다임의 주역은 신소재공학이다. 정보통신 기술IT, 나노 기술NT, 생명공학술BT, 환경 및 에너지 기술ET, 우주 항공 기술ST 등의 첨단 산업 기술이 성공하려면 신소재가 개발되고 적절히 활용될 수 있어야 한다. 여러 국가가 국가 발전을 주도할 첨단 산업의 성장 엔진으로 신소재에 주목하고 있다. 적극적인 지원을 아끼지 않는 것은 물론이다. 막대한 자금을 바탕으로 대규모의 프로젝트가 진행되고 있고, 새롭고 혁신적인 신소재들이 속속 등장할 것이다.

새롭고 혁신적인 신소재는 인류가 존재하는 한 끊임없이 늘어갈 것이다. 곧 모두가 알게 될 것이다. 영화 속에서나 보던 미래 모습이 더는 허구가 아니라는 것과 그 중심에 신소재공학이 있다는 사실을!

가끔 궁금해진다. 태초의 두 인류, 아담과 이브는 자신들이 나뭇잎 한 장을 옷으로 활용한 그 순간, 자연을 넘어 상상 밖의 재료의 세계로 들어선 것을 알았을까. 아마 알았을 것이다. 그리고 그 세계가 훨씬 넓고, 한동안 인류는 그 일부밖에 탐색하지 못할 거라는 사실도. 나머지 넓은 재료의 세계가 제2, 제3의 아담과 이브를 기다리고 있다.

What is Engineering?

14장

생명화학공학

– 이상엽

모두가 **스파이더맨**의 **거미줄**을
손에 쥐는 **날**까지,
생명화학공학

영화 「스파이더맨」이 크게 유행하면서 "실제로 저렇게 강한 거미줄을 만들 수 있을까?"라고 궁금해하는 사람이 많다. 부드럽고 가벼우면서 강철보다 훨씬 강하고 탄성 또한 매우 좋은 거미줄을 도대체 어떻게 만들 수 있을까? 방법이 없는 건 아니다. 구석구석을 뒤져서 근처에 사는 거미를 몽땅 잡아 거미줄을 뽑으면 된다. 거미줄은 그 자체로 가벼우면서 강한, 앞서 말한 조건을 완벽하게 만족하는 아주 좋은 재료다. 실제로 최근 망토를 만들기 위해서 정말로 거미 100만 마리를 잡아 거미줄 실을 뽑았다는 사례도 있으니 완전히 허무맹랑한 일도 아니다. 하지만 의문이 드는 것은 어쩔 수 없다. 다른 방법은 없었을까?

인공적으로 비슷한 물질을 만들 수 있다. 실제로 지금도 많은 공학자가 하는 연구기도 하다. 화학 실험실에서 일일이 새로운 물질을 시험하고 합성하는 방법이 얼른 떠오른다. 하지만 더 완벽한 방법이 있다. '대사공학'이라는 기술이다. 이 기술은 거미줄과 같이, 생물이 만든 완벽한 소재를 대량생산하기 위해 직접 생물을 이용한다. '혹시 거미를 100만 마리 잡는 건가?' 하고 의문이 들지도 모르지만, 안심해도 좋다. 필요한 건 거미가 아니라 오직 세포이기 때

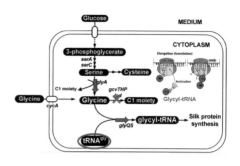

생명공학과 정보통신 기술 융합에 의한 가상 세포 기술과 이를 이용한 거미줄 생산 미생물 대사 회로 설계

문이다. 대사공학은 세포의 대사 과정을 유전자 재조합 기술 등으로 조절해 원하는 물질을 손쉽게 대량으로 얻는 기술이다. 쉽게 말하면 세포를 '초미니 공장'으로 이용하는 셈이다!

세포를 자유자재로 활용하는 환상적인 대사공학은 생명화학공학의 최신 연구 분야 중 하나다. 스파이더맨이라는 영웅을 현실로 만들 수 있다니 그 자체로도 기대를 한몸에 받는다. 하지만 여기서 끝나지 않는다. 스파이더맨의 거미줄 자체를 생산하는 것은 생명화학공학의 연구 중 첫 단계에 지나지 않는다. 생각해 보라. 세상에 범죄는 늘어가는데 스파이더맨이 한 명만 활약하면 무슨 의미가 있을까. 만약 이런 거미줄을 대량으로 값싸게 생산할 수 있다면 수십만, 수백만 명의 스파이더맨이 활약할 수 있지 않을까. 영웅이 한 명뿐인 세상보다 영웅이 여러 명인 세상이 더 살기 좋은 세상 아닐까.

생명화학공학의 관심은 스파이더맨 거미줄을 개발하고, 이를 더 많은 사람들이 혜택을 입을 수 있도록 대량생산하는 방법까지 넓다. 지구촌 모두가 스파이더맨의 거미줄을 손에 넣은 영웅이 되는 날까지 부단히 애쓰는 공학, 그게 바로 생명화학공학이다.

입고 있는 옷부터
자동차까지

지금 주변에서 석유로 만든 물건을 다 없앤다고 상상해 보자. 무슨 일이 벌어질까. 집이 무너질까? 자동차가 멈출까? 그렇게 먼 곳까지 갈 것도 없다. 우리가 사용하는 거의 모든 의류는 석유로부터 얻어지는 합성섬유로 만들어진다. 만일 당신이 누에로 만든 명주실이나 닥나무에서 뽑은 실로 된 옷을 입고 있지 않다면 당장 자신이 벌거벗은 채 알몸으로 걸어 다니고 있다는 사실을 깨닫고 혼비백산할 것이다.

이번엔 아침에 집에서 나와서 학교까지 무엇을 타고 왔는지 생각해 보자. 석유가 없었다면, 아마 소달구지를 타거나 걸어서 와야 했을 것이다. 연료가 없기 때문이다.

이렇게 석유는 옷을 만드는 재료가 되기도 하고, 탈것을 움직이는 에너지원이 되기도 한다. 옷은 석유에서 에틸렌이나 프로필렌 같은 화합물을 뽑아낸 뒤 화학반응을 통해 실을 얻어 만든다. 마찬가지 방법으로 스마트폰에 사용하는 플라스틱 등 다양한 고분자화합물을 만들 수도 있다. 에너지로 활용하기 위해서도 석유를 연료로 사용할 수 있게 처리하는 과정이 필요하다. 화학공학 기반의 정제 기술이다.

스파이더맨의 거미줄을 만드는 대사공학과 석유 정제기술을 비교해 보자. 둘 다 뭔가를 이용해 다른 무엇을 바꿨다. 세포를 이용해 원료로부터 거미줄을 얻었고, 화학반응을 이용해 석유로부터 실을 얻었다. 여기에서 생명화학공학이 무엇인지 알 수 있다. A라는 물질에 B라는 다른 물질을 넣었을 때, B 자신은 변하지 않은 채 A라는 물질만 다른 물질로 변하는 경우가 있다. 이때 사용되는 B 물질을 '촉매'라고 한다. 금속 등 무기물질을 이용하는 경우도 있고, 효소(단백질)를 이용하는 경우도 있다. 효소의 경우 '생 촉매'라고 따로 부르기도 한다. 생명화학공학은 이런 촉매 반응을 포함한 모든 종류의 화학반응을 이용해 유용한 물질을 얻는 방법과 공정을 연구하는 분야다. 그리고 이를 통해 인류의 생존과 번영에 필요한 물질과 에너지를 생산하는 방법을 연구한다.

이 분야는 한때 '화학공학'으로 불렸다. 석유화학공학으로 대표되는 화학반응을 주로 연구했기 때문이다. 하지만 최근 주목받는 생 촉매는 심오한 생화학 지식이 필수가 됐다. 이제는 기존의 화학공학 지식에 생화학 지식을 더한 더 폭넓고 깊이 있는 연구가 대세가 됐고, 생명화학공학이라는 용어로 정착했다.

생명화학공학은 엄연한 공학 분야다. 생명현상의 원리를 탐구하는 생명 과학자나 화학반응 자체에 주목하는 화학자와 달리, 생명화학공학자들은 이들 분야에 대한 이해를 바탕으로 화합물을 제품화하기 위한 대량생산 공정과 단위 기술 개발에 더욱 초점을 두고 있다.

인류를 기아에서 구한
'대량생산'의 열쇠

화합물을 처음으로 대량생산한 것은 18세기다. 당시 영국에서는 유리, 비누, 섬유 산업이 발전했는데, 이런 제품을 생산할 때에는 '소다회'라고도 불리던 탄산나트륨이 필요했다. 탄산나트륨은 자연에서도 얻을 수 있었는데, 수요가 빠르게 증가하자 결국 18세기 말에는 천연자원만으로는 부족한 지경에 이르렀다. 그래서 프랑스인 과학자 니콜라스 르 블랑Nicholas Le Blanc이 일반 소금을 탄산나트륨으로 변환하는 방법

어니스트 솔베이

조지 데이비스

을 발명했다. 이후 1811년 어거스틴-진 프레스넬Augustin-Jean Fresnel이 르 블랑이 발명한 제조법의 단점을 보완할 수 있는 환경친화적인 화학반응을 개발했다. 하지만 생산공정 기술이 부족해 공장화에는 실패했다. 산업에 대량으로 이용하기 위해서는 실험실에서만 작동해서는 소용없다. 대량생산을 위한 공정이 필요한데, 아쉽게도 그당시에 프레스넬의 방법을 대량생산에 적용할 수 없었다.

탄산나트륨의 대량생산은 그 후 50년이 지난 1863년에야 성공했다. 벨기에의 어니스트 솔베이Ernest Solvay가 고안한 화학 공정을 통해서다. 솔베이가 탄산나트륨의 대량생산에 성공하기 전까지 대부분 사람은 대량생산을 하려는 시도조차 무모한 것으로 여기고 있었기 때문에, 솔베이의 도전과 성공은 화학공학의 첫 번째 이정표라는 평가를 받는다.

이후 1800년대에 화학 산업에서 화학 공장은 특정 전문가가 설계하고, 관리했다. 화학공학의 아버지라 불리는 조지 데이비스George E. Davis는 1888년에 『화학공학 핸드북A Handbook of Chemical Engineering』이라는 책을 편찬해 대량생산을 위한 화학공학의 기틀을 세웠다.

그 이후 생명화학공학은 인류의 풍요로운 생활을 위해 식량, 에너지, 재료, 의약품, 반도체 등 여러 분야에서 위대한 업적들을 남겼다. 그중 한 예가 식량문제 해결이다. 언뜻 생각해서는 우리가 풍요롭게 먹고살 수 있는 것이 농업 기술 자체만의 발전으로 이룩된 것으로 생각할 수 있지만, 생명화학공학도 큰 기여를 했다.

20세기 초에는 인구가 급격히 증가함에 따라 식량 생산량의 획기적인 증가가 절실히 필요했다. 정해진 경작면적에서 더욱 많은 양의 식량을 얻으려면 단위 면적당 경작량의 증가가 필수적이었는데, 이를 가능하게 한 것이 바로 대량생산된 비료였다. 당시 유럽에서는 주식인 밀을 생산하기 위해 암모니아 비료를 썼는데, 주로 자연에서 얻는 칠레초석KNO_3을 이용해 만들었다. 하지만 암모니아 비료 수요의 증가로 칠레초석의 생산량이 이를 맞추지 못하게 됐고 칠레초석을 이용하지 않고 암모니아를 만들 수 있는 새로운 제조법이 필요했다.

암모니아 NH_3는 질소와 수소 두 가지 원소로만 이뤄진 단순한 화합물이다. 이 중 질소는 대기의 78%를 차지하는 흔한 원소이고, 수소 역시 지구에 풍부한 물질인 물을 전기분해하면 얻을 수 있다. 따라서 이 두 원소를 서로 반응시킬 수만 있다면 칠레초석에 의존하지 않고 암모니아를 거의 무한대로 생산할 수 있다. 문제는 당시엔 그 기술이 없었다는 점이다.

결국, 두 명의 위대한 화학자가 이 기술을 개발해 산업화했는데, 둘 다 각각 1918년과 1931년에 노벨 화학상을 받았다. 이는 그만큼 당시 유럽에서 절실한 기술이었다. 먼저 프리츠 하버Fritz Haber

하버가 암모니아 합성을 위해 질소와 수소의 반응을 연구하는데 사용하였던 실험 장비

가 철을 주성분으로 하는 촉매을 이용해 질소와 수소를 고온 고압의 환경에서 반응시켜 암모니아를 만들었다. 이어 칼 보쉬 Carl Bosch 와 함께 독일계 BASF 회사에서 대량생산 공정을 완성했다. 1909년 BASF에서 이 기술을 사들였을 때만 해도 한 시간에 작은 우유병보다도 적은 양의 암모니아를 얻을 수 있었지만, 칼 보쉬와의 공동 연구로 산업화한 1913년쯤에는 1년에 20t 이상을 생산할 수 있게 됐다.

검은 황금, 석유 이용에 따른 빛과 그림자

암모니아의 화학공학을 통한 대량생산은 빙산의 일각이다. 물질과 에너지 분야에 화학공학이 미친 영향은 막대하다. 바로 석유화학 공업이다. 자동차를 구성하는 다양한 플라스틱 부품들, 엔진 제어를 위한 전자부품, 도료 등의 물질과 자동차를 움직이게 하는 연료를 대량 생산하게 된 것은 석유화학 산업의 등장으로 가능하게 됐고, 이는 화학공업의 대표적인 성과 중 하나로 손꼽힌다.

원래 석유는 최초의 시추가 이루어진 1859년 훨씬 이전부터 등불의 연료로 사용되고 있었다. 미국의 법률가인 조지 비셸 George Bissell 이 석유를 대량생산하여 사업화하는 아이디어를 제시했고, 에드윈 드레이크 Edwin L. Drake 가 1859년 미국의 펜실베이니아에서 최초로 석유 시추에 성공했다.

제1차 세계대전 이전까지 각종 화학 산업은 석유가 아닌 석탄에 주로 의존했다. 석유는 휘발유나 등유를 분리해 각종 엔진을 작동시키기 위한 연료로만 사용했을 뿐이다. 이는 오늘날 의류에서부터 최첨단 전자 재료를 생산하는 데 이용하는 잉여 중질유를 이용할 수 있는 기술이 없었기 때문이다.

하지만 제1차 세계대전의 발발과 함께 군수물자에 대한 수요가 급격히 증가했고, 석탄 대신 석유를 쓰는 화학 산업이 본격적으로 성장했다. 초창기에는 석유로부터 페인트 용제로 쓰이는 아세톤, 부동액의 주성분인 에틸렌글리콜과 휘발류 첨가제 등을 생산했다. 이어 흔히 플라스틱이라 불리는 합성섬유와 합성수지가 잇달아 개발돼 오늘날의 풍요로운 삶에 빼놓을 수 없는 화학 산업이 모습을 갖추게 됐다.

오늘날 석유화학 산업에서 원유는 끓는점의 차이를 이용하는 분별 증류라는 과정을 통해 중유, 경유, 등유, 나프타, 가솔린, 천연가스 등으로 분리된다. 이 가운데 경유, 가솔린, 등유 등은 자동차나 가연 기관 및 난방용 연료로 사용되고, 천연가스는 난방 연료와 석유화학제품의 원료가 되는 메탄, 에탄, 프로판, 부탄의 생산에 사용된다.

나프타Naphtha는 크랙킹cracking이라는 열분해 공정을 통해 '화학 산업의 쌀'이라 불리는 에틸렌, 프로필렌, 부타디엔과 방향족 화합물인 BTX(벤젠, 톨루엔, 자일렌) 같은 기초 유분으로 분리된다. 또 다양한 촉매를 이용해 폴리에틸렌, 폴리프로필렌 같은 합성수지나, 자동차 타이어의 주성분인 스티렌부타디엔 수지 같은 합성고무, 그리고 폴리에스터와 나일론 같은 합성섬유를 만드는 데 사용된다. 이들은 다시 의복, 신발, 휴대폰 케이스, 자동차 내장재, 타이어, 컴퓨터와 휴대전화의 외장재와 디스플레이 등을 만드는 데 사용된다.

높은 강도 및 내열성이 요구되는 방탄복과 우주복 제작에 사용되는 특수 섬유의 일종인 아라미드를 만들 때도 원유가 쓰인다. 석유화학 산업을 통해 생산되는 방향족 아마이드라는 화합물을 원료로 만들며,

천연 재료를 이용해서는 만들 수 없다.

이렇게 석탄과 석유는 인류에게 전례 없이 편리한 생활환경과 풍요를 줬다. 하지만 밝음이 있으면 어둠이 있는 법이다. 빠른 산업화로 원료 자원의 소비가 급격히 늘고, 이에 따라 매장된 화석 자원도 곧 고갈될 것이다. 이산화탄소 배출과 그에 따른 기후 변화도 큰 문제다. 인류는 다시 현재 사용하고 있는 물질과 에너지를 친환경적으로 대량 생산하기 위한 또 다른 지혜를 발휘해야 한다. 그런데 이런 전환기를 맞이하는 데 다시 생명화학공학의 역할이 필요하다.

 대한민국 중흥을 이끈 주역

우리나라의 경우, 전쟁의 폐허로부터 '한강의 기적'이라 불릴 만큼 급속도로 경제, 사회적으로 성장할 수 있었던 계기 중 하나가 바로 석유화학 산업이다. 우리나라는 정부 주도하에 제1차(1962~1966년) 및 제2차(1967~1971년) 경제개발 5개년 계획이 추진됐는데, 이때 석유화학 산업의 기틀이 마련됐다. 1970~1980년대에 울산과 여수에 대규모 석유화학 단지가 들어섰고, 이후 유공(현재 SK), 삼성종합화학, 현대석유화학, LG석유화학, 대림산업이 설립됐다.

2008년 기준으로 우리나라 석유화학 산업의 규모는 에틸렌 기준 730만t으로 미국, 일본, 사우디아라비아, 중국에 이어 세계 5위를 차지하고 있으며 주요 수출 산업으로서 우리나라의 경제 성장을 이끌고 있다(『석유화학 산업의 이해: 석유화학으로 만드는 세상』, 한국석유화학 공업협회, 2009).

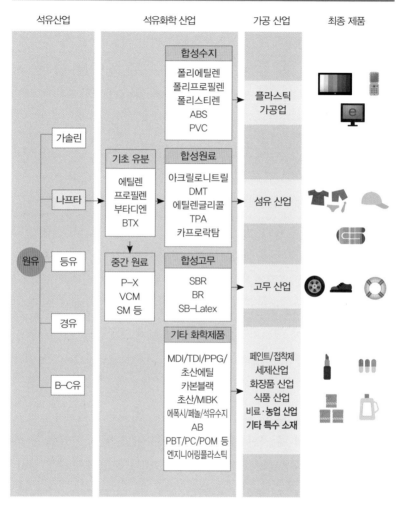

석유화학 수요 산업의 생산 계통도

석유산업	석유화학 산업	가공 산업	최종 제품

합성수지
폴리에틸렌
폴리프로필렌
폴리스티렌
ABS
PVC

플라스틱
가공업

기초 유분
에틸렌
프로필렌
부타디엔
BTX

합성원료
아크릴로니트릴
DMT
에틸렌글리콜
TPA
카프로락탐

섬유 산업

중간 원료
P–X
VCM
SM 등

합성고무
SBR
BR
SB–Latex

고무 산업

기타 화학제품
MDI/TDI/PPG/
초산에틸
카본블랙
초산/MIBK
에폭시/페놀/석유수지
AB
PBT/PC/POM 등
엔지니어링플라스틱

페인트/접착제
세제산업
화장품 산업
식품 산업
비료·농업 산업
기타 특수 소재

가솔린
나프타
등유
경유
B–C유

원유

『석유화학 산업의 이해: 석유화학으로 만드는 세상』, 한국석유화학 공업협회, 2009

이제는
'그린 에너지' 시대

과거에 화학 공학자들이 원유를 이용해 우리가 원하는 물질과 에너지를 얻었듯, 최근에는 환경문제를 일으키는 이산화탄소를 제거해 기후 변화를 줄이거나 심지어 이산화탄소 자체를 유용하게 이용하는 방법에 대해 연구를 하고 있다. 그중 하나가 화석연료를 태워서 발생시킨 이산화탄소를 다시 바닷속이나 폐유정에 저장하는 기술이다. 땅속에서 캐낸 석탄과 석유에서 나온 이산화탄소를 다시 땅속이나 바닷속에 되돌린다는 발상으로 현재 기술이 활발히 개발되고 있다.

그중 하나가 에너지원으로 사용할 수 있는 고체 이산화탄소인 '가스 하이드레이트'를 캐내고 그 자리에 이산화탄소를 대신 채우는 기술이다. 우리나라의 동해에도 1500m 해저에 가스 하이드레이트 일종인 메탄하이드레이트가 대량 매장돼 있다. 메탄하이드레이트는 '불타는 얼음'이라는 별명으로 불리는데, 물 분자가 결합하여 생긴 입체구조의 가운데에 메탄가스 분자가 갇혀 있다. 말 그대로 얼음 속에 메탄이 저장된 셈이다. 이런 구조는 온도는 낮고 압력은 높은 조건에서 만들어진다.

메탄하이드레이트는 천연가스를 대신할 수 있는 화석연료로 평가받고 있지만, 캐낼 때 지반이 무너질 우려도 있고, 채굴 작업을 할 때나 운반할 때 메탄이 빠져나갈 염려도 있다. 바로 이때 유용한 기술이 이산화탄소를 다시 해저에 넣는 기술이다. 자원인 메탄하이드레이트도 안정적으로 캐내고, 지반 붕괴도 막는 일석이조의 신기술인 셈이다. 이런 아이디어를 현실화하고 있는 것이 바로 생명화학공학도들이다.

이산화탄소를 생물학적인 방법으로 다시 에너지원으로 되돌리는

'바이오리파이너리' 기술도 있다. 바이오리파이너리는 원유를 이용해서만 생산하던 에너지 물질이나 유용한 화학물질을 식물, 조류 등의 바이오 매스를 원료로 하여 생산하는 생명공학 기술이다. 식물 및 조류는 광합성을 통해 스스로 자란다. 이 과정을 달리 표현하면, 대기 중의 이산화탄소를 이용해 '바이오 매스'라고 부르는 재생 가능한 물질을 만든다. 만약 이 물질을 이용해 연료나 화합물을 생산하면, 대기 중의 이산화탄소도 줄이고 에너지나 화합물도 얻는 일거양득의 결과를 얻을 수 있다. 화석연료 사용량도 줄일 수 있다.

최근 여기에서 한발 더 나아가 이산화탄소와 햇빛으로부터, 또는 이산화탄소와 수소로부터 원하는 바이오 에너지와 바이오 화학물질을 생산하려는 시도도 활발하다. 공기 중의 질소와 물의 수소를 이용해 암모니아 비료를 대량생산했듯이, 공기 중의 이산화탄소와 수소를 이용하여 전기를 만들거나 화합물을 만든다는 상상도 곧 현실이 될 것이다. 이처럼 이산화탄소를 이용해 효율적으로 바이오 연료 및 바이오 화학물질을 생산하는 것이 생명화학공학의 한 분야인 대사공학 및 시스템대사공학 기술이다. 선진국인 미국은 이 분야에 관심이 무척 많다. 정부 기관인 에너지부뿐만 아니라 대형 정유회사들이 공동 연구 기관을 설립하여 현재의 화학 공정을 친환경적 바이오 화학 공정으로 효율적으로 전환하기 위해 천문학적인 투자를 하고 있다.

청정 에너지원인 수소와 공기로부터 전기를 생산하는 방법도 연구하고 있다. 바로 연료전지 기술이다. 연료전지는 수소가 가진 화학에너지를 전기 화학반응을 통해 전기에너지로 직접 변환하는 발전 장치로, 전기, 물리, 화학, 기계, 제어 등의 다양한 분야 기술들이 융합된 기술이다.

연료전지는 수소와 산소의 전기 화학반응으로부터 전기를 발생시키며 화석연료와 같은 연소 과정이 없다. 그래서 이산화탄소가 발생하지 않는 대신 생성물은 전기, 물, 열뿐인 친환경적인 에너지다. 1960년대 제미니 및 아폴로 등과 같은 우주왕복선에 전기와 물을 공급하는 장치로 먼저 이용됐고, 현재는 화력발전소 대체용, 대형 발전용, 수송용, 가정용, 휴대용 연료전지로 개발하려는 시도가 이어지고 있다.

물론 아직은 단가가 화석연료의 수배 이상 비싸다는 문제가 있다. 고효율 연료전지를 만들기 위해 반드시 필요한 촉매와 전해질, 그리고 연료인 수소를 추출하는 비용이 아직 다른 에너지원들보다 높기 때문이다. 이 분야의 연구에 핵심적인 지식이 생명화학공학의 촉매공학과 반응공학, 이동현상, 열역학이다.

마지막으로 화학공학 기술은 폐기물을 다시 값싸게 분리하거나 분해하는 공정을 개발하기도 한다. 광촉매 신기술은 유해 물질과 난분해성 물질을 완벽하게 처리할 수 있다. 예를 들어 염색 공장에서 발생하는 폐수가 있다. 보통 폐수는 화학물질을 이용해 분해하거나 미생물의 자정 작용으로 분해해 처리한다. 하지만 염색 폐수는 이런 방법으로는 처리할 수 없다. 그런데 광촉매를 이용하면 거의 완벽하게 염료의 색을 제거할 수 있다.

이상과 같이 생명화학공학이라는 학문은 우리 인류가 잘 먹고, 잘 살기 위한 물질, 에너지, 환경 등과 같은 실체를 만드는 데 기여했다. 최근, 생명현상에 대하여 연구하는 기초 학문의 발달과 의술의 발달 덕분에 이제는 수명 연장, 인공장기, 생체 물질 개발 등과 같이 인류의 삶의 질 향상을 위한 생명공학으로 영역이 확대되고 있다.

인공 생명체 연구와
'가상 세포'

　최근 합성생물학이 급속도로 발전하면서 인공 생명체가 화제다. 미국의 생물학자인 크레이그 벤터Craig Venter는 생명공학 분야의 스티브 잡스 같은 인물이다. 그는 미국 국립 보건원NIH에서 일할 때, 인간 유전체 서열 해독 기술을 개발해 인간 게놈 프로젝트에 매진했고, 지금도 크레이그 벤터 연구소에서 맞춤 의학 및 합성생물학을 연구하고 있다. 2010년에는 마이코플라스마 마이코이데스Mycoplasma mycoides라는 미생물의 DNA를 인위적으로 합성하고, 핵이 제거된 마이코플라스마 카프리콜룸Mycoplasma capricolum의 세포막 사이에 인위적으로 합성한 DNA를 넣어 자가 세포분열을 성공시키기도 했다.

　이렇게 아직 자연을 대부분 모방하는 수준이기는 하지만 생명을 합성할 수 있게 됐다. 하지만 필자를 포함한 생명화학공학자들은 이렇게 전체의 인공 생명체를 합성하는 데에는 반대한다. 아직 우리가 모르는 위험한 요인들이 너무나도 많기 때문이다. 생명 윤리적인 측면에서 아직은 부담이 크다. 대신 생명화학공학자들은 자연이 준 대사 및 유전자 조절 회로들을 개량하는 데 중점을 둔다. 이것이 앞에서 스파이더맨의 거미줄을 생산하는 데 쓰인다는 대사공학이다. 이러한 기술들은 바이오 화합물 및 바이오 에너지 생산을 위한 바이오리파이너리 분야에 성공적으로 활용되고 있다.

　이때, 단세포 생물인 미생물이라 할지라도 생명체 내의 각종 대사 과정과 생체반응은 각 세부 요소가 매우 긴밀하고 복잡하게 연결돼 있으며 다차원의 네트워크를 이룬다. 복잡한 네트워크를 체계적으로 이해하기 위해서는 해석과 모델링을 위한 수학, 전산, 물리, 화학공학 지식과 기술이 필요하다. 최근엔 정보통신 기술까지 융합돼 실제로는 존재하지 않고 컴퓨터 안에서 연구할 수 있는 '가상 세포'를 탄생시키기에 이르렀다. 이를 통해 컴퓨터를 이용해 최적화된 대사 회로를 구성하고 배양 환경을 정할 수 있게 됐다.

한편 생명공학은 인간의 건강과 수명 연장에도 많은 이바지를 하고 있다. 의학 및 의료 장비의 발달로 장기 및 인체 조직의 이식이 가능하게 됐고, 유전자 치료도 시도되고 있다. 아직 산업적으로 활용하는 단계는 아니지만, 공포를 느끼는 유전자를 제거해 겁 없이 고양이에게 덤비는 쥐를 만들거나 기억력과 관련된 칼슘 농도를 조절하는 유전자를 제거해 기억력이 향상된 쥐를 만드는 실험에 성공한 바 있다.

선진국들은 생명공학을 이용한 유전자 치료 분야 등의 산업화를 추진하고 있다. 인공장기나 생체 물질 분야는 일부 산업화했고, 대량생산되고 있는 생분해성 폴리머 중 일부는 정형외과의 생체 이식, 봉합, 접착 등의 용도로 사용되고 있다. 세라믹 소재, 인공 혈액 등을 효율적으로 생산하게 해 인류의 삶의 질을 향상하고, 의료비도 절감하는 효과를 내고 있다.

혈관 속을 이동하는 미니 잠수정

'나노'라는 용어는 1959년 12월, 미국 캘리포니아 공과대학Caltech에서 열린 물리학회에서 리처드 파인만 교수가 처음 사용했다. 파인만 교수는 연설에서 당시에는 불가능하게만 보였던 두 가지 과제를 제시했는데, 하나는 나노 모터의 개발이고 다른 하나는 핀의 머리에 대영

백과사전 전 분량을 기록하는 것이었다. 그러나 불과 20년 후에 두 가지 모두 현실이 됐다.

나노 세계는 우리의 눈으로 관찰할 수 없는 세계지만, 지구 위의 대부분 물질은 나노 크기에서 고유의 기능을 나타내기 시작한다. 생명화학공학자를 포함한 수많은 연구자가 신비로운 나노 세계를 알아가려 하는 이유다.

나노 기술은 최근 바이오공학과 만나면서 '나노 바이오 테크놀로지'라는 새로운 영역을 펼쳐가고 있다. 암의 조기 발견 및 치료, 의약품 전달, 나노 수준의 인공장기 생산 등 인간의 생명을 위해 대단히

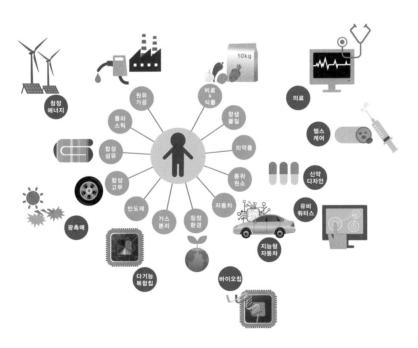

생명화학공학이 지금까지 이룬 업적과 앞으로의 역할

중요한 연구를 하고 있다. 복잡한 검사를 손톱만 한 칩에서 모두 분석할 수 있게 하는 랩온어칩, 통증 없이 주사할 수 있는 나노 바늘을 실용화하는 것도 나노 바이오 테크놀로지 덕분이다.

현재 실용화된 것으로는 약물 전달 시스템이 있다. 약물 전달 시스템은 적당량의 약물이 인체의 원하는 부위나 장기에서 적절한 효과를 발휘할 수 있도록 해, 치료 효과를 최대화한다. 모든 약물은 부작용이 있기 때문에 치료하려는 신체기관 또는 특정 세포에만 선택적으로 전달되도록 하는 것이 매우 중요하다. 생명화학공학자들은 다양한 고분자 및 복합체 약물 전달 시스템을 개발했고, 많은 제품이 다국적 제약회사를 중심으로 상업화됐다.

현재의 정보통신 기술인 반도체 칩, 디스플레이에는 생명화학공학의 기술이 많이 숨어 있다. 영화에서 볼 수 있는 초소형 로봇이나 혈관 속을 운항할 수 있는 초소형 잠수정을 만들기 위해서는 최첨단 전자공학, 화학, 생물학, 기계 분야의 지식이 모두 동원돼야 한다. 이런 융합기술들이 개발된다면, 컴퓨터뿐만 아니라 인류의 생활환경 그 자체가 변할 것이다.

꿈의 신소재, 엉뚱한 연구에서 탄생하다

나노 세계를 더욱 유명하게 만든 물질은 바로 21세기 꿈의 신소재로 각광받고 있는 탄소 나노 튜브와 그래핀 그리고, 그것들의 원조 신소재인 풀러렌이다. 세 가지 물질 모두 아주 우연한 과정에서 발견됐으며, 그래핀과 플러렌의 발견은 노벨상으로 이어졌다.

해럴드 크로토Harold Kroto와 로버트 컬Robert F. Curl 그리고 리처드 스몰리Richard E. Smally는 많은 양의 탄소를 방출하는 별인 적색거성과 같은 환경을 만들기 위해 비활성 헬륨 기체에 흑연을 넣고 레이저 빔을 쐈았다. 그런데 빔에 의해 생긴 그을음 속에서 기대하지 않았던 수백 개의 탄소 원자가 뭉쳐진 풀러렌을 발견했다.

이후 1991년 일본 전기회사 NEC의 연구 책임자인 수미오 이지마 박사는 여러 가지로 변형된 풀러렌 구조를 생성하기 위해 전기 방전을 하다 우연히 흑연 전극 끝 부분에 작은 탄소 덩어리를 발견하게 됐다. 분석 결과 이 물질은 탄소 6개가 육각형 벌집 무늬를 이루고 있는 탄소 나노 튜브라는 사실을 알게 됐다.

그래핀 역시 탄소 재료의 성질을 연구하던 박사과정 학생과 그의 스승의 기발한 생각에서 우연히 탄생했다. 2003년 영국의 맨체스터 대학교의 안드레 가임Andre Geim과 노보셀로프Novoselov 연구원은 셀로판 테이프를 탄소층의 윗부분에 붙였다가 떼어내면 탄소 위층이 하나씩 하나씩 떨어져 나갈지도 모른다는 간단하지만 기발한 생각을 했다. 그런데 실제로 해보니 정말 탄소층이 점점 얇아지면서 마침내 한 층으로 된 탄소 구조까지 만들 수 있었다. 탄소 원자 한 층으로 구성된 새로운 나노 구조체인 그래핀이다. 그래핀은 현존하는 물질 중 가장 얇지만(두께 0.3nm) 강철의 200배, 다이아몬드의 2배 이상 단단하고, 잘 휘어지며 구리보다 100배 이상 전기가 잘 통한다.

생명화학공학을 전공하면 무엇을 배우나?

생명화학 반응은 항상 우리 가까이에 있다. 당장 우리 몸의 신진대사도 그 일종이다. 뜨거운 물을 이용해 커피 성분을 추출할 때나, 고온 고압의 환경을 만들어 밥을 짓는다. 미생물의 발효 과정을 이용해 치즈와 김치를 만들고 전기 화학반응을 통해 휴대전화를 충전한다. 겨울에는 연료의 연소 속도를 조절해 실내의 온도를 조절한다. 이렇게 우리는 인지하지 못한 채 수많은 화학반응을 설계하고 조절하며 살아가고 있다.

많은 사람이 생명화학공학자를 화학자와 혼동하기도 한다. 하지만 생명화학공학자는 생명과학과 화학 분야의 기초 지식을 바탕으로 제품을 생산할 수 있는 화학 공정을 개발하고 설계, 운영, 관리하는 역할을 한다는 점에서 화학자와 많이 다르다.

이를 위해 생명화학공학 전공자는 반응공학, 열역학, 열 및 물질 전달, 유체역학, 공정 설계와 제어 등을 배운다. 각 과목에서 배우는 내용은 다음과 같다.

(1) 반응공학: 화학반응의 속도론, 반응 조건과 특성, 생성물의 물리화학적 특정, 사용되는 촉매에 따른 올바른 반응기 설계 방법 및 이를 운용하기 위한 이론을 연구한다.

(2) 열역학: 물질의 열적 특성, 물질이 상태 변화를 할 때 열과 에너지가 생성, 소모, 교환되는 방법. 에너지의 두 형태인 열과 일이 교환되는 방법을 연구한다.

(3) 물질 전달: 생명화학공학의 꽃이라고도 불리는 학문이다.

열 및 물질 전달에서는 하나의 물질 내에서 또는 다른 물질들 사이에 열과 물질이 어떻게 얼마나 빨리 전달되는지, 속도를 어떻게 조절하는지 연구한다. 열과 물질의 이동을 일으키는 기본원리 중의 하나는 온도와 농도의 차이인데, 이들의 이동속도는 물질의 물리화학적 특성에 영향을 받는다.

(4) 유체역학: 역시 생명화학공학의 꽃이다. 외부에서 힘이나 압력이 가해졌을 때 유체의 흐름이나 형태와 같은 물리적, 역학적 특성이 어떻게 바뀌고 이를 어떻게 이용할 수 있는지를 연구하고 배운다. 예를 들어 휴대전화의 외형과 같은 대부분의 플라스틱 제품은 액체 상태에서 형태가 만들어지는데, 유체역학의 원리를 이용해야 액체 상태에서 힘을 받은 고분자가 어떻게 변할지 이해하고 예측할 수 있다.

(5) 공정 제어와 설계: 화학 공정은 반응, 열교환, 분리, 추출 등 다양한 단위공정으로 이뤄져 있다. 이들 각각의 장치의 특성을 고려해 통합적으로 설계, 제어, 운영할 수 있도록 연구하는 분야다. 같은 원리가 화학 공정, 반도체 공정, 복잡한 생화학 반응들로 이뤄진 세포의 대사 네트워크 분석, 재설계에도 똑같이 쓰인다. 석유화학 산업을 중심으로 발달해온 생명화학공학의 원리가 다른 분야에 응용되는 예다.

미래의 잭 웰치를 기다리며

미국 《포브스》가 선정한 2012년 세계 3위의 기업인 미국 제너럴 일렉트릭GE의 역대 최연소 최고경영자CEO인 잭 웰치Jack Welch 세계적인 기업 인텔의 창립자 중 한 명인 앤드류 그로브^{Andrew S. Grove}는 화학 공학도였다. 생명화학공학은 풍요하고 깨끗한 미래를 직접 만드는 실용적이고 현실적인 학문이기도 하지만, 화학반응과 공정을 응용해 다양한 분야에서 두각을 나타낼 수 있는 폭넓은 학문이기도 하다. 화학 공학자가 전혀 다른 분야인 전자, 컴퓨터 분야에서 세계적인 기업을 세우고 CEO를 했다는 사실이 바로 그런 현실성과 응용력을 증명해 주는 게 아닐까.

혹시 이미 사업 아이템이 다 떨어졌다고 낙담하는 독자가 있다면, 필자가 준 힌트들을 꼭 고려해보기 바란다. 세계를 구할 영웅을 무수히 만들 수 있는 스파이더맨 거미줄 사업은 그중 아주 일부일 뿐이다.

* 이 글은 미래창조과학부 기후 변화 대응 바이오리파이너리를 위한 시스템 대사 공학 원천 기술 개발 사업의 지원으로 작성되었습니다. 본 원고를 함께 작성한 김병진, 장유신, 유승민, 최용준 박사님께 감사드립니다.

공학자가 되려는 학생들을 위하여

-박승빈

공과대학에 진학하자마자 혼란에 빠지는 학생이 많다. 법과대학이나 의과대학에서는 법이나 의학처럼 사람들에게 잘 알려진 학문을 배운다. 물리학과나 화학과, 수학과에 진학하는 친구들도 무엇을 배우고 졸업한 뒤에 무슨 일을 할 수 있는지 거의 확실히 안다. 중·고등학교에 입학해서 배우는 교과목이 수학, 물리, 화학, 지구과학이기 때문이다. 하지만 공과대학은 그렇지 않다. 무엇을 배우는지, 졸업 후에 무슨 일을 할 수 있는지가 막연하다.

궁금하고 답답해서 주위에 "공학이란 무엇인가"라고 물어도 아무도 시원하게 이야기해 주지 않는다. 이는 어쩌면 당연한지 모른다. 누군가에게 "하늘이란 무엇인가"라고 물으면 답할 수 있는 사람이 있을까. 아마 막막해서 답을 못하는 사람이 부지기수일 것이다. 엉뚱한 비유가 아니다. 어린아이에게 하늘은 비와 구름과 무지개를 가득 담아두는 창고일 것이다. 우주인에게 하늘이란 우주로 날아가기 위해 통과하는 지구의 성층권을 의미할 것이다. 화학자에겐 산소와 질소의 혼합물이며, 전투기 조종사에겐 전투기가 날아다닐 수 있는 공간이다. 어쩌면 우리가 말하는 '하늘'이란, 땅 위에서 바라보는 사람에게만 의미가 있는 대상일지도 모른다. 공학이 무엇이냐는 질문 역시, 공학을 해야 하는 사람이나 공학을 전공하려는 사람에게 그 답이 간절한 의문일지도 모른다.

의학과 법학, 과학 그리고 공학

공학은 의학이나 법학, 과학과 어떤 차이가 있을지 먼저 생각해 보자.

의과대학에서는 사람의 몸에 대해서 공부한다. 졸업하면 의사가 된다. 공무원이나 의학 전문기자가 될 수도 있지만, 보통은 환자를 진단하고 치료를 위한 처방을 한다. 궁극적으로 의사는 사람이 건강한 삶을 살도록 도와준다. 장사꾼에게는 거리의 모든 사람이 고객이듯, 의사에게는 모든 환자가 고객이다.

법과대학에서는 법에 대해서 공부한다. 졸업하면 법조인이 된다. 법조인이 되면 법을 공정하게 집행해 억울한 일을 당하는 사람이 없도록 한다. 정의로운 사회를 구현하는 일인 셈이다. 법조인의 고객은 세상에서 억울한 일을 당한 모든 사람과 법을 어긴 사람들이다.

자연과학대학에서는 자연의 원리를 공부한다. 졸업하면 과학자가 된다. 과학자는 자연에서 일어나는 현상을 관찰하고, 가설을 세워 다른 과학적 이론과 모순이 없는지 확인하면서 자연현상을 설명한다. 이 과정에서 새로운 이론을 만들거나 새로운 자연현상을 최초로 관찰하는 경우에는 노벨상이나 필즈상(수학) 등 명예로운 상을 받을 수도 있다. 또 '뉴턴의 법칙'처럼 자신의 이름이 들어간 법칙이나 공식을 가질 수도 있다.

과학자에겐 구름의 이동이나 지진 등 자연 속에 일어나는 모든 현상이 연구의 대상이 된다. 우주의 기원을 연구하는 일부터 뇌 속에서 일어나는 현상까지, 과학자의 호기심과 관심의 대상은 무궁무진하다. 과학자는 지적 호기심을 바탕으로 인류가 미신적인 오류나 편견에서 벗어나 합리적인 삶을 살도록 도와주는 일을 한다.

공과대학을 졸업하면 엔지니어가 된다. 의학이 내과, 외과, 이비인후과 등 전문 분야로 세분돼 있듯 공학도 연구하는 대상에 따라서 세분돼 있다. 공대는 기계공학, 토목공학, 전기전자공학, 화학공학, 신소재공학 등 비교적 오래된 학문 분야가 있고, 컴퓨터공학, 산업공학, 원자력공학, 환경공학, 생물공학, 교통공학, 해양시스템공학 등 최근에 주목 받는 새로운 공학까지 다양하게 있다. 미래에 생길 전혀 새로운 공학 분야도 있을 것이다.

그래서 공학이 도대체 뭘까?

이렇게 다양한 모습의 공학을 정확히 한마디로 표현하기란 쉬운 일이 아니다. 따라서 '공학이란 무엇인가'에 대한 답변은 분야마다 다를 것이다.

공학은 '기술적 문제'를 대상으로 하는 학문으로, '문제를 발견하고 이에 대한 기술적 해결책을 제시하는 학문'이라고 정의할 수 있다. 여기서 문제란 기술적인 불편함, 난관 등을 의미한다. 작게는 자동차 부품일 수도 있고, 크게는 학교 등하교 때의 교통 체증 문제나 전 지구적인 기후 변화 문제까지 다양하다.

그럼 공학을 전공하는 것은 어떤 장점이 있을까? 문제를 기술적으로 해결해 나가는 과정에서 많은 금전적 보상을 받는다. 이것은 전문 직으로서 엔지니어의 위상이 높기 때문이다. 엔지니어 자신은 더욱 고차원적인 목표를 향해 일할 기회도 가진다. 궁극적으로 인류가 기술적인 면에서 불편함을 느끼지 않고 최고의 편리함을 누릴 수 있도록 해 주기 때문이다. 엔지니어가 만들어 내는 크고 작은 기술적 성과 하나하나가 수십억 인류의 위생이나 안전, 복지, 행복을 위한 밑거름이 된다. 자부심과 보람을 가지고 일할 만한 분야다.

사회가 각 직업군에게 요구하는 이상적인 자세가 있다. 의사에게는 환자를 사랑하는 마음이다. 법조인에게는 정의감이고 과학자에게는 호기심이 중요하다. 그렇다면 엔지니어에게는 어떤 자세가 필요할까? 바로 미래를 내다보는 혜안과 꿈이다. 현재보다 더 좋은 방법으로 물건을 생산해 값싸게 소비자에게 공급하는 방법을 찾는 것이 엔지니어의 역할이다.

이상을 요약해 의사, 법조인, 과학자 그리고 엔지니어의 차이점을 연구의 대상, 핵심활동, 요구되는 소양, 직업의 목표 등의 관점에서 비교해 보면 표와 같다.

직업	학문 분야	연구 대상	핵심 활동	소양	목표
의사	의학	신체	진단과 치료	사랑	건강한 삶
법조인	법학	법	법 집행과 재판	정의감	정의로운 삶
과학자	과학	자연현상	관찰과 설명	호기심	합리적인 삶
엔지니어	공학	문제/딜레마/불편함	문제 발견과 해결	꿈/상상력	최적화된 편리한 삶

공과대학을 졸업하면 누구나 다
엔지니어가 될 수 있나?

의과대학을 졸업해도 인턴과 레지던트 과정을 거쳐야지 비로소 환자를 진료하고 처방하는 의사로서 활동하게 된다. 법조인도 마찬가지로 상당 기간 실무 수습을 거쳐 재판을 단독으로 할 수 있게 된다. 엔지니어도 당연히 상당 기간 대학 졸업 후 실무 경험을 쌓아야 해당 분야의 업무를 단독으로 수행할 능력이 생긴다.

융합의 대표적인 학문
공학

융합이란 말 그대로 서로 다른 두 개 이상의 학문이 하나의 학문처럼 취급받는다는 뜻이다. 그러나 실제로는 문제를 해결하려고 융합학문이 등장하는 것이지, 융합 학문이 독립적으로 탄생하는 것은 아니다. 예를 들어 회사를 경영하기 위해서는 기술적인 용어와 개념을 잘 이해하지 않으면 안 되는 것이 오늘날의 기업이다. 따라서 경영학과 공학을 모두 잘 이해하는 사람이 필요하게 됐다. 이런 인재를 양성하기 위해서 경영학과 공학을 접목해서 교육하는 조직과 학문이 생겨났다. 경영학과 공학을 융합한 학문을 일부러 따로 만드는 게 아니라 필요 때문에 자연스럽게 생겨났다는 뜻이다.

또 다른 예를 들어 보자. 뇌에서 일어나는 복잡한 현상을 이해하려면 고도의 전자 측정 장비를 사용할 수 있어야 한다. 따라서 기존의 의과학과 전자공학, 컴퓨터공학을 잘 이해하는 인재가 필요해졌다. 따라서 이들 학문을 융합한 뇌공학과가 태어났다. EEWS(에너지, 환경,

물, 그리고 지속 가능성)도 현대사회가 해결해야 할 핵심 기술인 에너지 문제, 환경문제, 물 문제, 지속 가능한 개발 문제를 집중적으로 연구하려는 새로운 공학 분야다.

이렇게 융합을 위해서 학문이 존재하는 것이 아니라 문제 해결을 위해서 자연스럽게 융합 학문이 태어났다. 그런데 공학은 처음부터 문제를 중심으로 태어난 학문이다. 이미 그 자체로 융합의 성격을 가지고 있다. 단지 학문이 오랫동안 전수되다 보니 '기계공학자는 기계를 다루는 기술자'라거나, '토목공학자는 토목 공사를 하는 사람'이라는 식으로 업무 영역을 단순하게 생각하는 사람이 생겨났다. 한 분야 한 분야가 내용이 깊고 전문적이다 보니 서로 소통하기 어려워져서 이런 경향이 심해지기도 했다.

하지만 이런 자세는 바람직하지 않다. 예를 들어 토목 기술자도 소재나 화학을 알아야 한다. 토목공학에서 시작된 환경공학은 환경문제를 해결하려는 목적으로 만들어진 새로운 공학 분야인데, 환경화학이 중요한 기초 과학이다.

시대에 따라 자꾸만 새로운 공학이 탄생하는 것도 매우 놀랄 일이 아니다. 예를 들어 지식공학, 금융공학, 교육공학, 감성공학, 안전 공학 나노공학, 음향공학 등은 각각의 분야에서 중요한 기술적 어려움을 해결할 필요가 있어서 태어난 공학 분야다.

공학과 과학을 가르는 요소, '디자인'

우선 수학, 물리학, 화학, 생물학을 기초로 배운다. 전공에 따라서 중요도가 차이가 나긴 하지만 최근 사회에서는 엔지니어의 소양으로 모든 기초 과학에 대해 균형 있는 지식을 요구하고 있기 때문이다. 또 문제 해결을 위해 컴퓨터에 대한 지식이 필요하고, 문제를 창의적으로 설계하고 해결하기 위한 '창의 디자인' 지식이 필수다. 공과대학 1, 2학년에서 기초 과학 과목을 배우다 보면 많은 학생이 공대생으로서의 정체성에 의문을 갖게 된다. 과학 전공자와 다를 바가 없게 느껴지기 때문이다.

물론 공대생이 기초 과학을 응용해서 문제 해결을 한다는 사실은 알고 있지만, 어느 정도의 응용은 자연과학을 전공하는 대학생도 모두 가능한 일이기 때문이다. 아니, 오히려 때로는 자연과학 전공자들이 오히려 문제를 더 잘 해결하는 경우도 있다.

과학 교육과 공학 교육을 구분하는 가장 중요한 과목은 '디자인'이다. 디자인 교육을 받지 못하고 기초 과학만을 열심히 공부하고 졸업한 엔지니어는 2류 과학자로 전락할 수밖에 없다. 디자인이란 '불산 누출 사고를 방지하는 방법', '선폭이 20^{nm} 이하인 반도체 제조 공정을 개발하는 법'처럼 구체적인 문제에 대한 답변을 내놓는 것이다. 이런 문제를 해결하기 위해서는 어떤 한 가지 전공만으로는 불가능하다. 학교에서 배운 지식만으로 해결되는 것도 아니다. 현장 경험과 여러 전공자의 협력을 통해서만 가능하다.

'창의 디자인' 교과목은 2007년 이후 국내 공과대학에서 채택해 가르치고 있다. 카이스트에서도 '신입생 디자인Fresh men Design'이라는 교과목으로 가르치고 있다. 공과대학에서 교육하는 디자인에는 창의 디자인 이외에도 '요소 디자인'과 '캡스톤 디자인' 과목이 있다. 요소 디자인이란 예를 들어 자동차 부품으로 사용되는 기어 박스의 디자인이나, 증류탑 디자인 등 거대한 공장이나 시스템의 요소를 디자인하는 것을 의미한다.

캡스톤 디자인은 요소 디자인을 배운 후에 이를 종합해서 좀 더 복잡한 시스템을 디자인하는 것을 의미한다. 예를 들어 기가와트급 원자력 발전소를 디자인하기 위해서는 어느 정도의 부지 면적이 필요하고 발전 설비는 어느 정도의 크기가 필요한지, 비용은 얼마나 들 것인지 등을 종합적으로 검토한다. 이 과정에서 원자로의 제어 시스템이라던가 발전 계통 열교환 시스템의 요소 디자인은 이미 어느 정도 완성돼 있어야 검토할 수 있다.

하늘을 날아 승객을 수송하는 거대한 여객기를 제작하거나, 한 국가의 기간 통신망을 설치하는 일 등 규모와 복잡성에서 단순한 과학적 지식만으로는 해결하기 어려운 일을 감당하는 것이 엔지니어의 본연의 의무이며 특권이라 할 수 있다. 하지만 이런 특권은 공과대학을 졸업하자마자 갖게 되는 게 아니라, 졸업 후에 상당한 경험을 축적해서 이뤄진다.

범위가 넓어
공부하기 힘들지 않을까?

공학은 현재의 문제를 해결하는 것뿐 아니라 미래에 일어날 문제를 해결하는 데에도 관심이 많다. 따라서 현재 제한된 수준의 교과 내용을 가지고 미래의 문제를 해결할 수 없다. 예를 들어 미래에 서비스 로봇이 중요한 산업으로 떠오른다고 가정해 보자. 로봇 공학자는 기계의 원리와 함께 전기, 전자공학과 컴퓨터공학을 두루 잘 이해해야 한다. 로봇에 감성을 입히기 위해서는 인문학자와 미술 전공자 등 공학 이외의 학문 전공자의 협조도 필수적이다.

현실적으로 학교에서 미래에 생겨날 문제를 해결하기 위해 다양한 융합 학문을 가르치는 것은 불가능하다. 따라서 모든 학문을 가르치고 배우는 것보다는 한 가지 전공 학문을 잘 이해한 후에 다른 학문을 접목해 새로운 학문을 창조하는 능력을 가르치고 배워야 한다. 이런 엔지니어를 'K-형 엔지니어'라고 부르겠다(그림 참조). K에서 수직으로 된 I 부분은 기계공학이나 전기전자공학 등 기존에 잘 정립된 공학 분야를 의미한다. K에서 / 부분은 또 다른 학문을 의미한다. 예를 들어 구조생물학이라고 가정해 보자. K의 아랫부분인 \는 새로 만들어진 '바이오 구조공학'이라는 학문이 된다. 이 학문에서는 인간의 걸음걸이를 하나의 신호(시그널)로 보고 건강 상태를 진단할 수 있다. 또는 가장 좋은 달리기 기록을 내기 위한 신체 조건을 계산할 수 있다.

자동차의 구조나 원리를 몰라도 자동차를 운전할 수 있다. 자동차 제조를 위해 필요한 지식과 운전을 위해 필요한 지식은 다르기 때문이다. 구조 생물학을 기계공학에 접목하는 사람은 생물학을 전공하고 연구하는 사람들이 필요로 하는 지식과 넓이와 깊이 면에서 똑같을 필요가 없다. 필요한 내용을 필요한 때에 추가할 수 있으면 된다. 확장 가능성은 무궁무진하다.

K형 엔지니어는 융합형 인재를 키우는 방법의 하나로, 지식을 추가함에 따라 언제든 어떤 모습으로 변신할 수 있는 미래형 엔지니어 상이다.

K형 엔지니어

미래형 엔지니어,
당신의 '작품'을 기다리며

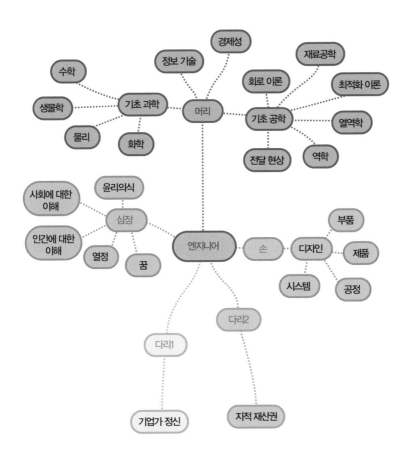

위의 그림은 엔지니어에게 필요한 능력을 신체에 비유한 것이다. 대량생산이 중요한 제조업 중심의 사회에서는 주로 분석적 지식, 즉 기초 과학과 기초 공학이 엔지니어 교육의 핵심이었다. 생산비를 줄이고 공정을 최적화해서 많은 물건을 만들어 판매하는 것이 엔지니어의 주요 임무였기 때문이다. 머리를 많이 쓰는 엔지니어가 필요한 경우도 많이 있었다.

하지만 오늘날 사회가 요구하는 엔지니어의 능력은 더 다양하고 넓다. 과학자와 차별화된 디자인 능력은 필수다. 작게는 부품이나 장치 디자인에서부터 무선전화기 같은 제품, 그리고 항공기나 무선 전력 전송 교통시스템 같은 시설, 병원 응급실 환자 응급조치 시스템, 재난 응급대응 시스템 등 복잡한 사회 시스템까지, 다양한 문제를 해결하는 디자인 능력이 필요하다. 이 능력을 신체에 비유하자면 손에 해당한다.

양다리에 해당하는 능력은 기업가 정신과 특허에 대한 이해이다. 과학과 기초 공학 능력, 그리고 디자인 능력이 있어도 이를 기업화하고 특허를 통해 법적 보장을 받을 수 없다면 구슬을 보배로 만들지 못하는 것과 같다.

또 미래 사회를 만들어가는 엔지니어는 사회와 인간에 대한 진정한 이해와 공감 능력이 필요하다. 자신에 삶에 대한 열정과 꿈도 있어야 한다. 열정과 꿈은 사람의 생명을 유지하는 심장과도 같은, 엔지니어의 생명이다.

엔지니어의 윤리 의식은 단순한 도덕적 가치를 의미하는 것이 아니다. 자신의 기술적 판단이 잘못되는 경우 수많은 사람이 생명을 잃을 수도 있다. 회사나 국가에 막대한 금전적 손해를 입힐 수도 있다. 순수하게 경제적인 관점에서 봐도 엔지니어의 윤리 의식은 그 어느 능력보다 중요하다.

꿈과 열정으로 인류의 미래를 개척하고 싶지 않은가. 공학의 문을 두드려 보자. 세상을 바꾸고 삶을 변화시키며 미래를 새로 창조해 낼

절호의 기회다. 당신이 만든 제품 하나, 사회 시스템 하나가 수만에서 수억에 이르는 인류를 미소 짓게 할지도 모른다. 손안의 스마트폰, 아름답게 지어진 다리 하나, 편리하고 안전한 자동차, 인공 심장. 당신의 작품은 무엇인가?

공학이란 무엇인가

펴낸날	초판 1쇄 2013년 9월 10일
	초판 17쇄 2023년 9월 6일

지은이	성풍현 외 카이스트 교수 18명
펴낸이	심만수
펴낸곳	(주)살림출판사
출판등록	1989년 11월 1일 제9-210호

주소	경기도 파주시 광인사길 30
전화	031-955-1350 팩스 031-624-1356
홈페이지	http://www.sallimbooks.com
이메일	book@sallimbooks.com

ISBN 978-89-522-2729-4   43500

※ 값은 뒤표지에 있습니다.
※ 잘못 만들어진 책은 구입하신 서점에서 바꾸어 드립니다.